图 4-7

图 4-8

图 5-1-8（A）

图 5-1-9（A）

图 5-1-9（B）

图 5-1-9（C）

图 5-1-11（A）

图 5-1-11（B）

图 5-1/02

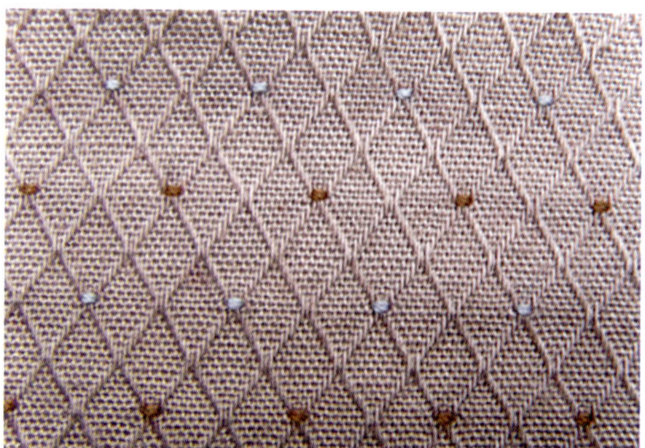

图 5-1-15（A）

图 1-1（A）

图 1-1（B）

图 3-2/01（A）

图 3-2/01（B）

图 3-2/04

图 3-2/05（A）

图 3-2/06

图 3-2/07

图 3-2/08

图 3-2/09

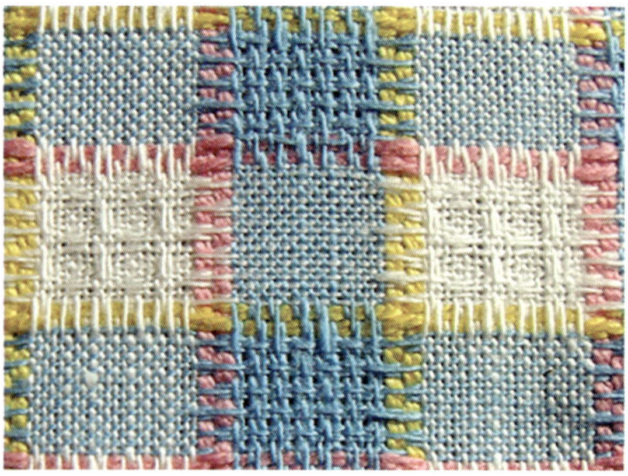

图4-4-8

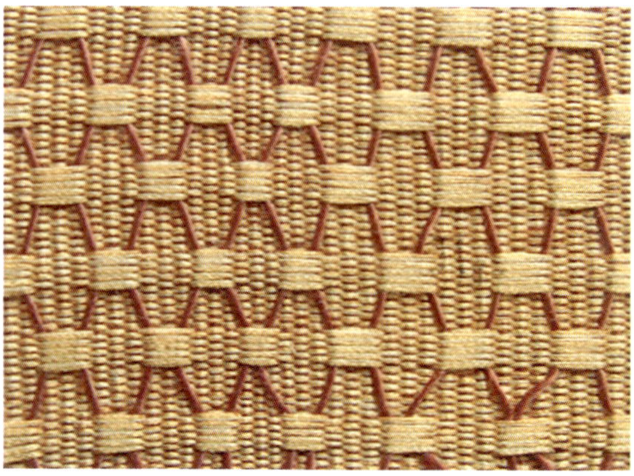

图 4-6

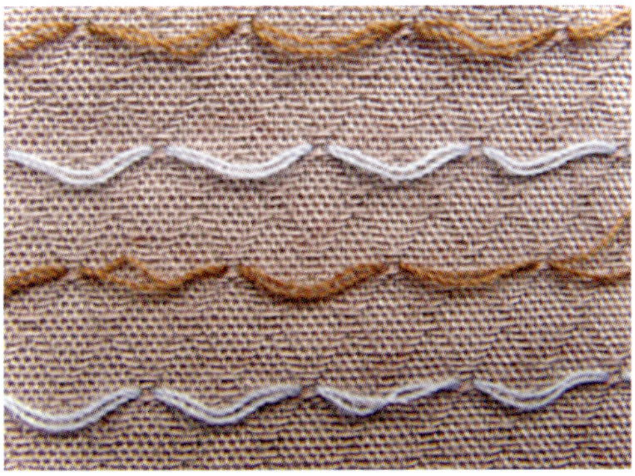

图 5-1-15（B）

图 5-1-15（C）

图 5-1-15（D）

图 5-2-1（A）

图 5-2/01（A）

图 5-2-7

图 5-2-16（A）

图 5-3/01

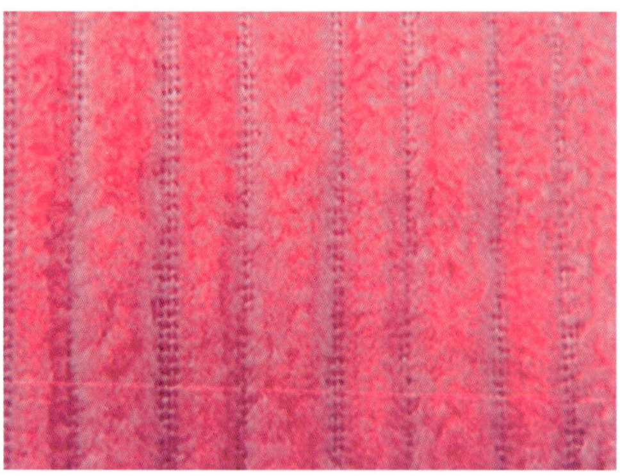

图 5-3-8

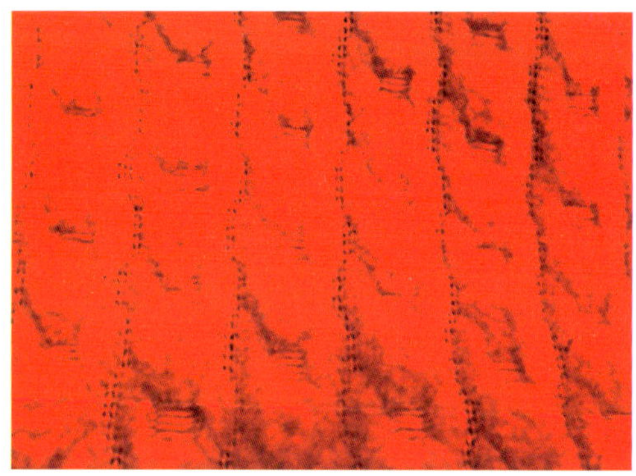

图 5-3-9

图 5-3/02

图 5-4（A）

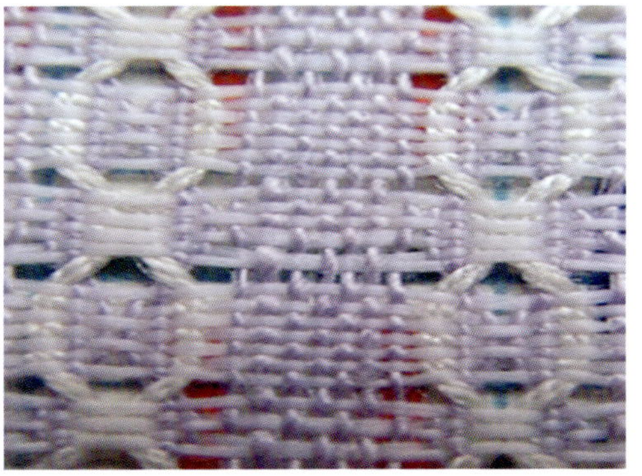

图 5-5-9（A）

图 5-5-9（B）

图 5-5-9（C）

图 5-5-9（D）

项目三　习题 2（a）

项目三　习题 2（b）

项目四　习题 15（a）

项目四　习题 15（b）

项目四　习题 15（c）

“十三五”职业教育国家规划教材

织物组织分析与设计（2版）

ZHIWU ZUZHI FENXI YU SHEJI

林晓云 主编 / 马旭红 副主编 / 李丽君 审稿

東華大學出版社

·上海·

内 容 提 要

本教材主要内容包括三原组织分析与设计、上机图绘制、变化组织分析与设计、联合组织分析与设计、复杂组织分析与设计等。与其他同类教材相比，本教材首次引入了典型组织清晰图片与典型组织分析图片，打破了了初学者只认识组织但不认识此组织面料的尴尬，将织物分析引入教材，代表性织物组织和分析过程清晰可见、一目了然，更贴近企业实际需求，在认识面料组织的基础上，根据企业生产实际，进行仿样设计和创新设计。

本教材简单易懂，认知规律由浅入深，可作为纺织高职高专院校教材，亦可供纺织面料企业从业人员参阅。

图书在版编目(CIP)数据

织物组织分析与设计/林晓云主编. —2 版. —上海：东华大学出版社，2017.8
ISBN 978-7-5669-1243-5

Ⅰ.①织… Ⅱ.①林… Ⅲ.①机织物—织物组织—高等职业教育—教材 Ⅳ.①TS105.1

中国版本图书馆 CIP 数据核字(2017)第 156650 号

责任编辑：张　静
封面设计：魏依东

出　　版：东华大学出版社(上海市延安西路 1882 号，200051)
出版社网址：http://www.dhupress.net
天猫旗舰店：http://dhdx.tmall.com
营 销 中 心：021-62193056　62373056　62379558
印　　刷：上海龙腾印务有限公司
开　　本：787 mm×1 092 mm　1/16
印　　张：12.75
字　　数：318 千字
版　　次：2017 年 8 月第 1 版
印　　次：2022 年 1 月第 4 次印刷
书　　号：ISBN 978-7-5669-1243-5
定　　价：45.00 元

前 言

我国纺织面料企业众多，来料分析、仿样设计和创新设计是面料企业最多的一项业务。本教材搜集了常见面料组织并拍摄出高清晰的、系统的、完整的本课程所需要的织物组织图片，使织物组织的分析与设计既形象又直观，突破了由于纱线细度细而无法体现经纬纱交织状况的局限，使织物分析方法、分析过程清晰可见，这些清晰的面料组织图片同时给人以视觉上很大的冲击，进而可进行织物仿样设计和创新设计。

本教材根据高职高专学生的学习特点，增加了感性的、直观的图片，去掉了大量的理论推导，全书浅显易懂、简单易学。

本教材项目四中的子项目九“织物CAD创新设计”由浙江纺织服装职业技术学院马旭红老师编写，其余部分由浙江纺织服装职业技术学院林晓云老师编写。全书由林晓云负责整理并统稿。在本书编写过程中，浙江纺织服装职业技术学院李丽君教授给予了热心指导并负责审稿，在此一并表示真诚的感谢。

由于编者水平有限，书中肯定存在许多不足之处，恳请各位读者提出宝贵意见，以便今后不断改进与完善。

编 者

目 录

项目导入

认识织物

本项目能力目标
1. 会用纺织专业术语命名纺织面料;
2. 能读懂织物规格.

任务1 用纺织专业术语命名图 0-1 中(A)(B)所示织物。

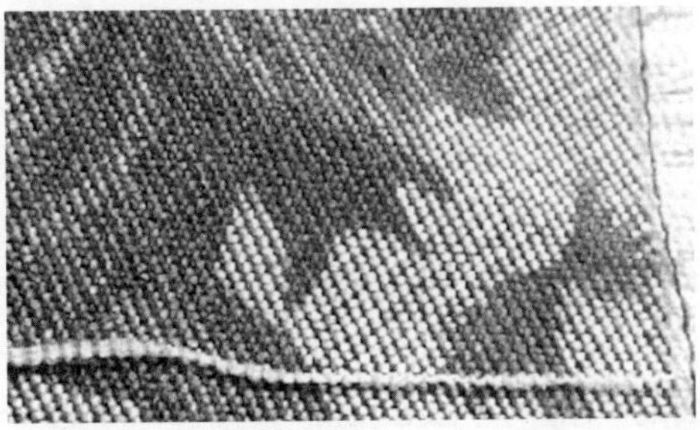

(A)

(B)

图 0-1

任务分解

一、认识织物分类

1. 按不同的加工方法分类

(1) 机织物　由相互垂直排列(即横向和纵向两个系统)的纱线,在织机上根据一定的规律交织而成的织物。图 0-1(A)(B)所示织物均为机织物。

(2) 针织物　由纱线编织成圈而形成的织物,分为纬编针织物和经编针织物。

(3) 非织造布　将松散的纤维经黏合或缝合而成的织物。目前主要采用黏合和穿刺两种方法。用这种加工方法可大大简化工艺过程,降低成本,提高劳动生产率,具有广阔的发展前途。

2. 按构成织物的纱线原料分类

(1) 纯纺织物　构成织物的原料都采用同一种纤维,有棉织物、毛织物、丝织物、涤纶织物等。图 0-1(B)所示为纯棉织物。

(2) 混纺织物　构成织物的原料采用两种或两种以上不同种类的纤维,经混纺成纱线而制成,有涤/粘、涤/腈、涤/棉等混纺织物。

(3) 混并织物　构成织物的原料采用包含两种纤维的单纱,经并合成股线而制成,有低弹涤纶长丝和中长混并,也有涤纶短纤和低弹涤纶长丝混并等。

(4) 交织织物　构成织物的两个系统的原料分别采用不同纤维构成的纱线,如蚕丝和人造丝交织而成的古香缎、尼龙和人造棉交织而成的尼富纺等。图 0-1(A)所示织物的经纱为棉短纤维,纬纱为涤纶长丝,属交织织物。

3. 按组成织物的纤维长度和细度分类

(1) 棉型织物　以棉型纤维为原料纺制的纱线所织成的织物,纤维长度在 30 mm 左右。

(2) 毛型织物　用毛型纱线织成的织物,纤维长度在 75 mm 左右。

(3) 中长织物　以中长型化纤为原料纺制的纱线所织成的织物,纤维长度在棉型织物和毛型织物之间。

(4) 长丝织物　用长丝织成的织物。

4. 按纱线的结构与外形分类

(1) 纱织物　经纬纱均由单纱构成的织物称为纱织物。

(2) 线织物　经纬纱均由股线构成的织物称为线织物(全线织物)。大多数精纺毛织物为线织物。

(3) 半线织物　经纱是股线,纬纱是单纱构成的织物叫半线织物。

5. 按染整加工分类

(1) 本色织物　指采用未经练漂、染色的纱线而织成的织物,不经过整理加工,从而保持了所有材料的原有色泽,也称本色坯布、本白布、白布或白坯布。

(2) 漂白织物　坯布经过漂白加工的织物。

(3) 染色织物　整匹经过染色加工的织物。

(4) 色织织物　由有色纱线织成的织物,如图 0-1(B)所示。

(5) 印花织物　经过印花加工,表面印有花纹、图案的织物,如图 0-1(A)所示。

(6) 色纺织物　先将部分纤维或纱条染色,再将原色(浅色)纤维或纱条与染色(或深色)的纤维或纱条按一定比例进行混纺或混并,制成纱线,再织成织物,有混色效应。

6. 按织物组织分类

(1) 原组织织物　又称基本组织织物。图 0-1(A)所示织物可命名为印花交织斜纹布。

(2) 小花纹织物　由原组织加以变化或配合而成,所以又可分为变化组织织物和联合组织织物、小提花织物。图 0-1(B)所示织物可命名为纯棉色织小提花织物。

(3) 复杂组织织物　由若干系统的经纱和若干系统的纬纱构成,这类组织能使织物具有特殊的外观效应和性能。

(4) 大提花组织织物　又称大花纹织物,是综合运用上述三类组织形成的具有大花纹图案的织物。

任务2 解释以下织物规格。

(1) 弹力棉织物　C 32^S×(C 20^S+40 D)　156×66　48″/50″　203 g/m^2

(2) 62″　TN 21^S×(JC 32^S+JC 32^S/2)　110×67

任务分解

二、认识织物规格

纺织生产企业和外贸公司在实际操作时所接触的织物规格具有多种表达方式,涉及的纱线细度和捻度以及织物幅宽、密度等单位,并非完全符合国标的要求。为了使学生的知识面不受此限制,下述纱线或织物的规格均保留纺织企业或外贸公司的标注方式。

1. 经纬纱细度

纱线细度有四种表示方法:特克斯(tex)、旦尼尔(D)、公制支数(公支)、英制支数(^{S})。一般织物中的经纬纱细度表示如下:

(1) 13 tex×13 tex,表示经纬纱都是13 tex单纱。

(2) 150 D×150 D,表示经纬纱都是150 D长丝。

(3) JC32^S×C21^S,表示经纱是32^S精梳棉纱,纬纱是21^S棉纱。

(4) 28/2公支×28公支,表示经纱是由2根28公支的毛型纱并捻而成的双股线,纬纱是28公支的单纱。

2. 织物密度

织物密度是指织物纬向或经向单位长度内的纱线根数,分为经密和纬密。经密又称经纱密度,是指沿织物纬向10 cm或1英寸内的经纱根数;纬密又称纬纱密度,是指沿织物经向10 cm或1英寸内的纬纱根数。织物密度一般表示为:236根/10 cm×220根/10 cm。丝织物的密度用每英寸范围内的丝数表示,如180T表示丝织物每平方英寸内的经、纬丝之和为180根。大多数织物的经纬密配置采用经密大于或等于纬密。

3. 织物匹长

织物两端最外侧的完整纬纱之间的距离称为匹长,根据织物用途、厚度、面密度及卷装容量等因素而定,单位为"米(m)"或"码(yd)"。

4. 织物幅宽

织物两边最外侧的两根经纱间的距离称为幅宽,根据织物在加工过程中的收缩程度、用途及原料节约等因素而定,单位一般为"英寸(″)"或"厘米(cm)"。

5. 织物厚度

在一定压力下,织物正反面之间的距离称为织物厚度,单位为"毫米(mm)"。

6. 织物重量

织物的厚实程度多采用“重量”表示。织物的重量是指干燥无浆织物的重量，其单位一般用“克/米^2(g/m^2)”，简写为“GSM”。真丝织物用“姆米(m/m)”表示，1 m/m＝4.305 6 g；出口牛仔布用“盎司/平方码(oz/yd^2)”表示，1 oz/yd^2＝33.9 g/m^2。

综上所述：

(1) 弹力织物　C 32^S×(JC 20^S＋40 D)　156×66　48″/50″　203 g/m^2

可解释为：经纱为 32^S 棉纱，纬纱为 20^S 精梳棉纱并包含 40 D 氨纶长丝的包芯纱；经密为每英寸 156 根，纬密为每英寸 66 根；幅宽为 48～50 英寸；织物重量为每平方米 203 g。

(2) 62″　TN 21^S×(JC 32^S＋JC 32^S/2)　110×67

可解释为：幅宽 62 英寸；经纱为 21^S 天丝，纬纱有两种，一种为 32^S 精梳棉单纱，另一种为 32^S 精梳棉双股线；经密为每英寸 110 根，纬密为每英寸 67 根。

习题

解释下列织物规格：

(1) 天丝平布　60″　TN 30^S×TN 30^S　95×70

(2) 丝/棉格子布　62″　TN 21^S×(JC 32^S＋JC 32^S/2)　110×67

(3) 弹力府绸　72″　JC 40^S×(JC 40^S＋40 D)　96×72

(4) 牛津纺　100×48　40×32/2　成品 149 g/m^2

(5) 67″　C 32^S×(JC 33^S 竹节纱＋T 150 D)　130×85　纬纱比例 1∶1

(6) JC 32^S/2×150 D/48 F

项目一

三原组织及织物

子项目一 机织物组织概念

任务

用组织图描述图 1-1 所示的两块织物的经纬纱交织情况(见彩页)。

(A)　　　　　　　　　　(B)

图 1-1

任务分解

一、认识织物组织的常用术语

(1) 织物组织　织物中的经纬纱交织情况只有两种,经在纬之上和纬在经之上。织物组织是指织物内经纱和纬纱相互交错或彼此浮沉的规律,如图 1-1 所示。

(2) 组织点　织物中经纱和纬纱的相交处。

① 经组织点(经浮点)　凡经纱浮在纬纱之上,称经组织点(经浮点),用符号“☒”“■”“⊙”“●”等表示。

② 纬组织点(纬浮点)　凡纬纱浮在经纱之上,称纬组织点(纬浮点),用空格“□”表示。

织物正面为经组织点,反面则为纬组织点。经组织点等于纬组织点的组织,称为同面组织;经组织点多于纬组织点的组织,称为经面组织;纬组织点多于经组织点的组织,称为纬面组织。图 1-1(A)和(B)所示均为同面组织织物。

(3) 组织图　表示经纬纱交织规律的图解。如图 1-1(A)所示织物的组织图为图 1-1-1(A)所示，图 1-1(B)所示织物的组织图见图 1-1-1(B)所示。组织图常画在意匠纸上。印有大、小格子的纸称为意匠纸。

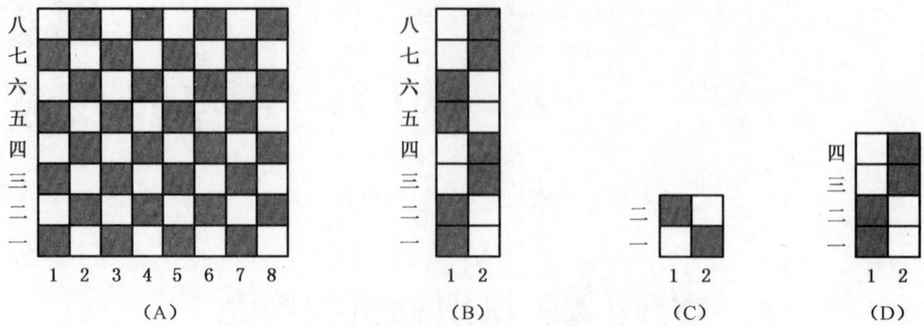

图 1-1-1　组织图和组织循环

(4) 组织循环(完全组织)　当经组织点和纬组织点的浮沉规律达到循环时的组织。图 1-1 (A)所示织物的一个组织循环为图 1-1-1(C)所示，图 1-1(B)所示织物的一个组织循环为图 1-1-1(D)所示。

① 完全经纱数(R_J)　一个完全组织(组织循环)所含的经纱根数，称为完全经纱数，用 R_J 表示。

② 完全纬纱数(R_W)　一个完全组织所含的纬纱根数，称为完全纬纱数，用 R_W 表示。

对应图 1-1(A)和图 1-1-1(C)，$R_J=2$，$R_W=2$；对应图 1-1(B)和图 1-1-1(D)，$R_J=2$，$R_W=4$。

(5) 飞数　同一系统相邻两根纱线上，相应的经组织点(或纬组织点)间相距的组织点数，称为飞数，用 S 表示。

① 经向飞数(S_J)　相邻两根经纱上，相应的两个组织点沿经向相距的组织点数为经向飞数，以 S_J 表示。图 1-1-2(A)中，相邻两根经纱上相对应的纬组织点沿经向相距 3 个组织点，所以 $S_J=3$。

② 纬向飞数(S_W)　相邻两根纬纱上，相应的两个组织点沿纬向相距的组织点数是纬向飞数，以 S_W 表示。图 1-1-2(B)中，相邻两根纬纱上相对应的经组织点沿纬向相距 2 个组织点，所以 $S_W=2$。图 1-1(A)所示织物，$S_J=1$；图 1-1(B)所示织物，$S_J=2$。

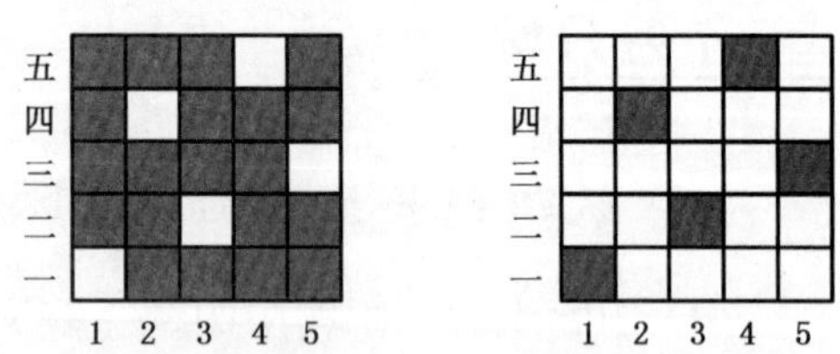

图 1-1-2　飞数

(6) 平均浮长(F)　即组织循环纱线数与一根纱线在组织循环内交错次数的比值。经纬纱交织时，纱线由浮到沉或由沉到浮形成一次交错。交错次数用 t 表示。在一个组织循环内，某根经纱与纬纱的交错次数用 t_J 表示，某根纬纱与经纱的交错次数用 t_W 表示。因此，平均浮长可用下式表示：

$$F_J=\frac{R_W}{t_J}\quad F_W=\frac{R_J}{t_W}$$

平均浮长的大小可以用来表示同密度同纱线细度而不同组织的织物的松紧程度。

① 经浮长线　连续 2 个或 2 个以上的经组织点构成经浮长线。图 1-1(B)中，经浮长线为 2。

② 纬浮长线　连续 2 个或 2 个以上的纬组织点构成纬浮长线。

二、认识原组织的共同特性

原组织是织物的基础组织，机织物的各种组织都由原组织变化衍生而来。所以，原组织又称为基本组织。构成机织物原组织的条件是：

① 组织点飞数 S 是常数。

② 在一个组织循环内，每根经纱或纬纱上，只有一个单独的经组织点或纬组织点。

③ 在一个组织循环内，组织循环经纱数等于纬纱数。

根据构成原组织的条件，图 1-1(A)所示为原组织，图 1-1(B)所示不是原组织。

机织物原组织包括三种，即平纹、斜纹、缎纹，称为三原组织。由原组织构成的织物，表面花纹简单，外观朴素大方，织造方法简单，应用广泛。

子项目二 认识平纹组织及其织物

本项目能力目标

1. 会读、会表示平纹组织；
2. 会画平纹组织图；
3. 会分析斜纹组织面料；
4. 认识并能命名平纹组织典型面料.

任务

用分式表达法表示图 1-2(A)(B)所示面料的组织，并画出组织图，说明组织特点。

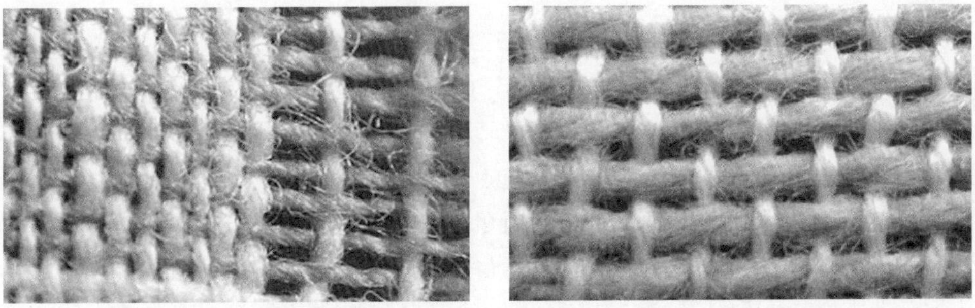

(A)　　(B)

图 1-2

任务分解

一、认识平纹组织

(1) 什么是平纹组织　图 1-2(A)(B)所示为平纹组织织物。平纹组织是所有织物组织中最简单的一种，其经纬纱交织规律示意图和组织图分别如图 1-2-1(A)(B)所示。

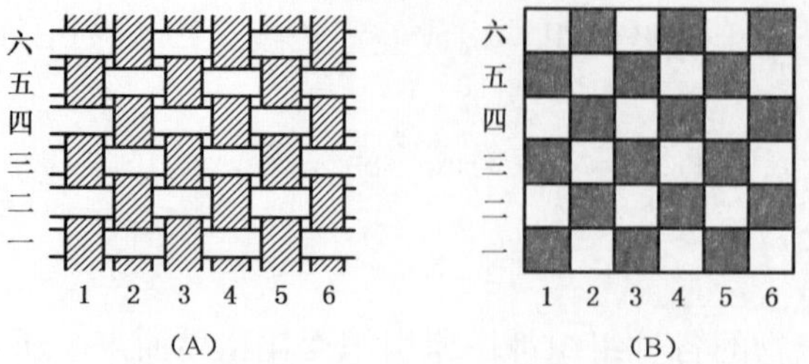

图 1-2-1　平纹交织规律和组织图

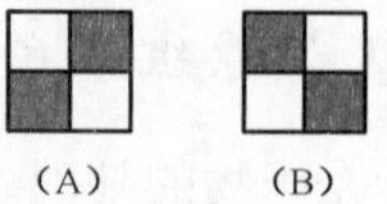

图 1-2-2

(2) 平纹组织表示方法　采用分式法,用分式$\frac{1}{1}$表示,分子表示经组织点个数,分母表示纬组织点个数,读作一上一下平纹组织。

二、平纹组织图绘制

图 1-2-2(A)中,经组织点的起始点位于奇数经纱和奇数纬纱的相交处,称为单起平纹;图 1-2-2(B)中,经组织点的起始点位于奇数经纱和偶数纬纱的相交处,称为双起平纹。习惯上均以经组织点作为起始点来绘制平纹组织图(即单起平纹)。平纹组织的 $R_J=R_W=2$。

三、认识平纹组织特点

正反面相同,交织次数最多,光泽暗淡,结构紧密,质地坚牢,手感硬,应用最广泛。

能力拓展 1

认识平纹组织典型面料

1. 棉型织物典型面料

(1) 平布　根据纱线细度,可分为粗平布、中平布、细平布、特细布或细纺等四类。经纬纱细度相等,经纬向紧度比接近于 1∶1。织物总体风格是布面平整均匀,粗平布、中平布、细平布各有其独特风格:粗平布布身厚实,坚牢耐磨,主要用作外衣、鞋里布、油布;中平布平整、均匀、丰满;细平布平整、光洁、柔软,富有棉纤维的天然光泽;特细平布轻薄、细洁,滑爽如绸。

(2) 府绸　纱线密度大的方向为经向。经纬纱均为细线密度纱且细度相等,经纬向紧度比为 5∶3～2∶1。为高密织物,滑、挺、爽、薄,经浮点突出于织物表面,受挤压变形而形成菱形颗粒。

(3) 巴厘纱　经纬纱均采用细线密度、精梳强捻单纱或股线,且采用同一捻向,若用股线,则纱与线均用 Z 捻向。织物紧度小,是一种细特、低密、轻薄织物,外观透明,布孔清晰,手感爽滑。

(4) 泡泡纱　可分为机织泡泡纱和碱缩泡泡纱。

① 机织泡泡纱　一般起泡方向为经向。采用双轴制织,起泡部分的纱线粗,送经量大;不起泡部分的纱线细,送经量小。织物表面呈现横向波纹状的纵条泡泡纱,立体感强,泡泡持久,是夏令上等服装面料。

② 碱缩泡泡纱　将碱液泼到染色或印花的纯棉细特平纹织物上,使织物表面形成有碱液

部分和无碱液部分，有碱液部分的布面产生收缩，无碱液部分的布面则不收缩，形成凹凸不平的泡泡，其泡泡牢度较差。

(5) 绒布　纱线粗、起绒的方向为纬向。经细纬粗，纬纱捻度低。经拉绒整理，织物表面有绒毛，手感柔软，保暖性好。

(6) 青年布　白经色纬或色经白纬，经纬纱粗细相同，经纬密接近。布面呈蓝白或灰白双色效应，轻薄柔软。

(7) 烂花布　以涤纶长丝为芯，外包棉纤维，织成织物后用酸剂制糊印花，印花后棉纤维经水解作用而烂去，织物表面具有半透明的花型图案。

2. 麻织物

织物表面散布竹节条纹是麻织物特有的风格特征。

(1) 夏布　土法生产的苎麻布，有的纱细布精，有的纱粗布糙，全由手工操作者掌握。夏布质地轻薄而坚牢，硬挺而凉爽，适于夏季衣用。

(2) 苎麻细布与亚麻细布　采用中特纱和细特纱，经纬密相近，布身硬挺，透气凉爽。

3. 毛织物

按纱线结构可以分为精纺毛织物(呢绒)和粗纺毛织物(呢绒)。

精纺呢绒特点：经纬纱采用细支精梳双股线，织物较轻薄，织纹清晰，呢面光洁，多用羊毛为原料。

粗纺呢绒特点：织物厚重，织纹不清，呢面有绒毛，所用原料除绵羊毛外，还有山羊绒、兔毛、马海毛、骆驼毛绒等。

(1) 凡立丁　有筘痕的方向为经向。为线经线纬织物，纱细，密度小，面密度为 175～195 g/m^2。呢面光洁平整，色泽鲜明匀净，滑、挺、糯，活络有弹性。一般为匹染素色，以浅米、浅灰为多。

(2) 派力司　一般股线方向为经向，单纱方向为纬向。多为线经纱纬织物，纱线为色纺纱，纱线细度比凡立丁更细。织物更轻薄，呢面呈散布均匀的混色雨丝状，光泽自然柔和，滑、挺、薄，活络、弹性足。条染混色，颜色以中灰、浅灰为多。

凡立丁和派力司的经向紧度为 55%～65%，纬向紧度为 45%～55%，经纬向紧度比≈1。

4. 丝织物

按织物组织和织物外观丝织物可以分为 14 大类：纺、绉、绸、缎、绢、绫、罗、纱、绡、葛、呢、绒、绨、锦。平纹类典型丝织物为纺类、绉类和绡类，大部分绸类、纱类、绢类也采用平纹组织。

(1) 纺类　经纬丝均以生丝制织，不加捻或加弱捻，再经精练或印花加工。绸面平挺洁净，组织缜密，光泽自然柔和，手感柔中有刚，富有弹性。如电力纺、杭纺等。

(2) 绉类　纬丝或经纬丝均加强捻，使织物外观呈现各种绉纹。

① 双绉(双纡绉)　不加捻的方向为经向，加强捻方向为纬向。平经，强捻纬丝以 2S2Z 间隔织入。织物表面呈现细微的水波纹样的鳞状皱纹。

② 乔其绉(纱)　经纬丝均加强捻，均以 2S2Z 间隔织入。织物轻薄透明，布面有皱纹。

(3) 绸类　丝织物中的一个大类品种，无其他类的特征。如双宫绸，有粗细节的方向为纬向，纬纱采用双宫丝，故织物纬向有粗细节。另有其他绸类如绢麻绸、拷绸（香云纱）等。

能力拓展2

影响平纹织物风格的因素

平纹组织虽然简单，但设计时可以通过选择不同的原料、不同的线密度、不同的经纬密度、不同的纱线捻度及捻向、不同的经纬配色等，或采用不同的上机条件，获得种种不同的织物外观和物理性能。

1. 原料的影响

原料对平纹组织织物的手感及服用性能的影响是极大的。如棉纤维的吸湿性较好，其织物手感柔软，吸湿透气，保暖性好；粘胶纤维的吸湿性好、湿强低，其织物吸湿透气，手感柔软，但尺寸稳定性差；涤纶的强力高、吸湿性差，其织物的强力高，尺寸稳定性好，但有静电现象等。

2. 线密度的影响

选用不同的线密度可使得平纹织物的手感和外观风格均不同。如选用 32 tex 及以上的纱线做经纬纱织成的平纹织物，称为粗平布；选用 21～32 tex 的纱线做经纬纱织成的平纹织物，称为中平布；选用 11～20 tex 的纱线做经纬纱织成的平纹织物，称为细平布。府绸织物所使用的线密度更低。另外，同一织物经纱和纬纱的线密度可以配置相同，也可以不同。经纬纱的线密度不同时，平纹织物表面便产生纵向或横向的凸条效应；若经纱细而纬纱粗，则织物表面形成横向凸条；若经纱粗而纬纱细，则形成纵向凸条；若经纬纱分别采用粗细不同的纱线，并按一定规律相间排列，则织物表面可呈现条子或格子花纹。

3. 经纬密度的影响

平纹组织若配以不同的经纬密度，则织物外观的细腻程度、手感、厚薄等都会发生变化。密度增大，织物变得厚实挺括，强力较高；密度小，则织物轻薄松软，强力较低。当经纬纱的线密度相近，而经纱密度、纬纱密度相差较大时，则在织物表面产生横向或纵向条纹，如经密大于纬密较多的府绸织物显横向条纹。这就是平布的经纬纱线密度相近（或相等）且经纬密度相近的道理所在。

4. 纱线的捻度及捻向的影响

纱线的捻度大，其织成的织物表面光洁，手感滑爽。如皱纱布，采用高捻纬纱与正常捻的经纱交织，织物经高温碱液处理后，其表面有优美的横向打折的皱纹；平纹双面绒采用的纬纱捻度小，与经纱交织成布后经过后整理，通过起毛钢丝将纬纱中的部分纤维勾出（捻度小，易勾出），使织物表面呈现短而密的绒毛。

纱线捻向对平纹组织织物的结构影响很大。当平纹织物的经纬纱采用不同的捻向时，表面反光一致，光泽较好，织物松厚柔软。当平纹织物的经纬纱采用相同捻向时，表面反光不一致，光泽减弱，织物结构稳定，手感坚实。一般经纱用 Z 捻，纬纱用 S 捻。平纹织物还可以采用不同捻向的经纬纱间隔排列形成条格型而获得隐条、隐格效应。

5. 经纬纱异色的影响

若平纹组织织物的经纬采用异色纱线织制，由于经纬纱线密度及经纬密度的差异，上机工艺不同，使经纱和纬纱显露于布面的程度不同，从而使布面色泽不同。因此，虽然为平纹组织，但织物正反面的颜色不同。这种情况在来样加工时特别重要。当利用多种色经与色纬进行不同配置时，可织成绚丽多彩的平纹色条、色格织物。

子项目三 认识与分析斜纹组织及其织物

本项目能力目标

1. 会读、会表示斜纹组织；
2. 会画斜纹组织图；
3. 会分析斜纹组织面料；
4. 认识并能命名斜纹组织典型面料.

任务

分析图 1-3(A)(B)所示面料的组织，并画出组织图。

(A)

(B)

图 1-3

任务分解

一、认识斜纹组织

(1) 什么是斜纹组织　组织点连续成斜线的织物组织，称为斜纹组织。斜纹组织变化繁多，最基本的是原组织斜纹。图 1-3-1 中，(A)为斜纹织物的经纬纱交织示意图，(B)为相应的组织图。图 1-3 所示织物的组织即为斜纹组织。

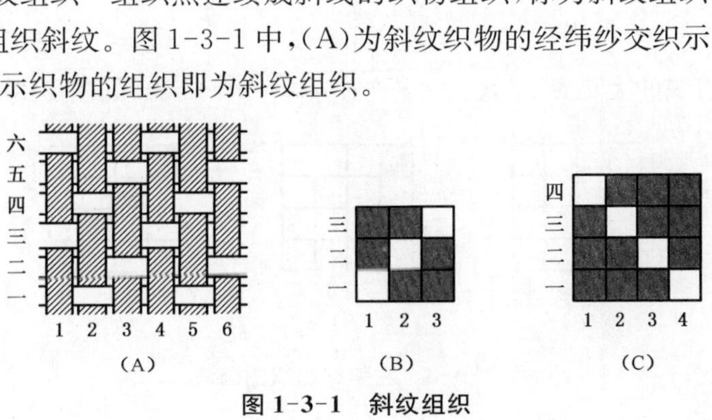

图 1-3-1　斜纹组织

(2) 斜纹组织表示方法　分式＋箭头。图 1-3-1(B)所示的斜纹组织图可表示为$\frac{2}{1}\nearrow$，读作二上一下右斜纹；其中分子表示一个组织循环内一根经纱上的连续经组织点个数，分母表示一个组织循环内一根经纱上的连续纬组织点个数，箭头表示斜纹线的方向。此组织由于正面的经组织点个数多于纬组织点个数，所以称为经面斜纹。图 1-3-1(C)所示的斜纹组织可表示为$\frac{3}{1}\nwarrow$，读作三上一下左斜纹。

原组织斜纹的正反面不同，正面为$\frac{2}{1}\nwarrow$，反面则为$\frac{1}{2}\nearrow$，正面为经面斜纹，反面则为纬面斜纹。纬面斜纹还有$\frac{1}{3}\nwarrow$和$\frac{1}{3}\nearrow$等。由于经纱品质优于纬纱，织物正面以经面斜纹居多。右斜纹的飞数 $S_J=+1$，左斜纹的飞数 $S_J=-1$。

(3) 斜纹组织特点　斜纹织物要求布面纹路“明、匀、直”，“明”是指纹路清晰明显；“匀”是指斜向线条间距相等；“直”是指斜向线条是一条笔直的斜线，没有弯曲现象。

二、绘制斜纹组织图

任务 1　画出$\frac{3}{1}\nearrow$的组织图。

(1) 画出完全组织的大小，$R_J=R_W=$分子＋分母$=1+3=4$，如图 1-3-2(A)所示。

(2) 从左下角第一个方格开始，按分式表示的经纬纱交织规律画出第一根经纱上的各个组织点。此组织一根经纱上有 3 个经组织点和 1 个纬组织点。习惯上，第一根经纱的起始点为经组织点，如图 1-3-2(B)所示。

(3) 右斜纹的 $S_J=1$，填绘其余各根经纱上的组织点，如图 1-3-2(C)(D)所示。

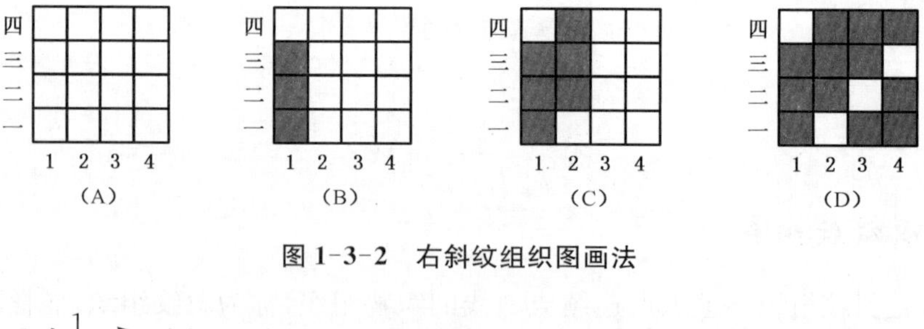

图 1-3-2　右斜纹组织图画法

任务 2　画出$\frac{1}{3}\nwarrow$的组织图。

(1) 画出完全组织的大小，$R_J=R_W=$分子＋分母$=1+3=4$，如图 1-3-3(A)所示。

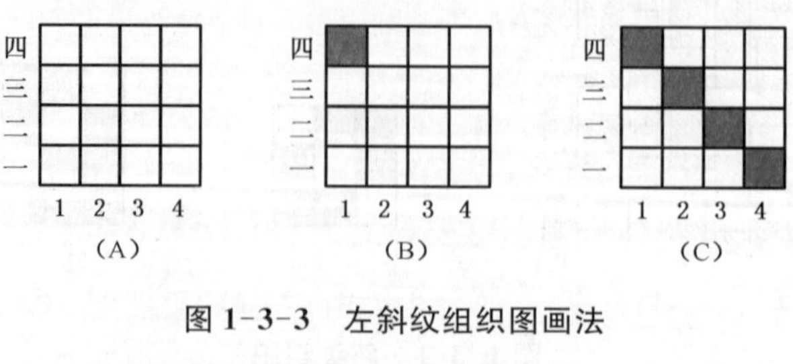

图 1-3-3　左斜纹组织图画法

(2) 从左下角第一个方格开始,按分式表示的经纬纱交织规律画出第一根经纱上的各个组织点。此组织一根经纱上有 1 个经组织点、3 个纬组织点。为方便起见,可将经组织点放在最上面,如图 1-3-3(B)所示。

(3) 左斜纹的 $S_J=-1$,填绘其余各根经纱上的组织点,如图 1-3-3(C)所示。

由于反光的效果,为了使织物表面的斜纹线清晰,一般采用 Z 捻单纱做经纬纱时,配置左斜纹;采用 S 捻股线做经纱时,则配置右斜纹。所以,纱织物一般为左斜纹,线织物和半线织物一般为右斜纹。

三、原组织斜纹织物分析方法

任务3 分析图 1-3 (A)(B)所示的斜纹织物,画出组织图。

(1) 分清织物的经纬向和正反面　有斜纹线的一面为正面,密度大的方向一般为经向。纱织物一般为左斜纹,而线织物和半线织物一般配置右斜纹。图 1-3 (A)(B)均为纱织物,按左斜纹方向确定经纬向。

(2) 如图 1-3(A)所示,将一根经纱拨到纱缨的中间,分析经纬纱交织情况。一个组织循环有 3 根纬纱,其中 2 个经组织点、1 个纬组织点,斜纹方向为左斜,根据原组织斜纹的特点,此组织为$\frac{2}{1}\nwarrow$。图 1-3(B)所示的一个组织循环有 4 根纬纱,其中 3 个经组织点、1 个纬组织点,斜纹方向为左斜,则此组织为$\frac{3}{1}\nwarrow$。

(3) 根据斜纹组织画图方法,画出图 1-3(A)所示面料的组织图为图 1-3-4(A),图 1-3(B)所示面料的组织图为图 1-3-4(B)。

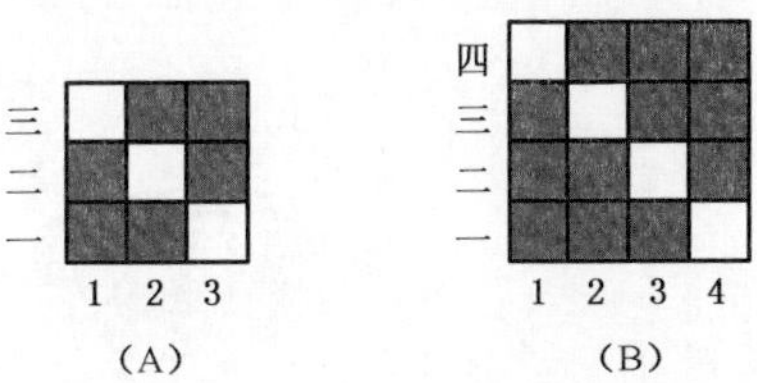

图 1-3-4　面料组织图

能力拓展 1

认识原组织斜纹组织典型面料

1. 棉织物

(1) 斜纹布　有斜纹线的一面为正面。纱织物,左斜纹线方向为经向;线织物,右斜纹线方向为经向。经纬纱细度相等或略有差异。织物正面的斜纹纹路明显,质地松软,光泽与弹性较好,透气性适中。

(2) 卡其　有斜纹线的一面为正面,密度大的方向为经向。卡其有纱卡、半线卡、全线卡,纱卡一般为$\frac{3}{1}\nwarrow$,双面卡其多采用$\frac{2}{2}\nearrow$。经密∶纬密=2∶1。为经向紧密织物,经向紧度及经纬向紧度比大,斜纹倾角大,织物坚硬,抗折磨性差,衣服领口、袖口等处容易磨损、折裂。由于织物过厚,染色时染料不易浸入纱线内部,使用过程中布面容易发生磨白现象。

(3) 劳动布　为粗特、高密的色织斜纹织物。组织多采用$\frac{3}{1}\nwarrow$,也有线劳动布采用$\frac{3}{1}\nearrow$

和其他组织。由蓝色经纱与本白纬纱交织而成。布面匀净，色泽均匀，质地柔软，丰满厚实，粗犷豪放，穿着舒适。其中，高档劳动布又称坚固呢或牛仔布。

2. 化纤织物

美丽绸　为人造丝织物。组织为$\frac{3}{1}$斜纹，采用有光粘胶人造丝，平经平纬制织，经密大于纬密一倍以上。绸面斜纹清晰，富有光泽，手感平滑柔软。常用作服装衬里。

能力拓展2

制织原组织斜纹织物需注意的问题

制织斜纹织物时，有正织和反织之分。特别是组织循环较大的经面斜纹，要考虑这一问题。因为组织循环大的经面斜纹，经组织点多，正织时提综次数多，会增加开口装置的耗电。

正织、反织各有优缺点，应由实际需要而定。正织时，易发现布面的百脚、纬缩等织疵，便于及时纠正；反织时，则不易发现百脚等疵点，但易发现断经疵点，也便于拆坏布。

反织时，必须注意斜纹方向。例如用反织法织制$\frac{3}{1}$↖纱卡其，应按$\frac{1}{3}$↗上机。

子项目四　认识与分析缎纹组织及其织物

本项目能力目标　1. 会读、会画经面缎纹和纬面缎纹组织图；　2. 会分析缎纹组织面料；
3. 认识并能命名缎纹组织典型面料.

任务

分析图1-4所示面料的组织，并画出组织图。

图1-4

任务分解

一、认识缎纹组织

图 1-4-1 中,(A)所示为经面缎纹组织面料,企业称为色丁;(B)为对应的组织图。缎纹组织是原组织中最复杂的一种组织,其组织特点是在一个完全组织内每根经纱或纬纱上的单独组织点相距较远,而且这些单独组织点有规律地均匀散布于完全组织中。

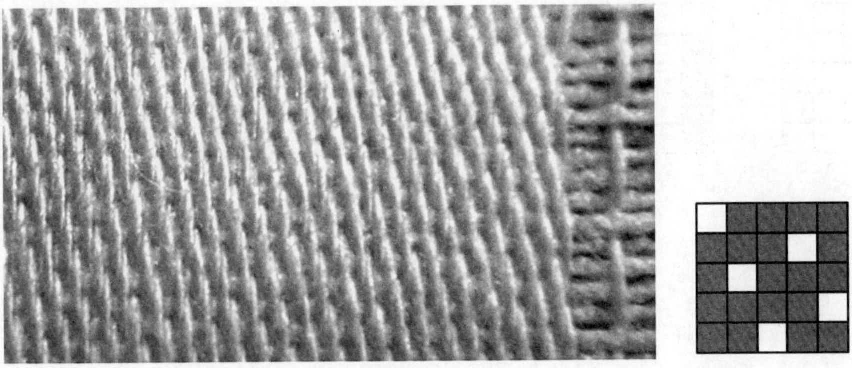

(A)　　　　(B)

图 1-4-1　缎纹组织实物图和组织图

(1) 缎纹组织参数特点　①组织循环数 $R\geqslant5$ 根(6 除外);②单个组织点的飞数 S 应符合下列关系:$R-1>S>1$;③R 与 S 互为质数(即不能有公约数),所以缎纹组织的 R 不能为 6。

(2) 缎纹组织表示方法　分式+文字。图 1-4-1 所示的缎纹组织为$\frac{5}{3}$经面缎纹,读作 5 枚 3 飞经面缎纹。其分子表示组织循环纱线数 R,即枚数;分母表示组织点的飞数 S。缎纹组织按照一个组织循环内经组织点多还是纬组织点多分为经面缎纹和纬面缎纹。其中经面缎纹的飞数沿经向,纬面缎纹的飞数沿纬向。常用的还有$\frac{5}{2}$经面缎纹、5 枚纬面缎纹及 7 枚、8 枚、11 枚缎纹组织等。

(3) 缎纹组织特征　原组织中,缎纹组织的交织点最少,浮长线最长,手感柔软,表面平滑光亮,坚牢度差,织物正面有明显光泽。

二、缎纹组织绘制方法

任务1　试绘制$\frac{5}{3}$经面缎纹组织图。

(1) 确定组织循环纱线数,得 $R=R_J=R_W=$分子$=5$。

(2) 在方格纸上画出组织图的边框线,如图 1-4-2(A)所示。

(3) 经面缎纹的经组织点多,纬组织点少。根据原组织特征,即:一个组织循环内,每根经纱或纬纱上,只有一个单独的经组织点或纬组织点。因此,经面缎纹只有一个单独的纬组织点。由此得 5 枚 3 飞经面缎纹在一个组织循环内,一根经纱或纬纱上有 4 个经组织点、1 个纬组织点。

(4) 填充第 1 根经纱,如图 1-4-2(B)所示。

(5) $S_J=3$,第 1 根经纱上的第 1 个经组织点在第 2 根经纱上沿经向飞 3 格,填绘此组织点,如图 1-4-2(C)所示。

(6) 此组织点的上面有 3 个经组织点、1 个纬组织点,据此填充第 2 根经纱上的其余组织点,如图 1-4-2(D)所示。

(7) 依此类推,填绘其他经纱,如图 1-4-2(E)所示。

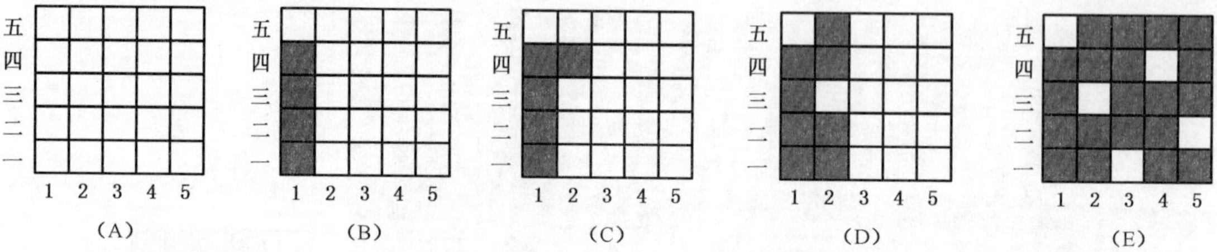

图 1-4-2　经面缎纹组织图画法

任务 2　试绘制 $\frac{5}{3}$ 纬面缎纹组织图。

(1) 确定组织循环纱线数,得 $R=R_J=R_W=$分子$=5$。

(2) 在方格纸上画出组织图的边框线,如图 1-4-3(A)。

(3) 纬面缎纹的纬组织点多、经组织点少,所以 5 枚 3 飞纬面缎纹组织在一个组织循环内,一根经纱或纬纱上有 4 个纬组织点、1 个经组织点。

(4) 填充第 1 根纬纱,如图 1-4-3(B)所示。

(5) $S_W=3$,第 1 根纬纱上的经组织点在第 2 根纬纱上沿纬向飞 3 格,填绘此组织点,其余点为纬组织点,如图 1-4-3(C)所示。

(6) 依此类推,填绘其他纬纱,如图 1-4-3(D)所示。

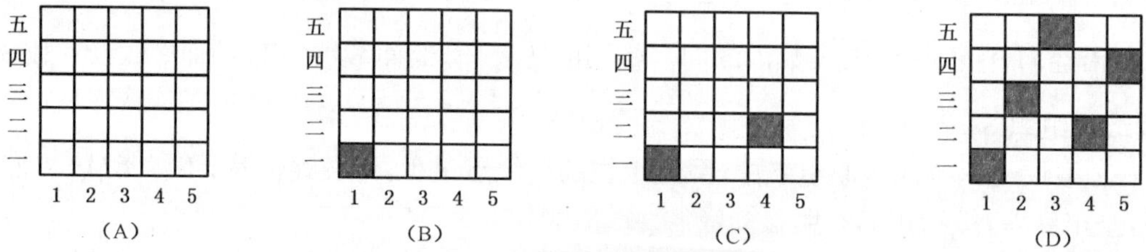

图 1-4-3　纬面缎纹组织图画法

$\frac{5}{3}$ 经面缎纹的反面则为 $\frac{5}{3}$ 纬面缎纹组织。图 1-4-4(A)(B)分别为 $\frac{8}{5}$ 经面缎纹和纬面缎纹的组织图。7 枚缎纹、8 枚缎纹、11 枚缎纹等常作为大提花组织的基础组织。

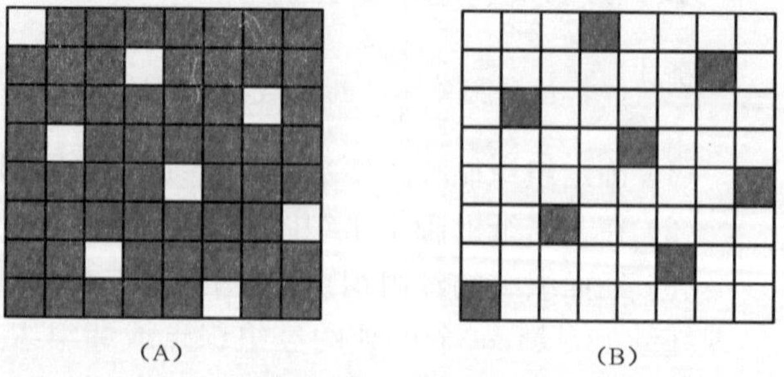

图 1-4-4

三、缎纹组织分析方法

任务3 分析图1-4-5(A)所示面料的经面缎纹组织。

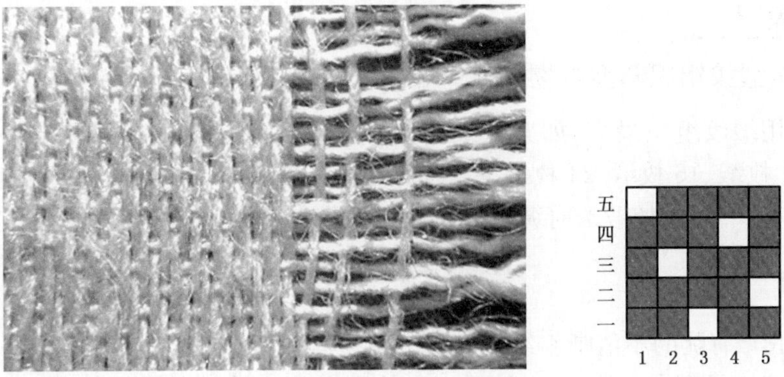

(A)　(B)

图1-4-5

分析缎纹组织，需要分析出缎纹组织的两个参数：枚数和飞数。

1. 经面缎纹组织分析方法

(1) 首先确定织物的经纬向和正反面　一般而言，经面缎纹的正面有不匀、不直、不明的斜纹主纹路且光泽明亮，纹路陡、密度大的方向为经向。

(2) 分析枚数　如图1-4-5(A)所示，拆掉经纱露出纬纱的纱缨，将两根经纱拨到纱缨的中间，分析一个组织循环中任意一根经纱上的纬纱根数，即为枚数。图1-4-5(A)所示织物组织的枚数为5。

(3) 分析飞数　找出两根经纱中左边一根经纱上的一个纬组织点，再在右边一根经纱上沿着此组织点向上数到与它相对应的纬组织点处，右边的纬组织点比左边的纬组织点高出的组织点数，即为飞数。图1-4-5(A)所示织物组织的飞数为3。

由此得此织物组织为5枚3飞经面缎纹组织，画出的组织图如图1-4-5(B)所示。

2. 纬面缎纹组织分析方法

纬面缎纹组织的反面即为经面缎纹组织，因此可以分析反面的经面缎纹组织，再推导出纬面缎纹组织。

四、认识缎纹组织织物风格

由于缎纹组织的循环较大，而且单个组织点呈均匀散布状态，每个单独组织点可以被两侧另一方向的纱线的浮长线所遮蔽。

织制经面缎纹时，为了使经面效应更加明显，采用高经密、高结构相，经纬向紧度比为5∶3或2∶1，织物表面几乎被排列紧密的经浮长线所覆盖。如丝/棉色丁，织物经向采用真丝，纬向采用棉纱，织物正面呈现真丝织物的光泽和手感，织物反面则呈现棉织物的特征。纬面缎纹则相反，采用高纬密、低结构相，织物表面几乎被排列紧密的纬浮长线所覆盖。

经面缎纹织物表面体现的是经纱，而纬纱隐藏在织物反面，故对经纱的条干要求较高，对纬纱的条干要求较低；同理，对于纬面缎纹织物，对纬纱的条干要求较高，对经纱的条干要求较低。

能力拓展1

认识缎纹组织典型织物

丝织物采用缎纹组织最多，如素软缎、花软缎、织锦缎、古香缎等，常用的有 5 枚缎、8 枚缎、10 枚缎、12 枚缎、16 枚缎、24 枚缎等。棉织物中有直贡呢、横贡缎，还有采用缎纹花与其他组织配合制成花式织物，如缎条府绸、缎条手帕、缎条床单等。

1. 棉织物

(1) 直贡缎　有陡的不清晰斜纹线且光泽明亮的一面为正面，斜纹线陡的方向为经向。5 枚 3 飞经面缎纹。经密大于纬密，经纱采用 Z 捻中支纱(一般为 20^S 左右)。布身密实丰厚，主要显现经纱特征，光泽好，具有仿毛直贡的风格。常用作外衣裤面料、鞋面料等。

(2) 横贡缎　有平缓的不清晰斜纹线的一面为正面，斜纹线平缓的方向为经向。5 枚 3 飞纬面缎纹。纬密大于经密，经纱采用 Z 捻且纱支较细(一般在 40^S 以上)。织物细密，平滑柔软，光泽好，具有仿丝绸的风格。经树脂、轧光、电光整理，是棉织物中的高档品种。常用作女外衣面料、装饰织物等。

2. 毛织物

(1) 直贡呢　有陡的不清晰斜纹线且光泽亮的一面为正面，斜纹线陡的方向为经向。组织为 5 枚 2 飞经面缎纹。经密大于纬密，经纱采用 S 捻股线。为紧密细洁的中厚型缎纹毛织物，呈现细条纹，纹道约 75°。色泽以乌黑为主，又称为礼服呢。布身密实丰厚，显现经纱特征，光泽好。

(2) 横贡呢　其纬密大于经密，呢面斜纹平坦，倾角为 15°左右。

3. 丝织物

采用缎纹组织的丝织物称为缎。一般不加捻或加弱捻，织物表面平滑光亮，手感柔软，绸身平挺。品种有素软缎、花软缎、绉缎等。

(1) 素软缎　光泽亮的一面为正面。组织为 8 枚缎纹，经纬丝不加捻，织物表面不起花纹。

(2) 花软缎　光泽亮的一面为正面，起花方向为纬向。组织为 8 枚缎纹，经纬丝不加捻，织物表面由纬丝起花纹。

(3) 绉缎　光泽亮的一面为正面；不加捻的方向为经向，加捻方向为纬向。组织为 5 枚 3 飞经面缎纹；平经绉纬，纬丝加强捻，以 2S2Z 间隔织入；织物正面光泽明亮，反面有细微绉纹。

能力拓展2

认识纱线的捻度与捻向对缎纹织物的影响

缎纹织物的经纬纱捻度宜小，丝织缎纹的经纬丝最好不加捻或加弱捻。

缎纹组织虽然不像斜纹组织那样有明显的斜向，但织物表面存在一个主斜向，并随飞数的变化而变化。当飞数 $S>R/2$ 时，经面缎纹组织的主斜向为左斜；当飞数 $S<R/2$ 时，经面缎纹组织的主斜向为右斜。所以棉织物中的纱直贡缎(其经纱为 Z 捻单纱)宜选用$\frac{5}{3}$经面缎纹，而毛织物中的线直贡呢(其经纱为 S 捻股线)宜选用$\frac{5}{2}$经面缎纹。

习题

1. 画出单起平纹与双起平纹的组织图。

2. 画出$\frac{3}{1}\nwarrow$、$\frac{2}{1}\nearrow$正反面的组织图。

3. 画出$\frac{5}{3}$经面缎纹、$\frac{8}{3}$经面缎纹正反面的组织图。

4. 制织 $40^{S}\times40^{S}\times94$ 根/英寸×140 根/英寸的横贡($R=5$)，若要求缎面光泽好，该用哪种组织？理由是什么？制织 29 tex×29 tex×354 根/10 cm×240 根/10 cm 的直贡($R=5$)，若要求缎面纹路清晰，该用哪种组织？理由是什么？

5. 画出以下四种面料的组织图。

(a)

(b)

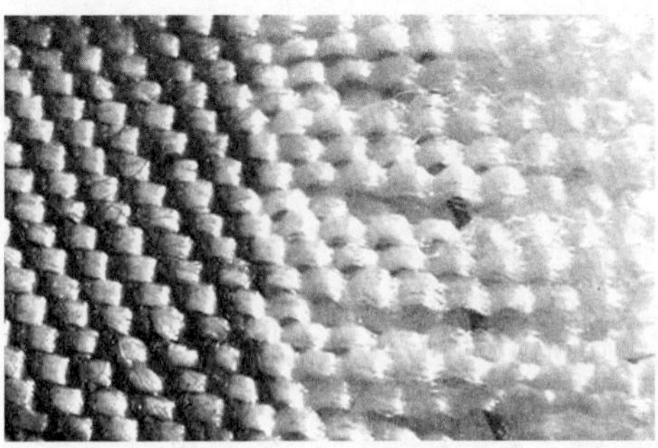

(c)

(d)

项目二

织物上机图和织物分析

子项目一 机织物上机图

本项目能力目标

1. 会根据织物组织图绘制织物上机图；
2. 已知组织图、穿综图、纹板图中的两个，会绘制另外一个.

任务

绘制三原组织上机图。

任务分解

一、认识织物上机图

1. 什么是织物上机图

织物上机图是表示织物上机织造工艺条件的图解，用以指导织物的上机装造工艺。设计人员根据所设计的织物组织确定综框页数、穿综顺序、综框提升顺序以及穿筘的方法。所以织物上机织造前必须确定上机图。

2. 上机图的排列位置

上机图由组织图、穿筘图、穿综图及纹板图四个部分排列成一定的位置而组成。上机图的布置应符合在织机上的工作位置，一般有两种形式。

(1) 组织图在下方，穿综图在上方，穿筘图在两者之间，而纹板图在组织图的右侧，如图 2-1-1(A)所示。

(2) 组织图在下方，穿综图在上方，穿筘图在两者之间，而纹板图在穿综图的右侧(或左侧)，如图

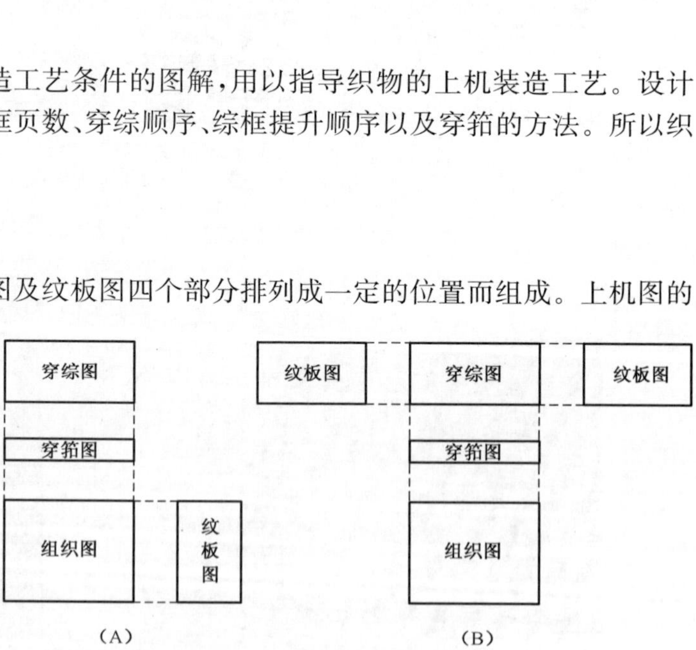

图 2-1-1 上机图的组成及布置

2-1-1(B)所示。

在工厂里，一般不把上述四张图全画出来，只画纹板图或只画穿综图与纹板图，穿综图及穿筘图通常以文字说明。

二、绘制上机图

1. 组织图

三原组织、变化组织、联合组织、提花组织等，其组织图可由设计人员通过来样分析而获得或者自行设计。

2. 穿综图

表示组织图中各根经纱穿入各页综片的顺序的图解。穿综方法根据织物组织及密度等不同，有顺穿法、飞穿法、照图穿法、分区穿法和间断穿法等。

上机图中，穿综图位于组织图的上方。每一横行表示一列综丝，横行数等于综片列数，综片在图中为自下而上排列，在织机上则由织口向织轴方向排列。每一纵行表示与组织图相对应的一根经纱，要表示某一根经纱穿入某列综丝，可在穿综图中代表该根经纱的纵行与代表该列综丝的横行相交的小方格内填入某种符号，如"☒""■""N"。

(1) 穿综的基本原则

① 浮沉交织规律相同的经纱一般穿入同一页综片，也可穿入不同的综片(列)。

② 浮沉规律不同的经纱必须穿在不同的综片内，所以最小用综数等于一个完全组织中运动规律不同的经纱数。

③ 提升次数多的经纱一般穿入前面的综框中，提升次数少经纱穿在后面的综框中；穿入经纱数多的综框放在前面。尽可能减少综框片数，同时兼顾综丝密度不能过大。

(2) 确定用综页数的方法　最小用综数 Z 为根据综丝密度而确定的 R_J 的整数倍，综丝密度可查阅棉织手册而得。

任务1　某平布织造规格为：$20^S \times 20^S \times 72$ 根/英寸×68 根/英寸，总经根数为 2 532 根，初步确定最少用综页数。

① 织物的经密为每英寸 72 根，换算成公制为每厘米 28 根。

② 根据表 2-1，综丝的允许密度为 4～10 根/cm。

③ 根据综丝密度，确定最少用综页数＝织物经密/综丝的允许密度，为 3 页。

④ Z 为平纹组织 R_J 的整倍数，则最少用综页数为 4 页。

表 2-1　棉织机的综丝允许密度与经纱细度的关系

经纱细度[tex (S)]	36～19(16～30)	19～14.5(30～40)	14.5～7(40～80)
综丝允许密度(根/cm)	4～10	10～12	12～14

(3) 常用穿综方法

① 顺穿法　即把一个组织循环内的各根经纱逐一并顺次地穿入各片综框。顺穿法所需综片页数 Z 为一个组织循环的完全经纱数 R_J 的倍数。

图 2-1-2 中，(A)为平布的四页综顺穿示意图，(B)为$\frac{2}{1}$↖的正织顺穿法示意图，(C)为5 枚缎纹组织的顺穿示意图。

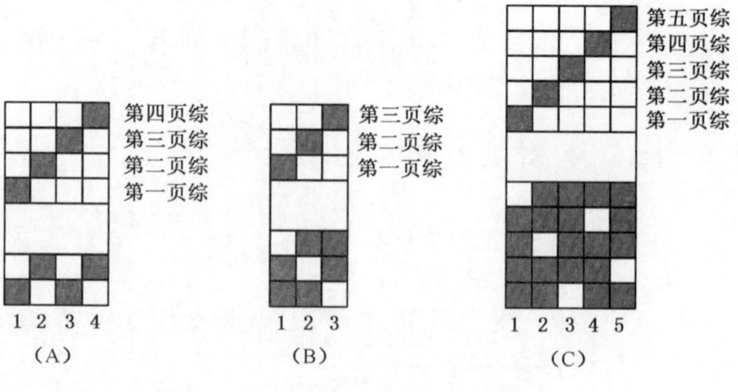

图 2-1-2　三原组织顺穿法穿综图

顺穿法操作简便，不易出错，适用于密度较小的简单组织织物和某些小花纹组织，其缺点是当组织循环经纱根数多时，会占用较多的综框，给上机和织造带来困难。

② 飞穿法(跳穿法)　当织物密度较大而组织循环经纱数较小时采用此种穿法。如采用顺穿法，则由于每片综页上的综丝密度过大，织造时经纱与综丝产生过多的摩擦，会引起经纱断头或开口不清。

飞穿法就是把所用综片划分为若干组，分成的组数等于循环经纱数或其倍数。穿综时，将经纱依次穿入各组的第一片综框或第一列综丝，然后穿入各组的第二片综框或第二列综丝…… 依此类推，直至穿完，如图 2-1-3(A)(B)所示。

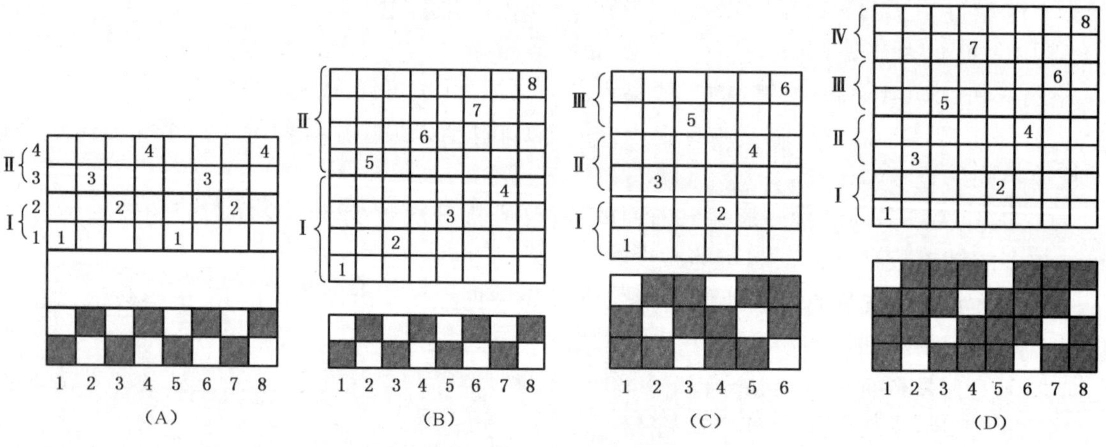

图 2-1-3　飞穿法穿综图

在棉织或丝织生产中，采用飞穿法时，常常使用复列式综框(一页综框上有 2～4 列综丝)，每片综框上的几列综丝就是一组。所以，有几页复列式综框，就分为几组。图 2-1-3 中，(A)为中平布类 2 页 4 列复列式综框的穿综方法，$R_J=2, Z=4$；(B)为高密府绸、细布类织物的穿综方法，采用 2 页 8 列复列式综框(每片综框有 4 列综丝)，$R_J=2, Z=8$；(C)为$\frac{2}{1}$斜纹布类采用 3 页 6 列复列式综框的穿综方法，$R_J=3, Z=6$；(D)为$\frac{3}{1}$卡其类采用 4 页 8 列复列式综框的穿综方法，$R_J=4, Z=8$。可以看出，飞穿法中，$R_J<Z$。

③ 照图穿法　照图穿法在花式织物中应用较多。穿综时将运动规律相同的经纱穿入同一页综框，而将运动规律不同的经纱穿入不同的综框，这样可以减少综框的数目，又称省综穿法，其 $R_J>Z$。

图 2-1-4 为几种对称组织的照图穿法穿综图。可以看出，由于组织图对称，穿综图也相应对称成山形，因而又把这种穿法称为山形穿法或对称穿法。

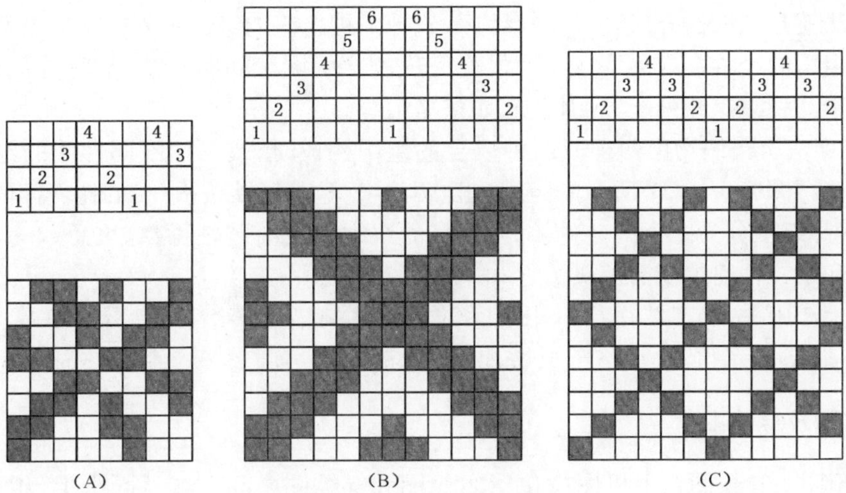

图 2-1-4 照图穿法穿综图

照图穿法适用于组织循环较大、组织比较复杂且部分经纱的浮沉规律相同的组织。采用此种穿法，可以减少综片页数，但是各综片上的综丝数不同，使得每页综片的综丝密度和负荷不相等，另外穿综时操作比较复杂，不易记忆。

④ 间断穿法 图 2-1-5(A)是由两种组织并合而成的纵条纹。在确定条纹组织的穿综时，按第一种组织的经纱运动规律穿若干个循环后，再按另一种组织的穿综规律穿综。每一种穿综规律形成一个穿综区，每个区中有各自的穿综循环，称为分区穿综循环 P。

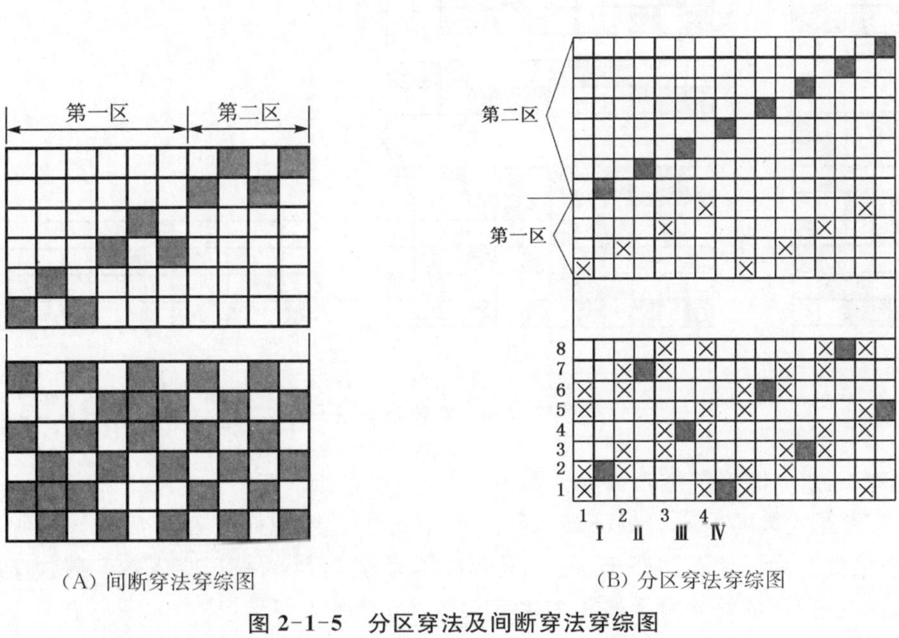

图 2-1-5 分区穿法及间断穿法穿综图

图 2-1-5(A)所示共需 6 页综，分 2 个穿综区。第 1 区 4 页综。第 2 区内的经纱运动规律虽然与第 1 区内的部分经纱运动规律相同，但由于条纹组织应采用间断穿法，因此只能另外作为 1 个区，穿入第 2 区。

间断穿法就是把综框分成若干个穿综区，先把一种组织的经纱穿入一个区并直到穿完，然后把另一种组织的经纱穿入另一区。因最终完成的穿综图呈间断状态，故称为间断穿法。这种穿法适用于几种组织并列配置的情况，如条格组织。

⑤ 分区穿法　当织物由两种或两种以上的组织构成时，或采用不同性质的经纱织造时，采用此种穿法。图 2-1-5(B)所示的组织包含两种组织，其经纱按 1∶1 的比例间隔排列，采用分区穿法，将穿综图分为 2 个区，将提综次数多的组织分在前区，所需综页总数为第一种组织所需综页数和第二种组织所需综页数之和。

在实际生产中，有的工厂往往不用上述的方格法来描绘穿综图，而是用文字加数字来表示。图 2-1-5(A)所示可写成：格子织物，用 8 页综，穿法：{1，2，3，4}2 次；{5，6，7，8}2 次。

3. 穿筘图及穿筘工艺

(1) 穿筘图　穿筘图在上机图中位于组织图和穿综图之间。在意匠纸上，用两个横行表示，代表相邻的两个筘齿；每一纵行代表与组织图中相对应的一根经纱。如每一筘齿中要穿入几根经纱，则在穿筘图的一个横行中连续涂绘几个小方格；在相邻的筘齿中穿入的经纱根数，则在另一横行中连续涂绘几个小方格。图 2-1-6 中，(A)表示每筘穿经纱 2 根，(B)表示每筘穿入 3 根经纱。

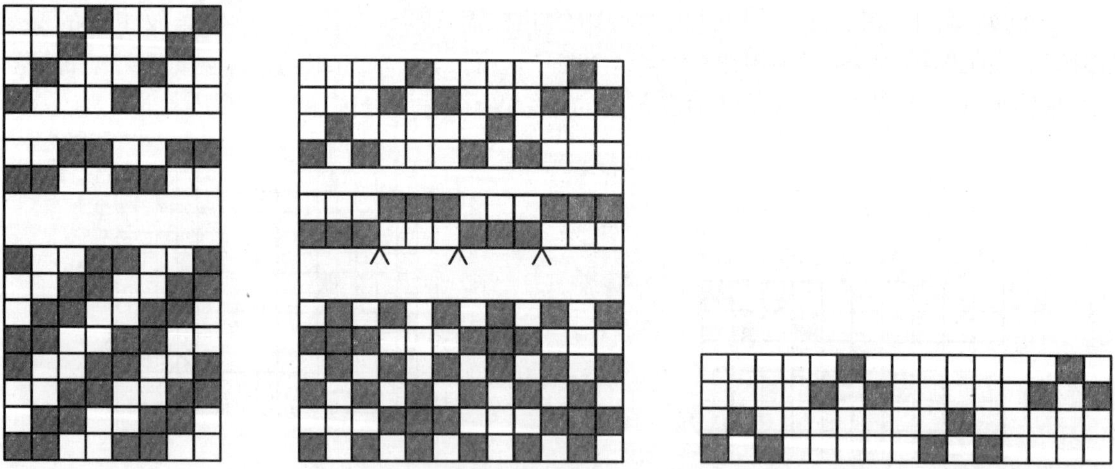

(A)　(B)　(C)

图 2-1-6　穿筘示意图

(2) 穿筘工艺　即确定每筘齿穿入数及筘号。

① 每筘齿穿入数的确定　每筘穿入数一般应等于其组织循环经纱数或为组织循环经纱数的约数或倍数。为了使布边坚牢，便于织造和整理，边经纱的每筘穿入数一般大于布身的每筘穿入数。本色棉布的每筘穿入数可参考表 2-2。

表 2-2 本色棉布每筘齿经纱穿入数

布　别	穿入数(根/筘)	布　别	穿入数(根/筘)
平　布	2	直　贡	3，4
府　绸	2，4	横　贡	3
3 枚斜纹	3	麻　纱	3
哔叽，华达呢，卡其	4	—	—

② 筘号的确定

A. 英制筘号以 2 英寸内的筘齿数表示，其计算公式如下：

$$英制筘号(筘/英寸)=\frac{经密(根/英寸)\times(1-纬缩)}{平均每筘穿入数}\times 2$$

英制筘号每 0.25 号为一档，根据计算结果就近取值。

B. 公制筘号以 10 cm 内的筘齿数表示，其计算式如下：

$$公制筘号(筘/10\ cm)=\frac{经密(根/10\ cm)\times(1-纬缩)}{平均每筘穿入数}$$

公制筘号根据四舍五入取整。

$$公制筘号=1.968\ 5\times英制筘号\quad 英制筘号=0.508\times公制筘号-\mathrm{Tt}$$

对棉织物英制筘号的确定，工厂一般采用以下经验公式：

$$英制筘号=\frac{经密(根/英寸)-A}{平均每筘穿入数}\times 2$$

A 为常数，当 $P_J < 50$ 根 / 英寸时，$A = 3$；当 50 根 / 英寸 $< P_J < 100$ 根 / 英寸时，$A = 4$；当 $P_J > 100$ 根 / 英寸时，$A = 5$。

筘号选择时应同时考虑每筘穿入数。每筘穿入数较小时，经纱分布均匀，布面平整，但筘号相应增大。而筘号越大，筘齿间距离就越小，经纱与筘片间的摩擦就会增大，易增加断头率。每筘穿入数大时，则筘号减小，经纱分布不均匀，筘痕明显。因此，选择每筘穿入数时，应结合织物的外观要求、组织结构、经纱粗细、加工工艺等因素综合考虑。一般经密较大的织物以及经后整理的织物，每筘穿入数可大些；色织物及直接销售的坯布，每筘穿入数宜小些。一般棉织物的每筘穿入数为 2～4 根，毛与丝织物可达到 6～8 根。

任务 2　平布规格为：$20^S\times 20^S\times 72$ 根/英寸×68 根/英寸，总经根数为 2 532 根。试确定英制筘号。

此平布地组织的每筘穿入数相同，称为平筘穿法。$P_J=72$ 根/英寸，所以 A 取 4。若每筘穿入数为 2 根，则筘号=(72－4)×2/2=68 筘/英寸，可选 68 号。

任务 3　平纹与缎纹组成的条子织物，平纹 60 根，每筘穿入数 2 根；缎纹 40 根，每筘穿入数 4 根；成品经密为 88 根/英寸。试确定筘号。

此面料地组织的每筘穿入数不同，适用于经向有几种组织并列的情况，称为花筘穿法。首先要求出平均每筘穿入数。

A. 平均每筘穿入数(根/筘)$=\dfrac{一花根数}{一花应插筘齿数}$

一花经纱根数为平纹 60 根+缎纹 40 根=100 根。平纹 60 根穿 30 个筘齿，缎纹 40 根穿 10 个筘齿，所以一花应穿筘齿数为 40 个，则平均每筘穿入数$=\dfrac{100}{40}=2.5$ 根/筘。

B. $P_J=88$ 根/英寸，则 $A=4$。则筘号$=\dfrac{88-4}{2.5}\times 2=67.2$ 筘/英寸，可选 67 号。

③ 穿筘表示方法

A. 除方格法表示外，穿筘方法还可以用文字说明。如任务 1 和任务 2 的穿筘可分别用文字表达为：68 号，2 根/筘；67 号，2 根/筘、4 根/筘。

B. 与穿综顺序一起表示，如任务 3 的穿综和穿筘可表示为：

$$\underbrace{\overline{1,\ 2},\ \overline{3,\ 4},\ \overline{5,\ 6},}_{10次}\ \underbrace{\overline{7,\ 8,\ 9,\ 10},\ \overline{11,\ 7,\ 8,\ 9},\ \overline{10,\ 11,\ 7,\ 8},\ \overline{9,\ 10,\ 11,\ 7},\ \overline{8,\ 9,\ 10,\ 11}}_{2次}$$

C. 某些织物视外观风格的要求，采用空筘等穿法。空筘即在穿一定筘齿后，空一个或几个筘齿不穿。例如透孔组织织物，为使孔眼突出，在每组经纱间空一个或两个筘齿。在穿筘图中，空筘处以符号“Λ”表示，如图 2-1-6(B)所示。如果只画穿综图和纹板图，空筘可以在穿综图中以空白方格表示，如图 2-1-6(B)中的穿综图可以画成图 2-1-6(C)所示。

4. 纹板图

纹板图是控制综框运动规律的图解，是多臂开口机构植纹钉的依据，是踏盘开口装置设计踏盘外形的依据。纹板图在上机图中的位置有两种，绘图方法如下：

(1) 纹板图位于组织图右侧，如图 2-1-7、图 2-1-8 所示。

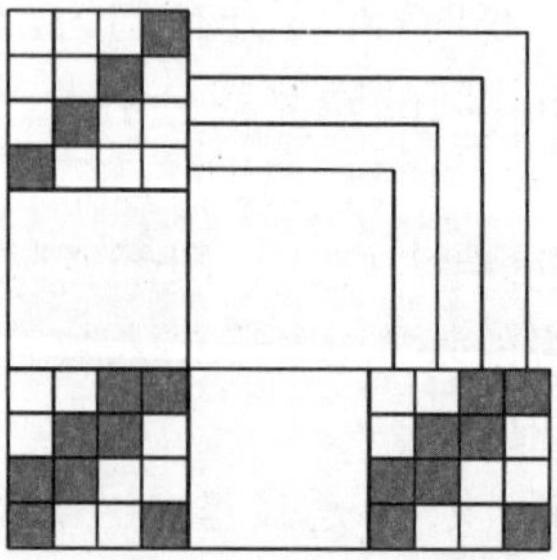

图 2-1-7

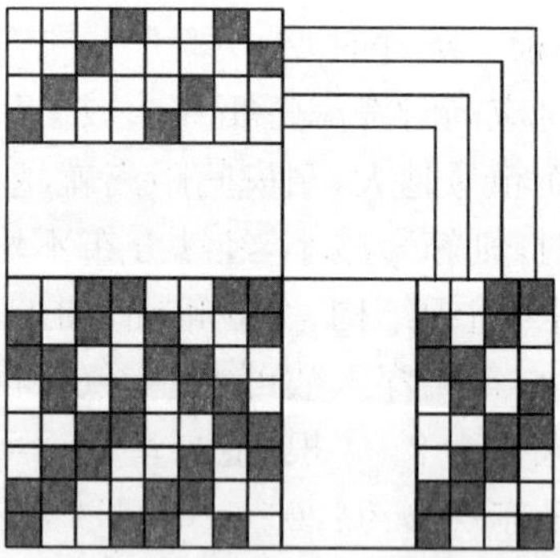

图 2-1-8

纹板图中每一横行表示一块纹板(单动式多臂织机)或一排纹钉孔(复动式多臂织机)，即表示与组织图中相应的一根纬纱的浮沉规律，横行数等于组织图中的纬纱根数，纹板的顺序为自下而上。每一纵行代表一列综片，纵行数等于综页列数，其顺序是自左向右。纹板与综页数的对应关系如图 2-1-7、图 2-1-8 所示。

传统的多臂开口织机在纹板上植纹钉，以此来控制综框的运动规律。现在的机械多臂开口织机多采用打纹孔的方式，电子多臂开口织机则通过程序（织物组织 CAD）进行控制。

绘制纹板图时，根据组织图中经纱穿入综片的次序，依次按该根经纱上的组织点交错规律填绘纹板图中对应的纵行。当穿综图为顺穿法时，其纹板图等于组织图。在纹板图中，横行与纵行的相交处绘有符号时，表示相应位置的综框被提升。

图 2-1-8 所示的穿综图为照图穿法，$R_J=8$，$Z=4$，所以纹板图的纵行为 4 行。穿综图中，经纱 1，2，3，4 为顺穿，经纱 5，6，7，8 重复经纱 1，2，4，3 的浮沉规律。将组织图中经纱 1，2，3，4 的浮沉规律依次填入纹板图的纵行 1，2，3，4，即为此种组织的纹板图。

纹板图的画法：观察组织图与穿综图，如果某根经纱穿入某页综，将组织图中该根经纱的浮沉规律填入对应的纹板图纵行内即可。

（2）纹板图位于穿综图的右侧或左侧　图 2-1-9（A）中，纹板图在穿综图的右侧，适用于左手车、右龙头（机械式多臂开口机构）；图 2-2-9（B）中，纹板图在穿综图的左侧，适用于右手车、左龙头。

纹板图的横行数表示所控制的综页数，与穿综图中的综片页数相等；其纵行表示织入相应一根纬纱的纹钉孔，其顺序为自内向外。纹板图的绘法是：组织图中的各根经纱，对应其穿入的综页，按顺时针方向（左手车）或逆时针方向（右手车）转 90°后，将其组织点浮沉规律填入纹板图横行的各方格内。

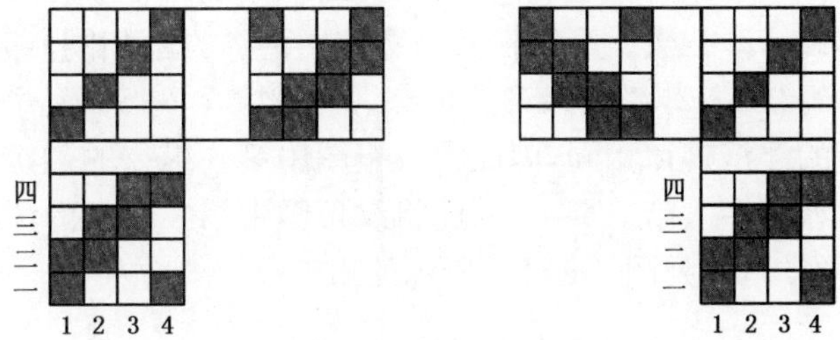

（A）　（B）

图 2-1-9

三、三原组织织物的上机图

1. 平纹织物的上机图

稀薄平纹织物，2 片单列式综框，顺穿法，每筘穿 2 根经纱；中等密度的平细布，用 2 片复列式综框，飞穿法；高密府绸采用 4 片复列式综框，飞穿法。毛织生产均采用单列式综框，当制织经密较大的平纹织物时，也采用飞穿法。

2. 斜纹织物的上机图

（1）组织图　斜纹组织一般为经面组织，但其组织图需视织机上为正织还是反织而画成经面斜纹或纬面斜纹。

（2）穿综图　经密较小的斜纹织物采用顺穿法，经密较大的斜纹织物采用复列式综框、飞穿法。

（3）穿筘图　3 枚斜纹织物用 3 根/筘，4 枚斜纹织物用 4 根/筘。

3. 缎纹织物的上机图

缎纹组织可正织也可反织，通常用顺穿法，每筘穿入数：棉织贡缎常用 3 根或 4 根；丝织物，5 枚缎可用 2 根、3 根、4 根或 5 根，8 枚缎则用 4 根、6 根或 8 根。

能力拓展

认识上机图的相互关系

上机图中，除穿筘图外，已知组织图、穿综图及纹板图的其中两图，就可以求出第三图，或者保持其中一个图不变，改变第二个图，则可使第三图也改变。因此可以分三种情况讨论。

1. 已知组织图与穿综图求作纹板图

织物设计时，首先确定组织图，然后根据织物的组织、原料、密度、操作等确定穿综图，再由组织图和穿综图作出纹板图。已知组织图和穿综图，求作纹板图，可参见前文纹板图的画法，此处不再赘述。

2. 已知穿综图与纹板图求作组织图

纹板图在组织图右侧时，组织图的绘制如图 2-1-10 所示。先确定组织图中的经纱根数和纬纱根数。经纱根数与穿综图的纵列数相同，纬纱根数与纹板图的横行数相同。穿综图中，经纱 1，2，5 穿入第一页综，则经纱 1，2，5 的浮沉规律与纹板图中表示第一页综的第一纵行的浮沉规律相同，因此将纹板图中第一纵行的浮沉规律填入经纱 1，2，5 的方格内。同理，经纱 8 穿入第二页综，因此将纹板图中第二纵行的浮沉规律填入经纱 8 的方格内，依次绘出其余经纱，得到图 2-1-10 所示的组织图。

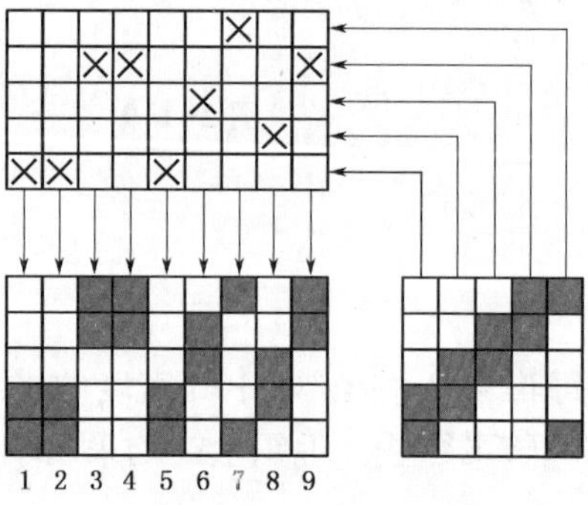

图 2-1-10

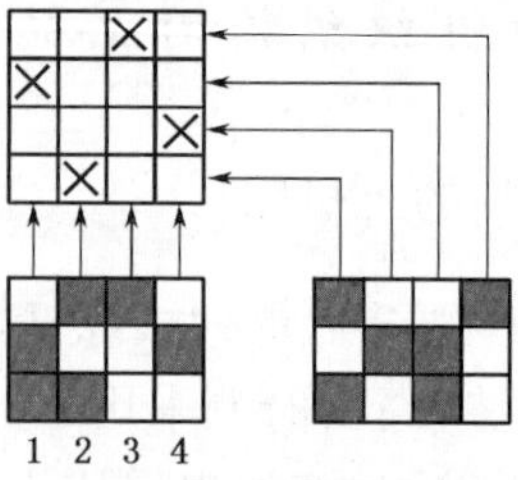

图 2-1-11

3. 已知组织图与纹板图求作穿综图

如图 2-1-11 所示，先确定穿综图的列数和行数，列数与组织图中的经纱根数相同，行数与纹板图的列数相同。组织图中经纱 1 的浮沉规律与纹板图中第三列的浮沉规律相同，说明经纱 1 穿入第三页综，在经纱 1 与第三页综的交点处标出穿综符号；经纱 2 的浮沉规律与纹板图中第一列的浮沉规律相同，说明经纱 2 穿入第一页综，在经纱 2 与第一页综的交点处标出穿综符号；同理，绘出其他穿综符号。

由上述可知，采用不同的穿综图和纹板图，可得出不同的组织图，即可以获得不同的花纹。在实际生产中，多臂开口织机常常利用改变纹板图或穿综方法来制织不同组织的织物，而踏板开口织机，常利用改变穿综的方法来制织不同组织的织物。

子项目二 织物分析

本项目能力目标

1. 会判断织物的经纬向和正反面；
2. 会根据织物特征选择不同的分析方法.

任务

确定图 2-2 所示面料的经纬向和正反面。

图 2-2

任务分解

各种织物所采用的原料、组织、密度、纱线细度、捻向和捻度、纱线的结构及织物的后整理方法等各不相同，因此形成的织物在外观和性能上也各不相同。为了创新或仿制织物，必须对织物进行分析，掌握织物的组织结构和上机技术条件等资料。

为了获得正确的分析结果，织物分析一般按以下步骤进行。

1. 取样方法

对织物进行分析，首先要取样，所取的样品须能准确地代表该织物的各种性能，样品上不能有疵点，并力求处于原有的自然状态。而样品资料的准确程度与取样位置、样品大小有关，所以对取样方法有一定的规定。

(1) 取样位置　织物在织造及染整过程中，均受一定的外力作用，这些外力在织物下机后会消失，织物的幅宽和长度因经纬纱张力的平衡作用也略有改变，这种变化造成织物边部和中部以及织物两端的密度和其他物理机械性能都存在差异。为了使测得的数据具有准确性及代表性，对取样位置有如下规定：从整匹织物中取样时，样品到布边的距离一般不小于 5 cm；长度方向，样品离织物两端的距离，棉织物不小于 1.5～3 m，毛织物不少于 3 m，丝织物约 3.5～5 m。

(2) 取样大小　织物分析是一项消耗性试验，应本着节约的原则，在保证分析资料正确的前提下，尽量减少试样的大小。简单织物的试样可取得小些，一般取 15 cm×15 cm；组织循环较大的色织物一般取 20 cm×20 cm；色纱循环大的色织物（如床单）最少取一个色纱循环的面积；对于大花纹织物（如被面、毯类等），因经纬纱循环很大，一般分析部分具有代表性的组织结构即可，可取 20 cm×20 cm 或 25 cm×25 cm。

2. 确定织物的正反面的常用方法

对织物取样后，需要确定织物的正反面。下面列举一些常用的判断方法：

(1) 按织物外观决定正反面　一般织物的正面比反面平整、光滑和细致，正面的花纹清晰、美观。

(2) 按织物组织决定正反面　对于经面斜纹织物，有斜纹线或斜纹线清晰的一面为正面；对于经面缎纹织物，有纹路且光泽明亮的一面为正面。图 2-2 所示为经面斜纹织物，有斜纹线的一面为正面。

(3) 凸条及凹凸织物　正面紧密细致并具有明显的纵横条纹或凹凸花纹，反面由横向或纵向的浮长线衬托。

(4) 条格外观的配色模纹织物　正面的条格明显，花纹、色彩清晰悦目。

(5) 双层、多层及多重织物　若表里组织的原料、密度、结构不同时，一般正面的纱线原料优，结构紧密，外观效应较好；而里组织的原料较差，密度较小。

(6) 起绒织物　单面起绒织物的正面具有绒毛或毛圈；双面起绒织物则以毛绒密集、光洁、整齐的一面为正面。

(7) 纱罗织物　正面的孔眼清晰、平整，纹经突出，反面则外观粗糙。

从上述的鉴别方法可以看出，多数织物的正、反面有明显区别，通常以外观效应好的一面作为正面；有些织物的正、反面无明显的区别，如平纹织物，对这类织物不强求区别其正、反面，两面均可作为正面。

3. 确定织物经纬向的常用方法

确定织物的正反面后，要确定织物的经纬方向，以便进一步确定经纬纱密度、经纬纱细度和织物组织等。经纬方向的鉴别方法一般有如下几种：

(1) 当样品有布边时，则与布边平行的纱线为经纱，与布边垂直的纱线为纬纱。

(2) 含有浆料的纱为经纱，不含浆料的纱为纬纱。

(3) 一般织物的经密大于纬密，所以密度较大的纱线为经纱，密度较小的纱线为纬纱。图 2-2 中，经密＞纬密，则纹路陡的方向为经向。

(4) 织物表面有明显筘痕时，与筘痕平行的纱线为经纱。

(5) 如果为半线织物，即一个系统为股线，另一个系统为单纱，一般股线方向为经向，单纱方向为纬向。

(6) 若为单纱织物，经纬捻向不同时，一般经纱为 Z 捻，纬纱为 S 捻。

(7) 若两个方向的纱线的捻度不同时，则捻度大的为经纱，捻度小的为纬纱。

(8) 如经纬纱细度、捻向和捻度均差异不大时，则条干均匀、光泽好的纱线为经纱。

(9) 经纬纱细度不同时，则经纱细、纬纱粗。

(10) 若为毛巾类织物，起毛圈的为经纱，不起毛圈的为纬纱。

(11) 若为条子和格子织物，一般沿条子方向的纱线为经纱，格子偏长或配色较复杂的纱线为经纱。

(12) 若为纱罗织物，有扭绞的纱线为经纱，无扭绞的纱线为纬纱。

(13) 若织物有一个系统的纱线具有多种时，则该系统为经向。

(14) 棉/毛、棉/麻、棉与化纤的交织物中，一般棉为经纱；棉/丝交织物中，丝为经纱；天然丝与人造丝交织物中，天然丝为经。

由于织物的品种繁多，其结构与性能也各不相同，故分析时应根据具体情况而进行。

4. 测定织物经纬纱密度的方法

经纬纱密度是织物结构参数的一项重要内容，密度的大小影响织物的外观、手感、厚度、强力、抗折性、透气性、耐磨性和保暖性等物理机械性能，同时关系到产品的成本和生产效率的高低。

织物单位长度内的经(纬)纱根数，称为织物密度，分经密和纬密两种。公制密度是指 10 cm 内的纱线根数。常用的经纬密度测定方法有两种。

(1) 直接测定法　直接测定法利用织物密度分析镜进行。密度分析镜的刻度尺长度为 5 cm，镜头下的玻璃片上刻有一条红线。分析织物密度时，移动镜头，将玻璃片上的红线和刻度尺上的零点同时对准某两根纱线之间，并以此为起点，边移动镜头边数纱线根数，直到 5 cm 刻度线为止。数出的根数乘 2，即为 10 cm 内的纱线根数。

数纱线根数时，应以两根纱线间隙的中央为起点，若数到终点时，落在纱线上超过 0.50 根而不足 1 根的，应按 0.75 根计；若不足 0.50 根，则按 0.25 根计，见图 2-2-1 所示。一般应测得 3～4 个数据，然后取其算术平均值作为测定结果。

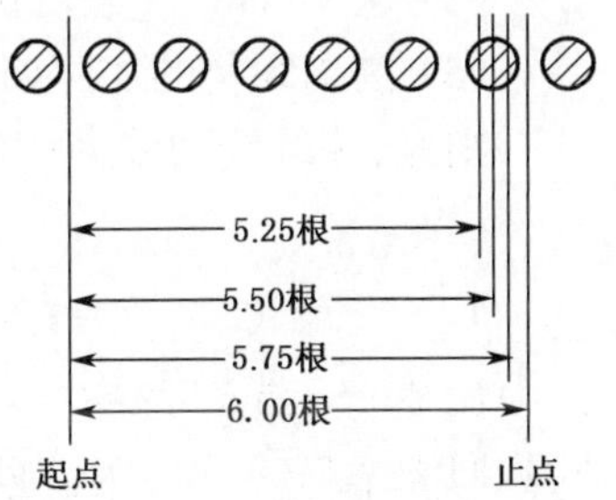

图 2-2-1　计算纱线的根数图

(2) 间接测定法　这种方法适用于密度大、纱线细度小的规则组织的织物。首先分析得出织物组织及其完全组织经纱数和完全组织纬纱数，然后测算 10 cm 内的组织循环个数。沿织物纬向，测出 10 cm 长度内的组织循环经纱根数 R_J，其组织循环个数为 n_J。则经纱密度 P_J(根/10 cm)$=R_J \times n_J+$余数。同理，沿织物经向，测出 10 cm 长度内的组织循环纬纱根数为 R_W，其组织循环个数为 n_W。则纬纱密度 P_W(根/10 cm)$=R_W \times n_W+$余数。

5. 测定经纬纱缩率

测定经纬纱缩率的目的是为了计算纱线细度和织物用纱量等项目。形成织物后，经纬纱线在织物内交错屈曲，因此织造时所用的经纱长度大于所形成织物的长度，织物的筘幅大于布幅。纱线长度与织物长度(或者宽度)的差值与纱线原长之比值称为缩率，用 $a\%$ 表示。缩率分经纱缩率 $a_J\%$ 和纬线缩率 $a_W\%$，计算式分别如下：

$$a_J=\frac{L_{0J}-L_J}{L_{0J}}\times 100\% \qquad a_W=\frac{L_{0W}-L_W}{L_{0W}}\times 100\%$$

式中：$L_{0J}(L_{0W})$ 为试样经(纬)纱伸直后的长度；$L_J(L_W)$ 为试样的经(纬)向长度。

测定经纬纱缩率的操作方法如下：

(1) 在试样边缘沿经(纬)向量取 10 cm 的织物长度(即 L_J 或 L_W)，并做记号。试样尺寸小时，可量取 5 cm 的长度。

(2) 将边部的纱缨剪短，避免纱线从织物中拨出时产出意外伸长。将经(纬)纱轻轻地从试样中拨出，用手指压住纱线的一端，用另一只手将纱线拉直，注意不可有伸长现象。用尺子量出记号之间的纱线长度(即 L_{0J} 或 L_{0W})。

(3) 连续测 10 个数据，取其算术平均值，代入上述公式，即可求得 a_J 和 a_W。

另外，操作过程中应注意以下几点：

(1) 在拨出和拉直纱线时，不能使纱线发生退捻或加捻，并注意避免发生意外伸长。

(2) 分析刮绒和缩绒织物时，应先用火柴或剪刀除去织物表面的绒毛。

(3) 避免汗手操作，有些纤维(如粘胶)在潮湿状态下极易伸长。

6. 测算经纬纱线密度

纱线的线密度是指 1 000 m 长的纱线在公定回潮率时的重量克数，即：

$$\mathrm{Tt} == \frac{1\,000G}{L}$$

式中：Tt 为纱线线密度(tex)；G 为公定回潮率时纱线的重量(g)；L 为纱线的长度(m)。

纱线线密度的测定一般采用称重法，其操作步骤如下：

(1) 检查样品的经纱是否上浆，若经纱为上浆，则先对试样进行退浆处理。

(2) 从 10 cm×10 cm 的织物中，取出 10 根经纱和 10 根纬纱，分别称重。

(3) 测出织物的实际回潮率。

则经、纬纱线的线密度可由下式求得：

$$\mathrm{Tt} = \frac{g(1-a)(1+W_\varphi)}{1+W}$$

式中：a 为经(纬)纱缩率(%)；g 为 10 根经(纬)纱的实际无浆重量(mg)；W 为织物退浆后的实际回潮率(%)；W_φ 为该种纱线的公定回潮率(%)；Tt 为纱线线密度(tex)。

各种纤维的公定回潮率见表 2-3。

表 2-3 各种纤维的公定回潮率

纤维种类	公定回潮率	纤维种类	公定回潮率
棉	8.5%	绢　丝	11.0%
粘　胶	13.0%	涤　纶	0.4%
精梳毛纱	16.0%	锦　纶	4.5%
粗梳毛纱	15.0%	维　纶	5.0%
腈　纶	2.0%	丙　纶	0.0%
醋　酯	7.0%	—	—

纱线的线密度还可以在放大镜下通过与已知线密度的纱线进行比较而得出。此法与操作人员的经验有关，误差较大，但操作简单而迅速。

7. 鉴别经纬纱原料的方法

织物所采用的原料是多种多样的。有采用一种原料的纯纺织物，有采用两种或两种以上不同原料的交织物，还有混纺织物。进行织物分析时，必须鉴别样品所用的原料。

鉴别经、纬纱原料分为定性分性和定量分析。对于纯纺织物，只需进行定性分析；对于混纺织物，则需进行定量分析，以确定不同原料的混纺比。

鉴别经纬纱原料的方法很多，有手感目测法、燃烧法、显微镜法和化学溶解法等。

(1) 手感目测法　即根据纤维的外观形态、色泽、手感和织物的一般性能，通过感官来鉴别纤维的种类。例如，棉织物的手感柔软，易折皱，弹性与光泽差；毛织物挺括而富有弹性，不容易起皱，光泽柔和，手感丰满；麻织物手感硬挺，表面有竹节；丝织物手感柔软滑爽，色泽较好；真丝织物揉搓时有丝鸣声；涤纶织物的回弹性较好；粘胶纤维吸湿前后的强力差别很大，湿强很低，可以很方便地鉴别。在观察织物特征的基础上，再结合观察纤维形态，做出初步判断。

(2) 燃烧法　各类纤维材料具有不同的化学成分，故燃烧时会产生不同的反应，可根据燃烧速度、气味、火焰大小、灰烬形状等特点进行鉴别。如动物蛋白质纤维燃烧较慢，有烧毛味，灰烬为黑色圆球，能捻碎；纤维素纤维及铜氨纤维燃烧快，能自动蔓延，有烧纸味，灰烬为灰白色粉末；锦纶接近火焰时熔融收缩，接触火焰后缓慢燃烧，离火即灭，有白烟及氨臭味，灰烬为光亮的黑色硬块，不易捻碎；涤纶接近火焰时亦熔融收缩，接触火焰后燃烧，冒黑烟并伴有芳香味，离火继续燃烧，灰烬同锦纶；腈纶近火焰即收缩，接触火焰熔融燃烧，有小火花，冒黑烟，离开火焰能继续燃烧，有辛辣臭味，灰烬为硬而脆的黑色硬块。其他纤维的燃烧特征参见"纺织材料学实验教程"。燃烧法只适用于纯纺产品。

(3) 显微镜鉴别法　利用显微镜观察各种纤维的结构特征而加以鉴别，是广泛采用的一种鉴别方法。可以用于单一成分的产品，也可用于多种成分的混纺产品。有些纤维在多次的机械和化学加工中，其结构已发生变化，这时可借用化学药剂，通过显微镜来观察纤维在化学药剂中的颜色、溶解过程和形态方面的变化，以此来鉴别其种类。具体可参见"纺织材料学实验教程"。

(4) 化学溶解法　以上几种鉴别方法只能对织物的纤维原料进行定性分析，如果要对其进行含量分析，一般采用溶解法。该法是根据各种纤维在不同化学溶剂中具有不同的溶解性能来鉴别纤维的。如选用适当的溶剂，使混纺织物中的一种纤维溶解，称取留下的纤维重量，从而得出溶解纤维的重量，然后计算混纺比。

由于溶剂的浓度和加热温度不同，纤维的溶解性能表现不一，因此用溶解法鉴别纤维时，应严格控制溶剂的浓度和加热温度，还要注意纤维在溶剂中的溶解速度。具体操作过程参见"纺织材料实验教程"。

在具体鉴别经纬纱原料时，使用一种鉴别方法，常常不能做出确切的判定，这时可以将几种方法联合使用，以做出最终判定。

8. 测算织物重量的方法

织物重量指织物每平方米的无浆干燥重量克数。它是织物的一项重要技术指标，也是对织物进行经济核算的主要指标。根据织物样品的大小及具体情况，有两种测算织物重量的方法。

(1) 称重法　用此法测定织物重量时，样品一般取 10 cm×10 cm。取样面积越大，所得结果越正确。测定时，先将试样退浆，然后放入烘箱中烘至重量恒定，用扭力天平或分析天平称其干燥重量。织物每平方米的无浆干燥重量可按下式计算：

$$G = \frac{g \times 10^4}{L \times b}$$

式中：G 为试样每平方米无浆干重(g/m^2)；g 为试样的无浆干重(g)；L 为样品长度(cm)；b 为样品宽度(cm)。

9. 分析织物组织及色纱配合的方法

分析织物的组织，即分析织物中经纬纱的交织规律，求得织物的组织结构，再根据经、纬纱的原料、密度、线密度等因素做出该织物的上机图。

由于织物的种类繁多，加之原料、密度、线密度等因素各不相同，所以对织物进行组织分析时应根据具体情况选择不同的分析方法，使分析工作简单高效。

常用的织物组织分析方法有以下几种：

(1) 直接观察法　利用目力或照布镜直接观察布面，将观察到的经、纬纱交织规律，填入意匠纸的方格中。分析时应多填绘几根经纬纱的交织状况，以便找出正确的完全组织。这种方法简单易行，适用于组织较简单的织物。

(2) 拆纱分析法　这种方法适用于组织较复杂、纱线较细、密度较大的织物。具体步骤如下：

① 确定拆纱的系统　分析织物时，首先要确定拆纱的方向，看从哪个方向拆纱更能看清楚经纬纱的交织状态。一般将密度大的纱线系统拆开(通常是经纱)，利用密度小的纱线系统的间隙，清楚地看出经、纬纱的交织规律。

② 确定织物的分析表面　织物的分析表面以能看清组织为原则。如果是经面或纬面组织的织物，一般分析反面比较方便；对于起毛起绒织物，则先剪掉或用火焰烧去织物表面的绒毛，再进行分析，或从织物的反面分析其地组织。

③ 纱缨的分组　将密度大的那个系统的纱线拆除若干根，使密度小的那个系统的纱线露出 10 mm 的纱缨，如图 2-2-2(A)所示。然后将纱缨中的纱线每若干根分为一组，并将奇数组和偶数组纱缨剪成不同的长度，以便于观察被拆纱线系统与各组纱的交织情况，如图 2-2-2(B)所示。

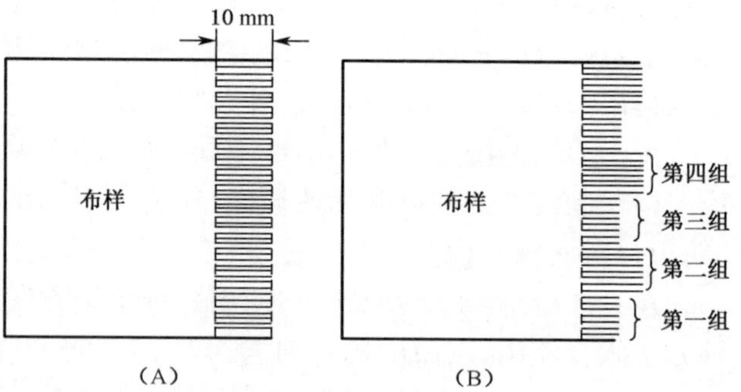

图 2-2-2　纱缨图

填绘组织所用的意匠纸，一般每一大格的纵横方向均为 8 个小格。可选择每组纱缨根数与其相等，这样将一大格作为一组，亦分成奇偶数组，与纱缨所分的奇偶数组对应，被拆开的纱线就可以很方便地记录在意匠纸方格中。

④ 用分析针将第 1 根经纱或纬纱拨开，使其与第 2 根纱线稍有间隔，置于纱缨之中，即可观察其与另一方向纱线的交织情况，并将观察到的浮沉情况记录在意匠纸或方格纸上，然后将第 1 根纱线抽掉，再拨开第 2 根以同样方法记录其沉浮情况，一直到浮沉规律出现循环为止。

⑤ 如果是色织物，即利用不同颜色的纱线与组织配合使织物表面显示各种不同风格和色彩的花纹。对于这种织物，还需要将纱线的颜色记入意匠纸，即画出组织图后，在经纱上方、纬纱左方，标注色纱名称和根数。组织图中的经纱根数为组织循环经纱数与色纱循环经纱数的

最小公倍数，纬纱根数为组织循环纬纱数与色纱循环纬纱数的最小公倍数。

对组织比较简单的织物，也可以采用不分组拆纱法。即选好分析面、拆纱方向后，将纱线轻轻拨入纱缨中，观察经、纬纱的交织情况并记录在意匠纸上。

具体操作时，必须耐心细致。为了少费眼力，可以借助照布镜、分析针、颜色纸等工具，分析深色织物时可以用白色纸做衬托，分析浅色织物时可以用深色纸做衬托，这样可使交织规律更清楚、明显。

习题

1. 说明上机图内容及排列的位置。
2. 穿综应遵循什么原则？有哪些常用的穿综方法？这些穿综方法分别适用于什么场合？
3. 绘制高支府绸织物上机图，用综数分别为：4 片，6 片，8 片。
4. 如下图，已知穿综图(a)，纹板图分别为(b)(c)(d)(e)，分别求组织图。

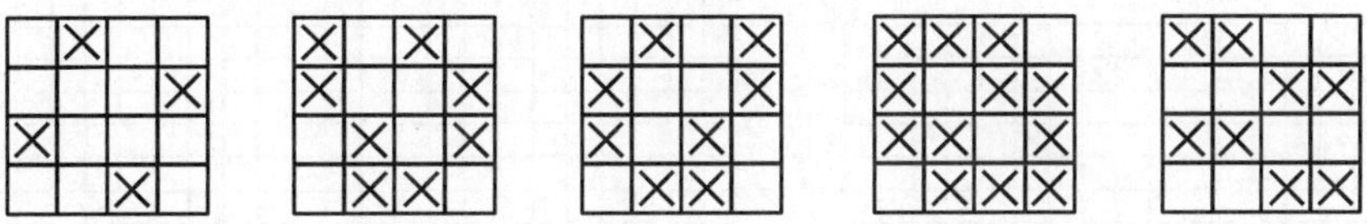

(a)　(b)　(c)　(d)　(e)

5. 已知组织图、纹板图，如下图(a)～(e)，求穿综图，并说明穿综方法。

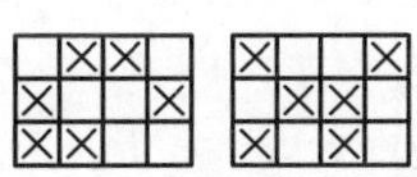

(a)

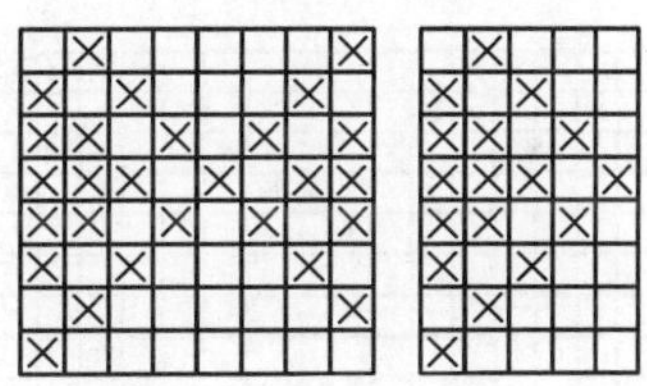

(b)

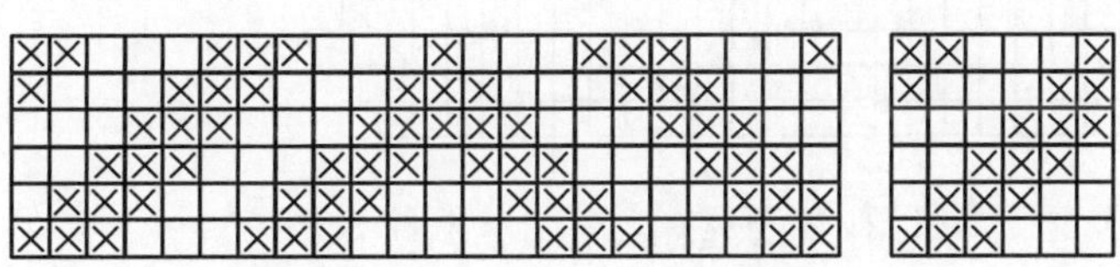

(c)

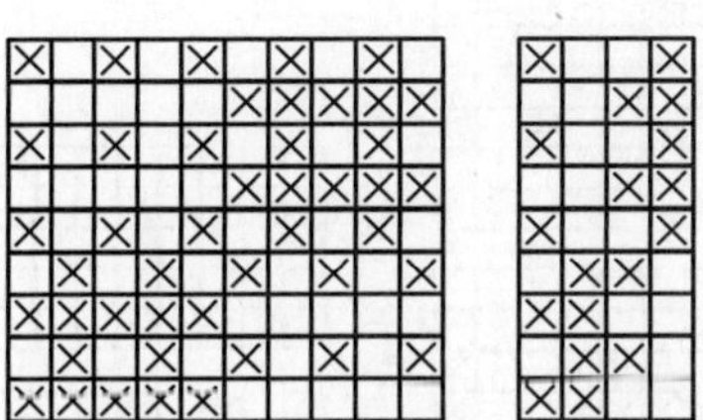

(d)

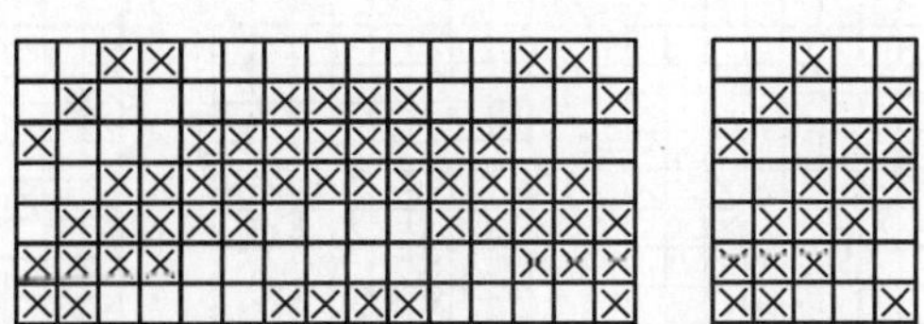

(e)

6. 已知穿综图、纹板图，如下图(a)～(e)，求组织图。

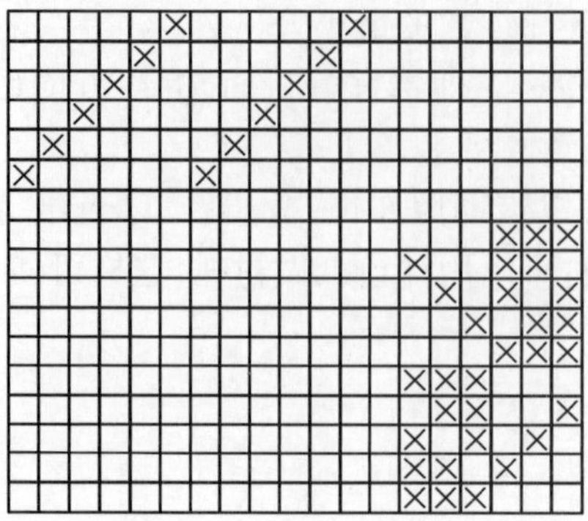

(a)

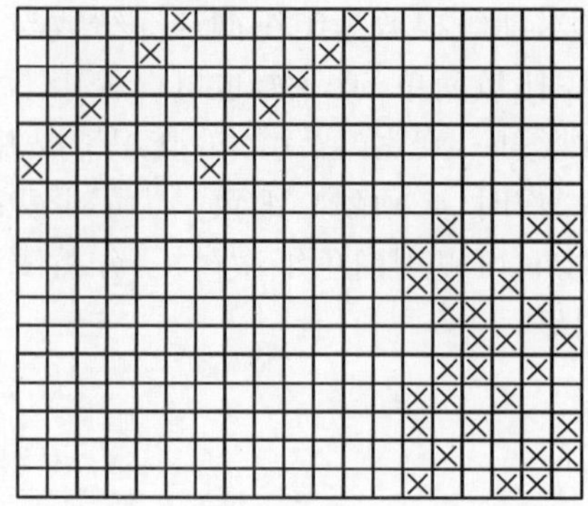

(b)

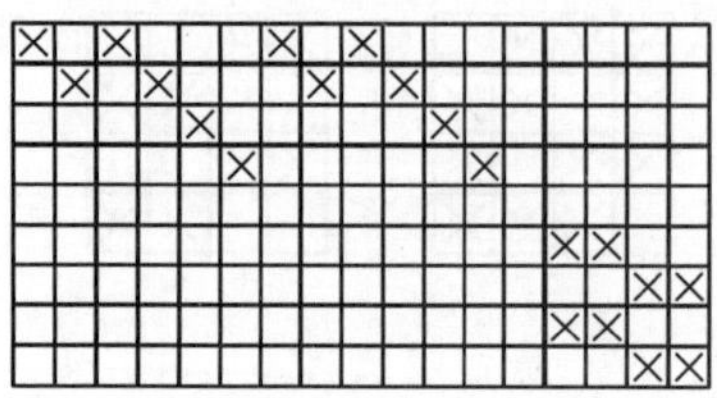

(c)

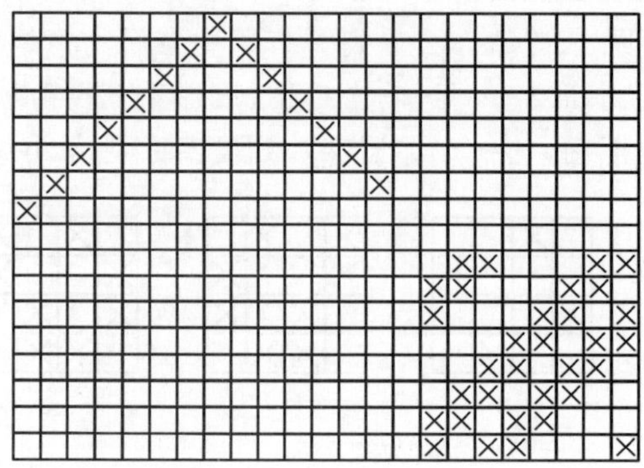

(d)

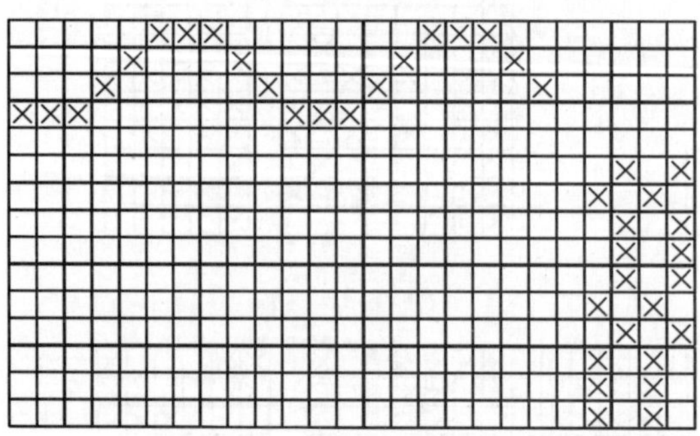

(e)

7. 已知组织图、穿综图，如下图(a)～(d)，求纹板图。

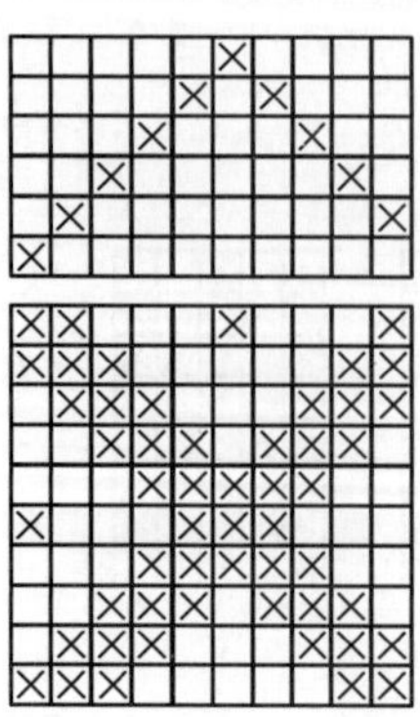

(a)

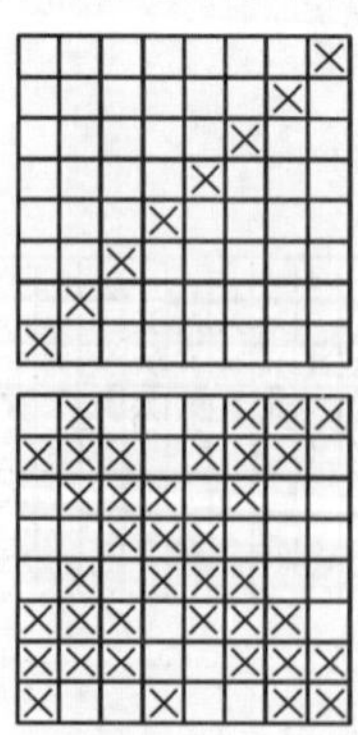

(b)

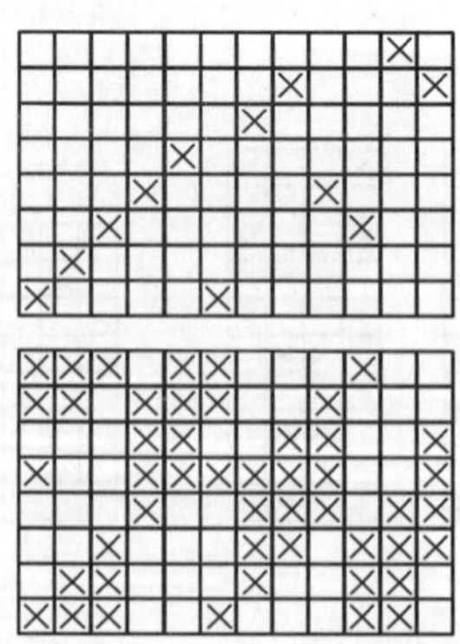

(c)

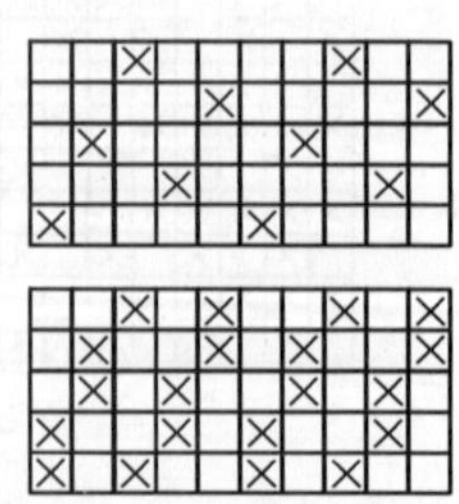

(d)

8. 试述分析织物的步骤。
9. 试说明分析织物时所需的主要仪器、工具、用品等的名称。
10. 试说明确定织物正反面、经纬向的依据。
11. 试说明织物组织的分析方法以及拆纱分析法适用的范围。

项目三 变化组织及其织物

在原组织的基础上加以变化而得到的各种组织，称为变化组织，主要是改变组织的组织点浮长和飞数，从而改变组织循环的大小。变化组织有平纹变化组织、斜纹变化组织和缎纹变化组织三类。

变化组织既保留了原组织的一些基本特征，又而形成新的外观效应，从而呈现出大小不同、特征各异的方形、菱形、山形、锯齿形、斜线、曲线、芦席纹、螺旋纹等几何图案或花纹形态。

子项目一 分析与设计平纹变化组织及其织物

本项目能力目标

1. 会画重平组织和方平组织的组织图、上机图；
2. 会分析重平组织和方平组织面料，并画出上机图；
3. 认识重平组织和方平组织典型面料.

平纹变化组织是在平纹组织的基础上，沿着经（或纬）向一个方向延长组织点或沿经纬两个方向同时延长组织点而成。

任务

认识图 3-1(A)(B)(C)所示面料的组织，并画出组织图和上机图。

(A) (B) (C)

图 3-1

任务分解

以上三种面料的组织都有平纹组织的外观，都是从平纹组织变化而来，称为平纹变化组织。其中图 3-1(A)(B)所示称为重平组织，图 3-1(C)所示称为方平组织。

一、重平组织及变化重平组织

1. 认识重平组织

以平纹组织为基础，沿经向延长组织点可构成经重平组织，沿纬向延长组织点即可构成纬重平组织。

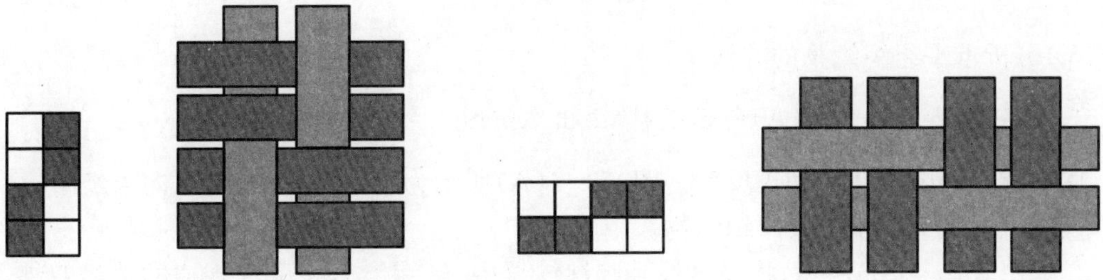
(A)　(B)　(C)　(D)

图 3-1-1　重平组织图和经纬纱交织示意图

图 3-1-1 中，(A)为经重平组织图，(B)为(A)所示组织的纱线交织示意图；(C)为纬重平组织图，(D)为(C)所示组织的纱线交织示意图。

任务 1　分析图 3-1(A)(B)(C)，哪个是经重平组织？哪个是纬重平组织？

(1) 表示重平组织的方法　分式＋文字说明法。图 3-1-1 中，(A)可表示为$\frac{2}{\ \ 2}$经重平组织，读作二上二下经重平组织，分式中的分子表示第 1 根经纱上的经组织点个数，分母表示第 1 根经纱上的纬组织点个数；(C)可表示为$\frac{2}{\ \ 2}$纬重平组织，读作二上二下纬重平组织，分式中的分子表示第 1 根纬纱上的经组织点个数，分母则表示第 1 根纬纱上的纬组织点个数。

(2) 重平组织图绘制方法

任务 2　绘制$\frac{3}{\ \ 3}$经重平组织图。

① 计算组织循环纱线数，凡经重平组织，$R_J=2$，R_W＝分子＋分母。本例中，$R_J=2$，$R_W=3+3=6$。

② 画出组织图的范围，如图 3-1-2(A)。

③ 按分式表示的交织规律填绘第 1 根经纱，如图 3-1-2(B)所示；再在第 2 根经纱上填绘与第 1 根经纱相反的组织点，如图 3-1-2(C)所示。

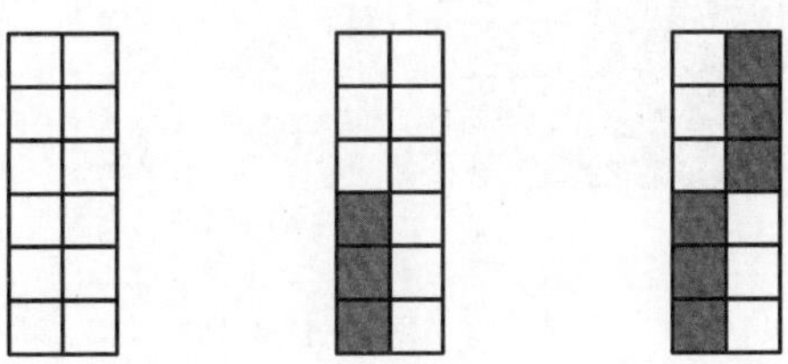
(A)　(B)　(C)

图 3-1-2　经重平组织图画法

任务 3　绘制$\frac{3}{\ \ 3}$纬重平组织图。

① 计算组织循环纱线数，凡纬重平组织，R_J＝分子＋分母，$R_W=2$。本例中，$R_J=3+3=6$。

② 画出组织图的范围，如图 3-1-3(A)所示。

③ 按分式表示的交织规律填绘第一根纬纱，如图 3-1-3(B)所示；再在第二根纬纱上填绘与第一根纬纱相反的组织点，如图 3-1-3(C) 所示。

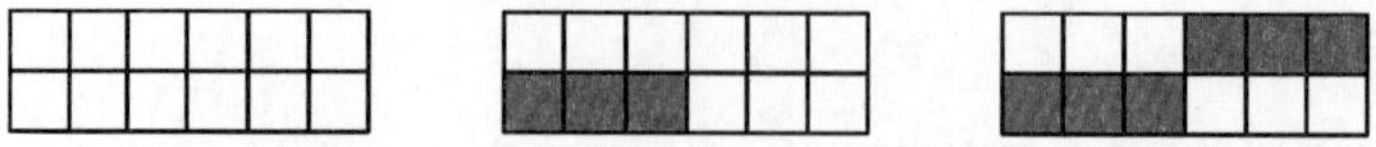

(A)　　(B)　　(C)

图 3-1-3　纬重平组织图画法

(3) 分析重平组织织物的方法

任务 4　分析图 3-1-4(A)所示面料，画出组织图。

① 分清面料的经纬向和正反面。图3-1-4(A)所示为条子织物，条子方向为经向。

② 组织外观类似于平纹组织织物。

③ 如图 3-1-4(A)所示，将经纱拨到纬纱纱缨中，经纬纱交织呈现规律的单经双纬，则此面料组织为$\frac{2}{2}$经重平，组织图如图 3-1-4(B)所示。

任务 5　分析图 3-1-5(A)所示面料，画出组织图。

① 分清面料的经纬向和正反面。图 3-1-5(A)所示织物的经纬纱线密度不同，则纱线细的方向为经向，粗的方向为纬向。

② 组织外观类似于平纹组织织物。

③ 如图 3-1-5(A)所示，经纬纱交织呈现规律的单纬双经，则面料组织为$\frac{2}{2}$纬重平，组织图如图 3-1-5(B)所示。

(A)　　(B)

图 3-1-4

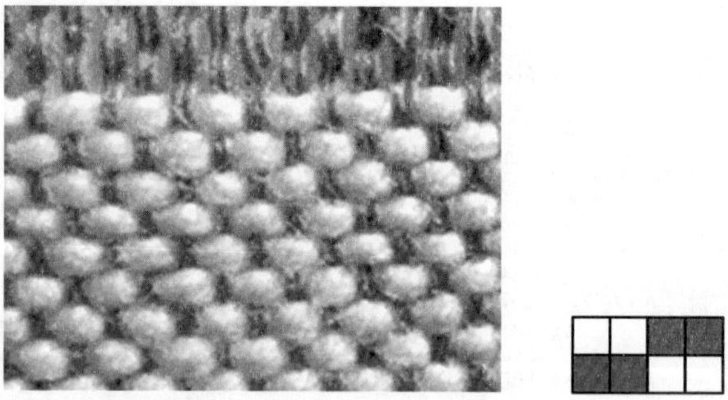

(A)　　(B)

图 3-1-5

2. 变化重平组织

浮长线长短不一的重平组织，称为变化重平组织。图 3-1-6 中，(A)所示为$\frac{2}{1}$变化经重平组织，(B)所示为$\frac{3\ \ 2}{2\ \ 1}$变化纬重平组织。

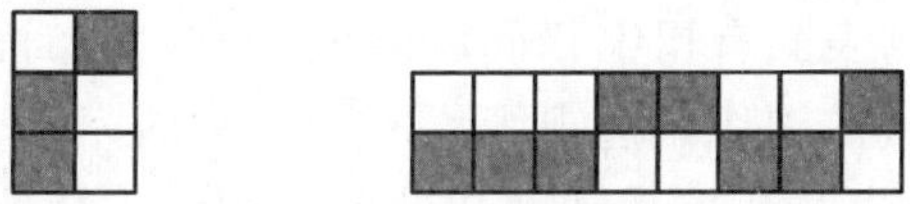

(A)　　　　(B)

图 3-1-6　变化经重平组织和变化纬重平组织

(1) 变化重平组织绘制方法

任务6　绘制$\frac{3\quad 2}{2\quad 1}$变化纬重平组织图。

① 计算组织循环纱线数，R_J＝分子＋分母＝8，R_W＝2。

② 画出组织图的范围，如图 3-1-7(A)。

③ 按分式表示的交织规律填绘第 1 根纬纱，如图 3-1-7(B)所示；再在第 2 根纬纱上填绘与第 1 根纬纱相反的组织点，如图 3-1-7(C)。

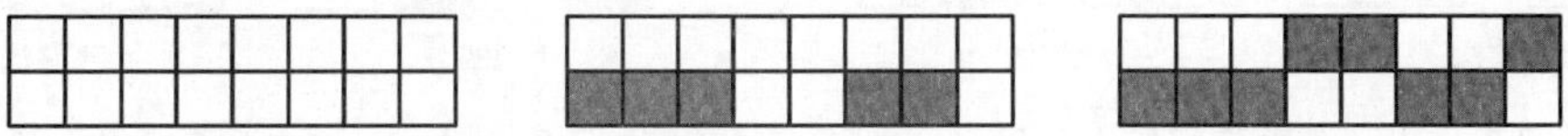

(A)　　　　(B)　　　　(C)

图 3-1-7　变化纬重平组织图画法

任务7　分析图 3-1-8(A)所示面料，画出组织图。

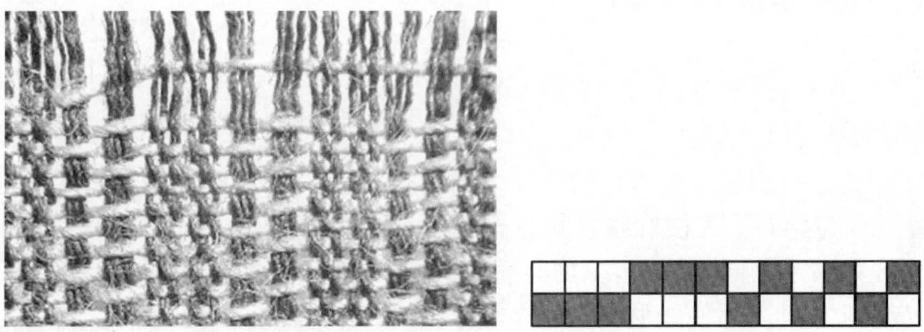

(A)　　　　(B)

图 3-1-8

经分析，得此面料组织为$\frac{3\quad 1\quad 1\quad 1}{3\quad 1\quad 1\quad 1}$变化纬重平，组织图见图 3-1-8(B)。

3. 重平组织织物风格与上机工艺

(1) 经重平组织织物风格　经重平组织由于是几根纬纱做相同的运动规律，因此经纬纱的线密度相同时，织物外观呈现横向条纹。为了使横向条纹更加明显，设计时往往采用较大的经密、较细的经纱和较粗的纬纱。经重平组织除用于衣着类织物外，常用作布边组织。

(2) 经重平组织上机工艺　经重平和变化经重平组织的组织循环经纱数较少，只有 2 根经纱交换交织规律，一般采用凸轮开口机构；经密较小时采用顺穿法穿综，经密较大时采用飞穿法穿综；每筘穿入数为 2～4 根。$\frac{2}{2}$经重平组织的上机图如图 3-1-9 所示。

(3) 纬重平组织织物风格　纬重平组织织物的经纬纱线密度相同时，织物外观呈现纵向条纹；变化纬重平组织的织物表面有粗细相间的纵向凸纹，使布面凹凸明显，条纹挺直。纬重平组织除用于衣着类织物外，常用作布边组织。

（4）纬重平组织上机工艺　纬重平和变化纬重平组织上机穿综，经密不大时可采用 2 页综照图穿法，经密大时则可采用飞穿法。图 3-1-10 所示为$\frac{2}{2}$纬重平组织的照图穿法穿综图和飞穿法穿综图。

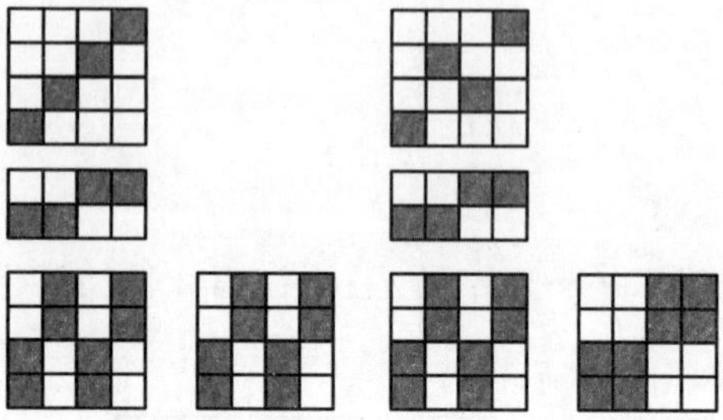

顺穿法　　飞穿法

图 3-1-9　经重平组织上机图

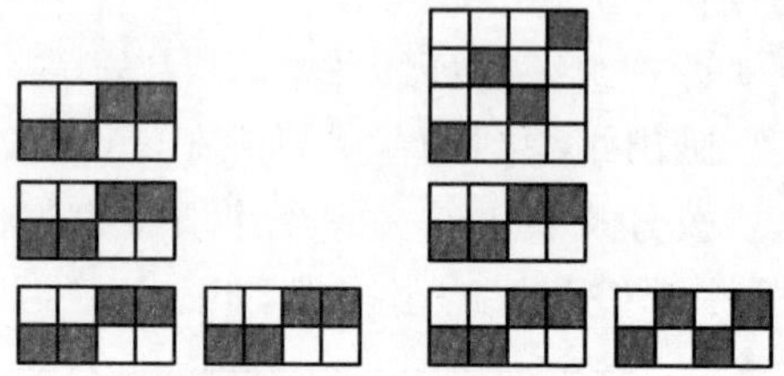

照图穿法　　飞穿法

图 3-1-10　纬重平组织上机图

能力拓展 1

认识重平组织典型织物

（1）麻纱　组织多采用$\frac{1}{2}$变化纬重平，少数用$\frac{1}{3}$变化纬重平，还可以用其他变化重平组织。其纱线结构具有以下特点：

① 纱线细度　用细特纱，也可用精梳股线，所得织物既具有麻织物的风格又具有丝绸风格。

② 纱线捻度与捻向　为使麻纱既挺括滑爽，又不刚硬粗糙，采用高捻度的经纱与低捻度的纬纱交织，经纬纱采用同一捻向，织物薄而挺爽。

③ 紧度与结构相　为使织物轻薄、透气凉爽，采用低紧度结构，纬密略高于经密。

麻纱是一种棉型仿麻织物，具有条纹清晰、薄爽挺括、风凉透气、手感如麻等特点。图 3-1-11 所示为麻纱织物上机图。

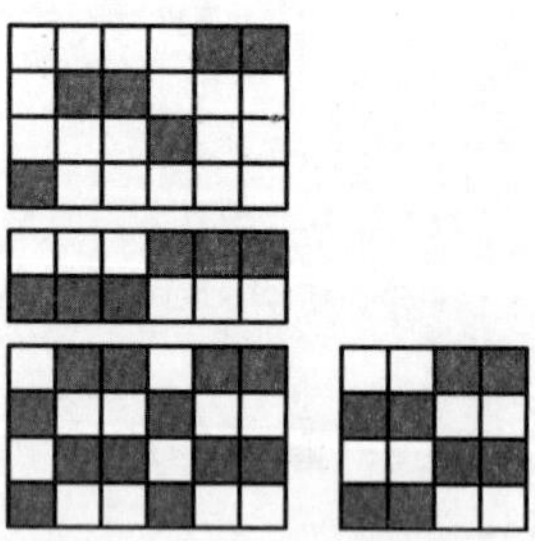

图 3-1-11　麻纱上机图

（2）牛津纺　纱线细的方向为经向。采用$\frac{2}{2}$纬重平组织。色经，以精梳高支纱做双经、粗支单纱做纬纱。织物表面显示双色效应，织物平挺。

二、方平组织及变化方平组织

1. 普通方平组织

（1）认识普通方平组织　在平纹组织的基础上，沿着经向和纬向同时延长组织点，使浮长线组成方块形，这样所得的组织称为方平组织，如图 3-1-12(A)所示，图 3-1-12(B)为(A)所示组织的纱线交织示意图。

(2) 方平组织表示方法　分式＋文字说明。图3-1-12(A)可表示为$\frac{2}{2}$方平组织，读作二上二下方平组织，其中分子表示第1根经纱上的经组织点个数，分母表示第1根经纱上的纬组织点个数。$\frac{2}{2}$方平组织的棉织物又称为珠帆。

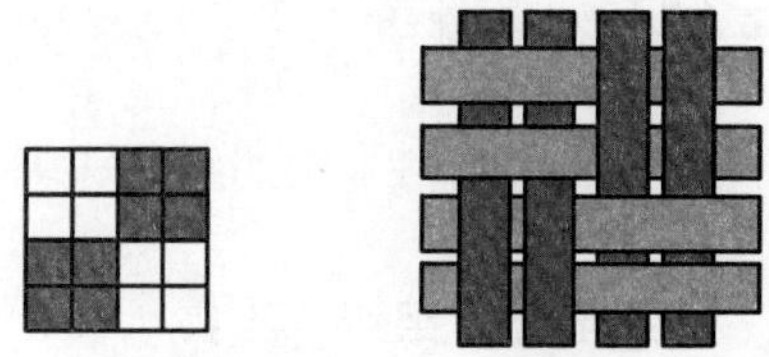

(A)　(B)

图3-1-12　方平组织图和经纬纱交织示意图

(3) 方平组织绘制方法

任务8　试绘作$\frac{3}{3}$方平组织图。

① 计算R_J与R_W，$R_J=R_W=R=$分子＋分母$=3+3=6$。

② 画出组织图范围，如图3-1-13(A)所示。

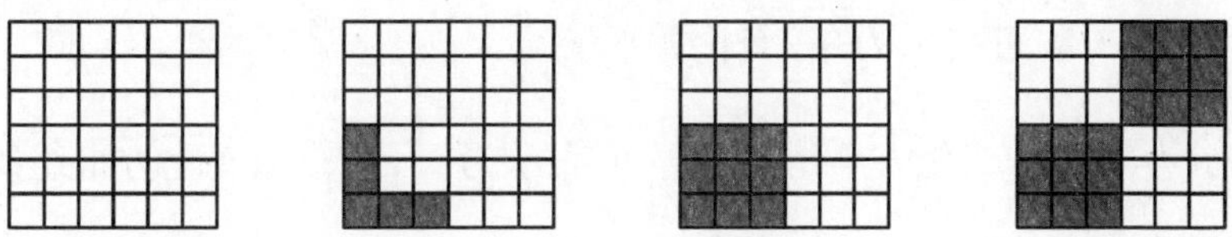

(A)　(B)　(C)　(D)

图3-1-13　方平组织图画法

③ 在方格纸的边框线内，按分式表示的交织规律填绘第1根经纱和第1根纬纱，如图3-1-13(B)。

④ 凡第1根纬纱上是经组织点的经纱，均按第1根经纱的交织规律填绘，如图3-1-13(C)。

⑤ 其余经纱均按与第1根经纱相反的交织规律填绘，图3-1-13(D)所示为完整的方平组织图。

(4) 方平组织分析方法

任务9　分析图3-1-14(A)所示面料。

织物外观类似于平纹组织织物，采用拆纱分析，可观察到该面料由双经双纬织成，则其组织为$\frac{2}{2}$方平组织，组织图如图3-1-14(B)所示。

(A)　(B)

图3-1-14

(A)　(B)

图3-1-15

任务10 分析图 3-1-15(A)所示面料的组织。

很明显,该面料采用四经四纬织成,则其组织为$\frac{4}{4}$方平组织,组织图如图3-1-15(B)所示。

2. 变化方平组织

(1) 认识变化方平组织　由沉浮规律相同的变化经、纬重平组织构成,且完全组织中序号相同的经、纬纱的沉浮规律相同,这样的平纹变化组织称为变化方平组织。图 3-1-16(A)(B)(C)所示均为变化方平组织。

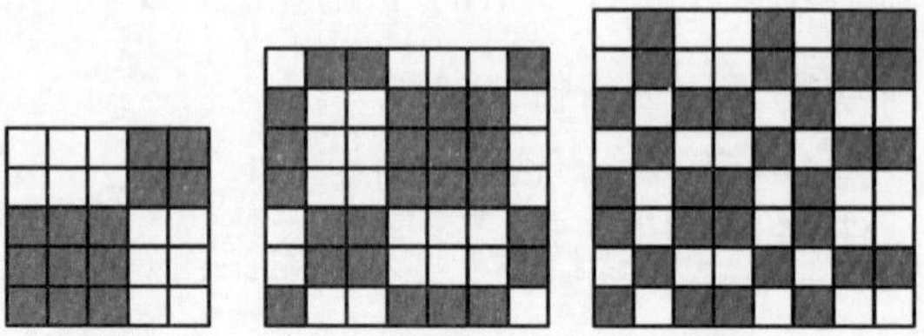

(A)　　(B)　　(C)

图 3-1-16　变化方平组织

(2) 变化方平组织表示方法　分式＋文字说明。图 3-1-16 中,(A)可表示为$\frac{3}{2}$变化方平组织,(B)可表示为$\frac{1\ \ 3}{2\ \ 1}$变化方平组织,(C)可表示为$\frac{1\ \ 2\ \ 1}{1\ \ 1\ \ 2}$变化方平组织。

(3) 变化方平组织绘制方法

任务11 绘作$\frac{1\ \ 3}{2\ \ 1}$变化方平组织。

① 按所给分式确定完全组织的大小,即 $R_J = R_W =$ 分子＋分母＝7,画出组织图范围,如图 3-1-17(A)所示。

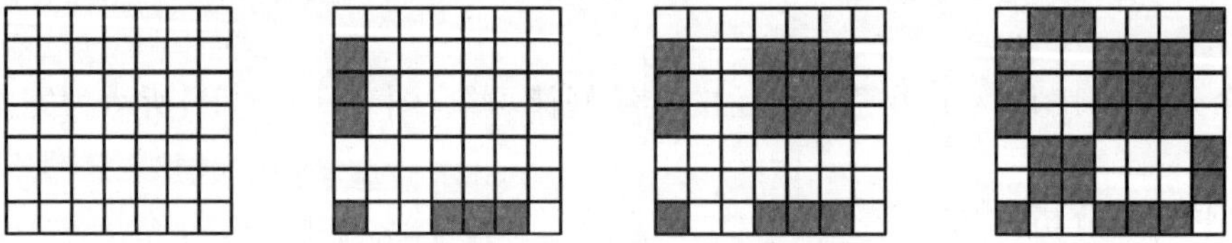

(A)　　(B)　　(C)　　(D)

图 3-1-17　变化方平组织图画法

② 按分式所给的沉浮规律填绘第 1 根经纱上的组织点,按同样的沉浮规律填绘第 1 根纬纱上的组织点,如图3-1-17(B)所示。

③ 凡第 1 根纬纱上有经组织点的那些经纱,均按第 1 根经纱的沉浮规律填绘,如图 3-1-17(C)所示。

④ 其余各根经纱均按相反的沉浮规律填绘,如图 3-1-17(D)所示。

(4) 方平组织上机工艺　方平组织上机常采用顺穿法穿综,如图 3-1-18(A)。但实际生产中,为防止两根做同样运动的经纱互相粘连,采用飞穿法穿综。为了防止同规律的两根经纱穿入同一筘齿而发生相互移位缠绞的现象,可将它们分别穿入不同的筘齿,如图3-1-18(B)所示。

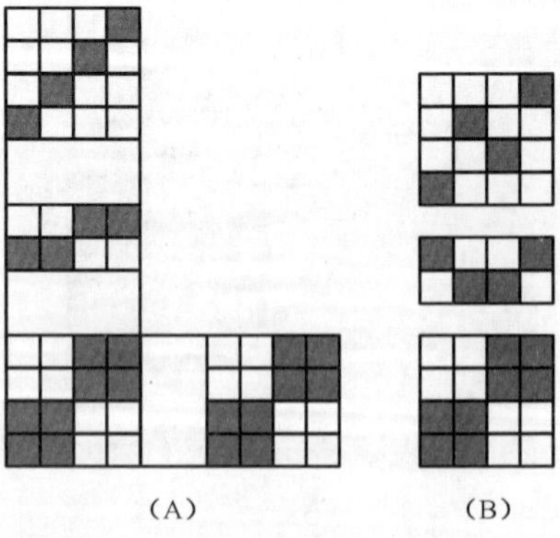

(A)　　(B)

图 3-1-18　方平组织上机图

能力拓展2

认识方平组织的应用

方平组织织物的外观比较平整，呈现大小相同或不同的方块效应，织物表面光泽较好，常用作服用面料及装饰织物，如毛织物中的板司呢、女式呢、仿麻呢等。$\frac{2}{2}$方平组织常用于制作布边。

子项目二 分析与设计斜纹变化组织及其织物

在原组织斜纹的基础上，采取延长组织点、改变飞数、改变斜纹方向、增加斜纹条等方法，可以获得各种各样的斜纹变化组织。斜纹变化组织在衣着织物或装饰织物等方面均有广泛的应用。

一、加强斜纹

本项目能力目标

1. 会画加强斜纹组织的组织图、上机图；
2. 会分析加强斜纹组织面料，并画出此上机图；
3. 认识加强斜纹组织的典型面料.

任务

认识图 3-2/01 (A)(B)所示面料的组织，并画出组织图和上机图(见彩页)。

(A) (B)

图 3-2/01

任务分解

1. 认识加强斜纹组织

图 3-2 中，两种面料的外观都显示其组织为斜纹组织，是在原组织斜纹的单个组织点旁延长组织点而成的斜纹组织，其基本特征是一个完全组织内每根纱线上都不存在单个的组织点，称为加强斜纹组织，其组织图如图 3-2/01 所示。

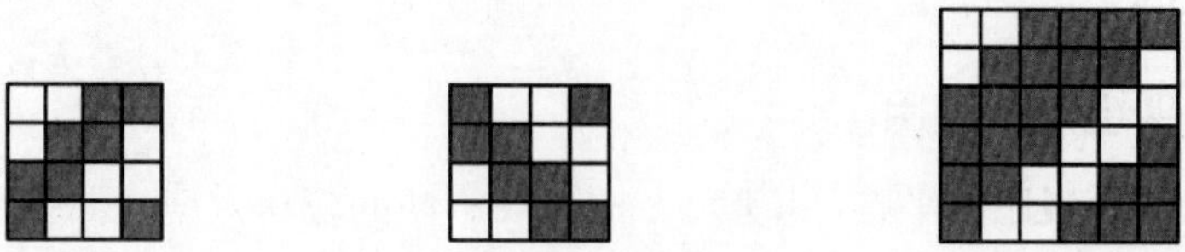

(A)　　(B)　　(C)

图 3-2-1　加强斜纹

2. 加强斜纹组织表示方法

分式＋箭头。图 3-2-1 中，(A)所示可表示为$\frac{2}{2}\nearrow$，读作二上二下加强右斜纹；(B)所示可表示为$\frac{2}{2}\nwarrow$，读作二上二下加强左斜纹，其织物正面的经组织点个数等于纬组织点个数，也称为双面加强斜纹。图 3-2-1(C)所示可表示为$\frac{4}{2}\nearrow$，读作四上二下加强右斜纹，因其织物正面的经组织点个数多于纬组织点个数，也称为经面加强斜纹。

3. 绘作加强斜纹组织图

任务 1　绘制$\frac{2}{2}\nwarrow$组织图。

① 按所给分式确定完全组织的大小，即 $R_J=R_w=$分子＋分母＝4，画出组织图范围，如图 3-2-2(A)所示。

② 按分式所给的沉浮规律填绘第 1 根经纱上的组织点，如图 3-2-2(B)所示。

③ 因为是左斜纹，其 $S_J=-1$，由此确定起始点，然后填绘其余组织点。

④ 按同样规律填绘其余经纱，如图 3-2-2(D)所示。

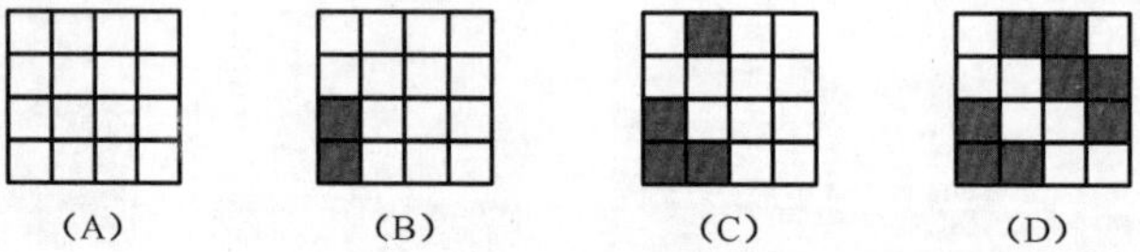

(A)　　(B)　　(C)　　(D)

图 3-2-2　加强斜纹组织图画法

4. 分析加强斜纹组织

任务 2　分析图 3-2/01(A)(B)所示面料的组织，画出组织图和上机图。

(1) 分清织物的经纬向和正反面。加强斜纹织物正面呈现明显的、清晰的斜纹纹路。纱织物左斜纹为正面，线织物右斜纹为正面，一般斜纹纹路陡的方向为经向。

(2) 如图 3-2/01(A)(B)所示，将一根经纱拨到纬纱的纱缨中间，找出此经纱与纬纱的交织规律。如果织物纬密大，可以采用图 3-2/01(A)(B)所示方法，用分析针将经纱上面的纬纱折起。图 3-2/01(A)中，在一个组织循环内一根经纱上为 2 个经组织点、2 个纬组织点，且正面显示右斜纹，则该面料的组织为$\frac{2}{2}\nearrow$，其组织图如图3-2-3(A)所示；图3-2/01(B)中，在一个组织循环内，一根经纱上为4个经组织点、4个纬组织点，且正面显示右斜纹，则该面料的组织为$\frac{4}{4}\nearrow$，其组织图如图3-2-3(B)所示。

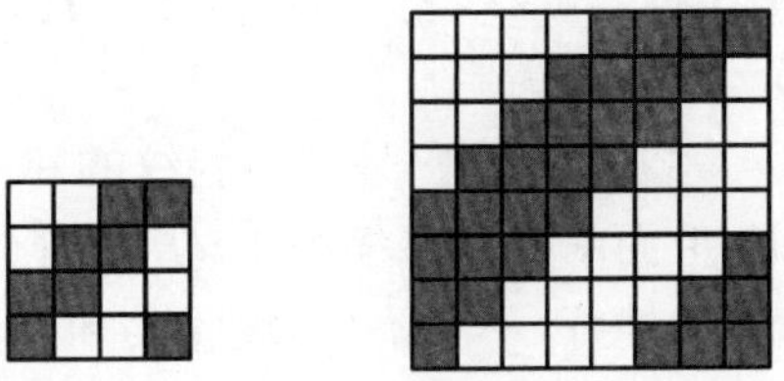

(A)　　(B)

图 3-2-3

5. 加强斜纹组织上机图

以$\frac{2}{2}\nearrow$双面加强斜纹为例，当织物的经密不大时，可采用4页综框，顺穿，如图3-2-4(A)所示；当织物的经密较大时，棉织物和丝织物常采用4页综复列式综框，飞穿，如图3-2-4(B)所示，毛织物则采用8页综飞穿。每筘穿入数，前者为2～4根，毛织可达6～8根。

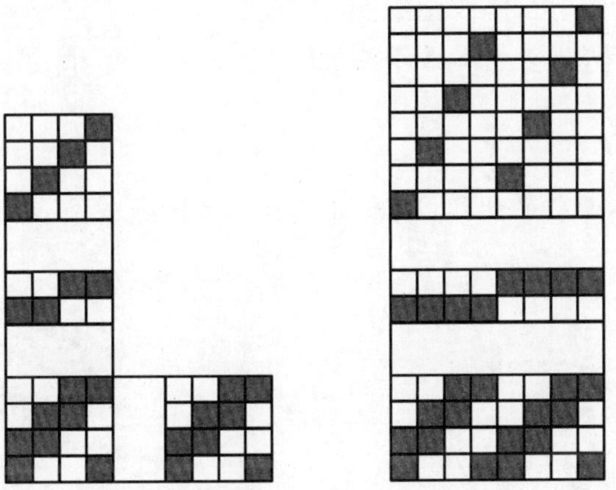

(A)　　(B)

图 3-2-4　加强斜纹组织上机

6. 认识加强斜纹组织的应用

加强斜纹组织的斜纹纹路清晰，布身较平纹紧密厚实，广泛用于棉、毛、化纤混纺织物或中长纤维织物，如棉织物有哔叽、华达呢和卡其等，中长织物有中长哔叽，精纺毛织物有哔叽、华达呢和啥味呢等，粗纺毛织物有麦尔登、海军呢、制服呢、海力斯等。

能力拓展1

认识加强斜纹组织典型织物

(1) 棉织物　哔叽借用毛织物哔叽的织物特征。卡其可分为单面卡其和双面卡其，单面卡其的组织为$\frac{3}{1}$斜纹，双面卡其的组织为$\frac{2}{2}$斜纹，两种卡其的紧密度一样。

(2) 精纺毛织物

① 哔叽　线织物，呈现右斜纹的一面为正面。组织采用$\frac{2}{2}\nearrow$；经纬纱为双股毛纱，经纬

密相近，斜纹线呈 45°左右，经纬组织点清晰，纹路宽、间距大，手感松软；素色，有光面和毛面之分，以光面为主。

② 啥味呢　呈现右斜纹的一面为正面。组织特征和纱线结构特征与哔叽相似，以毛面为主，毛面啥味呢经缩绒工艺，呢面有短小毛绒，毛脚平齐，斜线纹路隐约可见，手感软糯而有身骨，弹性好，不板不烂，色泽柔和自然，以灰色为主。

③ 华达呢　密度大的纱线方向为经向，呈现右斜纹的一面为正面，可分为单面华达呢、双面华达呢和缎背华达呢。采用$\frac{2}{1}\nearrow$、$\frac{2}{2}\nearrow$或缎纹变化组织；经纬纱为双股毛纱，经纬密之比为 1.8∶1.0；斜纹倾角 63°左右，贡子饱满，贡条匀直而深；呢面光洁平整，纹路清晰挺直，手感滋润不糙，丰厚有身骨，弹性足；光泽柔和自然，颜色鲜艳，以藏青为主。

二、复合斜纹

本项目能力目标

1. 会画复合斜纹组织图、上机图；
2. 会分析复合斜纹组织面料，并画出上机图.

任务

认识图 3-2/02 所示面料的组织，画出组织图和上机图。

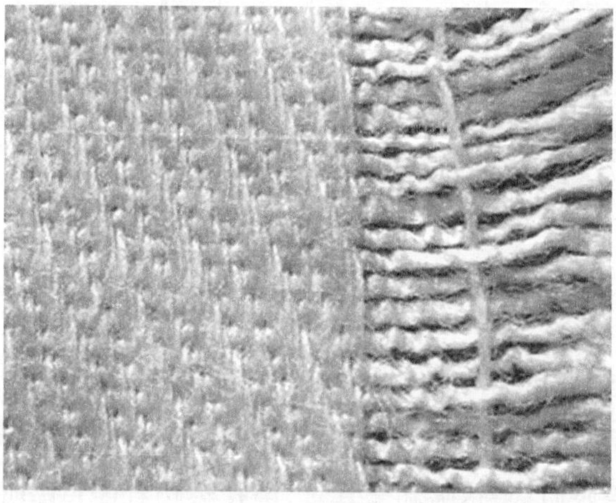

图 3-2/02

任务分解

(1) 认识复合斜纹　图 3-2/02 所示面料的外观是斜纹组织织物，由两条或两条以上粗细不同的斜纹线组成，称为复合斜纹，其组织图如图 3-2-5 所示。

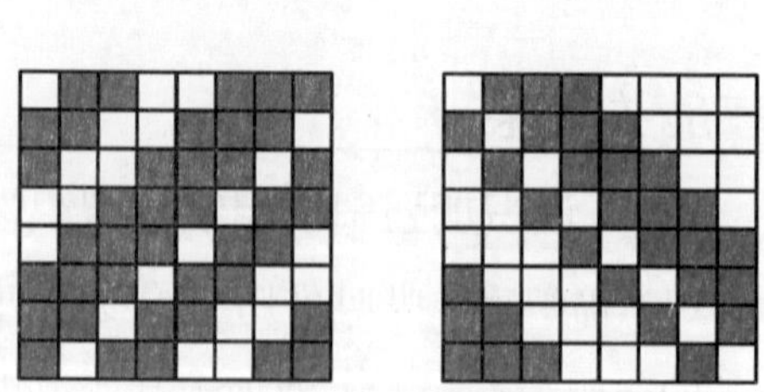

(A)　　(B)

图 3-2-5　复合斜纹组织图

(2) 复合斜纹组织表示方法　分式＋箭头。图 3-2-5(A)所示组织可表示为$\frac{3\ \ 2}{2\ \ 1}\nearrow$，读作三上二下二上一下右斜纹，其中分子表示一根经纱上的经组织点个数，分母表示一根经纱上的纬组织点个数，箭头表示斜纹线方向。图 3-2-5(B)所示可表示为$\frac{3\quad 1}{3\quad 1}\nwarrow$，读作三上三下一上一下左斜纹。

(3) 绘制复合斜纹组织

任务1 绘制$\frac{3\quad 2}{2\quad 1}\nearrow$组织图。

① 计算 R_J 与 R_W，得 $R_J=R_W=R=$分子+分母$=3+2+2+1=8$，画出组织图范围，如图 3-2-6(A)所示。

② 按分式表示的规律填绘第 1 根经纱，如图 3-2-6(B)。

③ 为右斜纹，其 $S_J=+1$，由此填绘剩余经纱上的组织点，如图 3-2-6(C)。

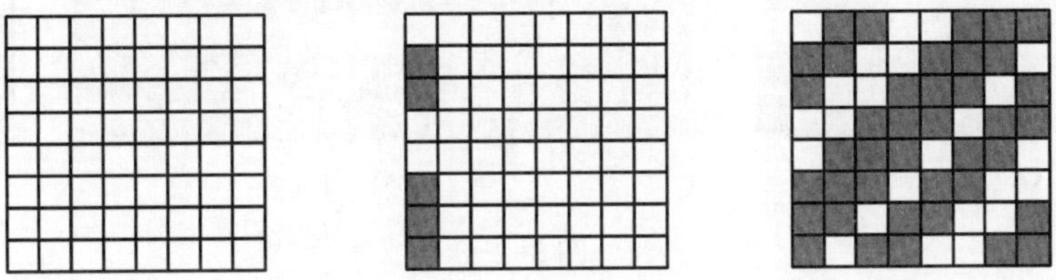

(A) (B) (C)

图 3-2-6 复合斜纹组织图画法

任务2 以$\frac{3\quad 1}{3\quad 1}\nwarrow$为例绘制复合斜纹组织图。

① 计算 R_J 与 R_W，得 $R_J=R_W=R=$分子+分母$=3+2+2+1=8$，画出组织图范围，如图 3-2-7(A)。

② 按分式所示规律填绘第 1 根经纱，如图 3-2-7(B)。

③ 为左斜纹，其 $S_J=-1$，由此填绘剩余经纱上的组织点，如图 3-2-7(C)。

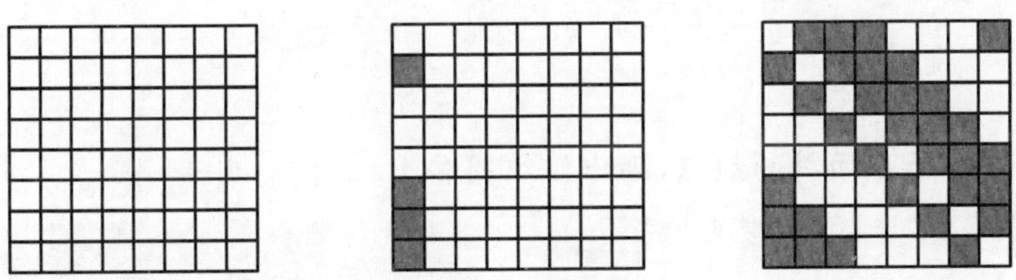

(A) (B) (C)

图 3-2-7 复合斜纹组织图画法

(4) 分析复合斜纹组织面料

任务3 分析图 3-2/02 所示面料，并画出组织图。

① 织物外观呈现 2 条以上粗细不同的斜纹纹路。

② 分清织物的经纬向和正反面。有斜纹线或斜纹纹路明显的一面为正面。对于纱织物，左斜纹方向为经向；对线织物，右斜纹方向为经向。

③ 将一根经纱拨到纬纱的纱缨中间，找出此经纱与纬纱的交织规律，如图 3-2-8(A)所示

面料的组织为$\frac{4\quad 2}{1\quad 1}$，方向为左斜纹。

④ 再将与此经纱相邻的一根经纱拨到纬纱的纱缨中间，找出左边经纱上的一个纬组织点，再找出右边经纱上与它相对应的纬组织点，算出飞数。图 3-2-8(B)所示的左斜纹飞数为−1。

⑤ 则此复合斜纹面料的组织为$\frac{4\quad 2}{1\quad 1}$↖，其组织图如图 3-2-8(C)所示。

(A)　(B)　(C)

图 3-2-8

(5) 认识复合斜纹组织上机图　复合斜纹组织一般采用顺穿法，每筘穿入数随织物经密而不同，棉织为每筘 2～4 根，毛织为每筘 4～6 根。

复合斜纹组织常用于制作棉彩格女线呢、毛彩格粗花呢及中长纤维仿毛花呢等织物。

三、角度斜纹（急缓斜纹）

本项目能力目标

1. 会画急斜纹组织图、上机图；
2. 会分析急斜纹组织面料，并画出上机图；
3. 认识急斜纹组织典型面料.

任务

认识图 3-2/03 所示面料的组织，画出组织图和上机图。

(A)　(B)

图 3-2/03

任务分解

1. 认识急斜纹组织

(A)　　(B)

图 3-2-9　急斜纹组织图

图 3-2-9(A)所示为$\frac{3}{1}\nearrow$，由组织图可见，$S_J=+1$，斜纹角度为 45°，称为正则斜纹。图 3-2-9(B)所示组织的斜纹线倾角加大，$S_J=+3$，称为急斜纹。影响斜纹织物斜纹倾角的因素有两个：

(1) 斜纹织物的经纬纱密度比值越大，斜纹倾角越大。如毛哔叽的经纬密比值接近 1，其斜纹倾角为 45°左右；毛华达呢的经纬密比值接近 1.8∶1.0，其斜纹倾角为 63°左右。

(2) 改变经纬向飞数值也可改变斜纹线倾斜角。如增大经向飞数值，能获得斜纹倾斜角$>45°$的斜纹组织，称为“急斜纹组织”；增大纬向飞数值，将得到倾斜角$<45°$的斜纹组织，称为“缓斜纹组织”。

以下主要讨论改变经纬向飞数值改变斜纹线倾角的办法。

2. 认识急缓斜纹组织参数

(1) 基础组织　图 3-2-9(B)所示的基础组织为$\frac{3}{2}\nearrow$。

(2) 飞数　图 3-2-9(B)所示的经向飞数 $S_J=+3$。

3. 读写急缓斜纹组织

急斜纹组织的表示方法采用“基础组织＋飞数”。图 3-2-9(B)所示的急斜纹组织可表示为$\frac{3}{2}\nearrow$，$S_J=+3$；读作三上二下右斜纹组织，经向飞数为 3。

4. 绘制急斜纹组织图

任务1　以$\frac{4\ \ 1\ \ 1}{1\ \ 2\ \ 1}\nearrow$、$S_J=+2$ 为例说明急斜纹组织的绘图方法。

(1) 第一种方法

① 计算 R_J 与 R_W

$$R_J = \frac{\text{基础组织的组织循环纱线数}}{\text{基础组织的组织循环纱线数与 } S_J \text{ 的最大公约数}} = \frac{4+1+1+2+1+1=10}{10\text{ 与 2 的最大公约数}} = 5$$

R_W＝基础组织的组织循环纱线数＝10

画出组织图范围，如图 3-2-10(A)所示。

② 按分式所示规律填绘第 1 根经纱，如图 3-2-10(B)所示。

③ 根据 $S_J=+2$ 确定起始点，按分式所示规律填绘其余经纱，如图 3-2-10(C)所示。

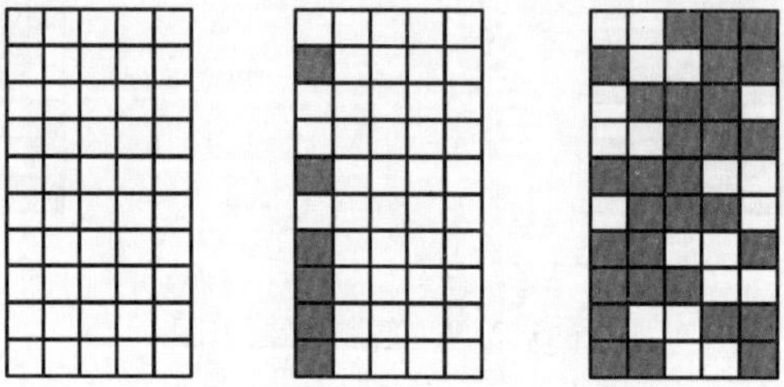

(A) (B) (C)

图 3-2-10 急斜纹组织图画法

(2) 第二种方法

① 计算 R_J 与 R_W，得 R_W＝分子＋分母＝4＋1＋1＋2＋1＋1＝10，R_J 不计算，取无限大，然后画出组织图范围，如图 3-2-11(A)所示。

② 按分式所示规律填绘第 1 根经纱，如图 3-2-11(B)所示。

③ 确定其余经纱的起始点，并根据 $S_J=+2$ 继续填绘，直至出现一根经纱和纬纱的交织规律与第 1 根经纱和纬纱的交织规律相同，说明此经纱是第二个组织循环的第 1 根经纱，如图 3-2-11(C)所示。

④ 取第一个组织循环，则该急斜纹组织图如图 3-2-11(D)所示。

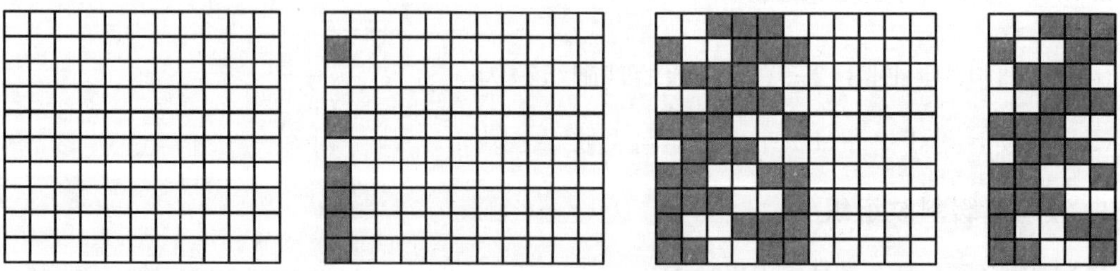

(A) (B) (C) (D)

图 3-2-11 急斜纹组织图画法

采用第二种方法无需记繁杂的公式，绘图方法简单。

5. 分析急斜纹组织面料

任务 2 分析图 3-2/03(A)所示面料的组织。

急斜纹组织的分析方法与复合斜纹相同，只要分析出急斜纹组织的两个参数，即基础组织和经向飞数 S_J，便可画出组织图。

(1) 分清织物的经纬向和正反面，斜纹纹路清晰的一面为正面，斜纹陡的方向为经向。

(2) 将经纱拨到纬纱的纱缨中间，分析得基础组织为 $\frac{6\quad 1\quad 1}{1\quad 1\quad 1}\nearrow$。

(3) 在一根经纱上找出一个纬组织点，再在其右边的一根经纱上，在这个纬组织点的上方找出与此对应的纬组织点，计算得 $S_J=+6$。

(4) 则此面料采用 $\frac{6\quad 1\quad 1}{1\quad 1\quad 1}\nearrow$ 且 $S_J=+6$ 的急斜纹组织，其组织图如图 3-2-12 所示。

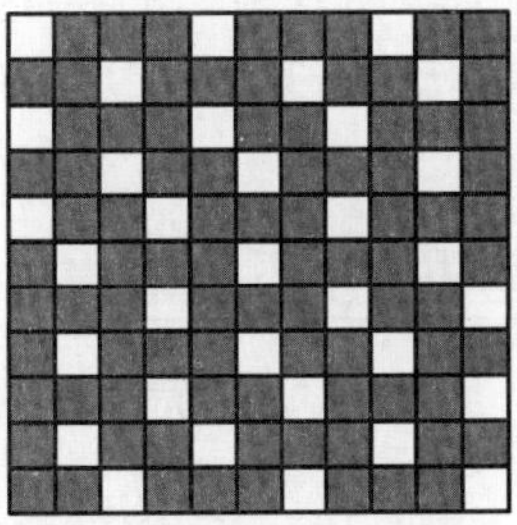

图 3-2-12

任务3 分析图 3-2/03(B)所示面料的组织。

图 3-2/03(B)中的面料具有缎纹组织外观，将两根经纱拨到纬纱的纱缨中间，分析得基础组织为 $\frac{3}{2}\nwarrow$，$S_J=-2$，为急斜纹组织，其组织图如图 3-2-13 所示。

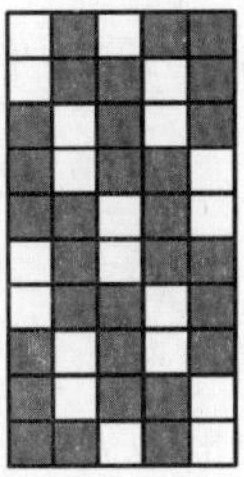

图 3-2-13

6. 认识急斜纹组织上机

急斜纹组织采用顺穿法穿综。

能力拓展 1

任务4 读出图 3-2-14(A)(B)所示的急斜纹组织。

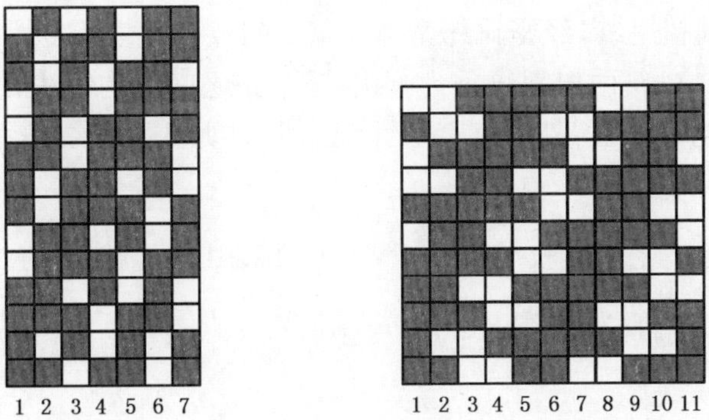

(A) (B)

图 3-2-14 急斜纹组织

图 3-2-14 中，(A)所示是以 $\frac{4\quad 3\quad 2}{2\quad 2\quad 1}\nearrow$ 为基础组织且 $S_J=2$ 构成的急斜纹组织；(B)所示是以 $\frac{5\quad 1\quad 1}{1\quad 2\quad 1}\nearrow$ 为基础组织及 $S_J=2$ 构成的急斜纹组织。

缓斜纹组织的作图方法与急斜纹基本相同，其 $S_W>1$，沿纬纱绘作。缓斜纹组织的应用较少，只用于某些粗纺毛织物。

能力拓展2

认识急斜纹组织典型面料

急斜纹组织的织物外观呈现大于45°的粗细斜纹线，外观粗犷，织纹倾斜陡峭，纹路凹凸分明，立体感强。一般应用于棉织物中的粗服呢、克罗丁等，在精纺毛织物中应用广泛。

急斜纹组织的典型织物如下（对以下产品，斜纹陡度大的方向为经向，斜纹纹路明显的一面为正面）：

（1）棉二六元贡　是一种较厚重的色织产品，因其幅宽合市尺二尺六寸且色泽乌黑而得名。它是一种仿毛产品，组织与毛直贡呢相同。产品常用作鞋帽用料，也用作外衣料。布身紧密厚实，布面光洁挺括，纹路粗壮饱满，色泽乌黑发亮。

（2）克罗丁（又称缎纹卡其）　常用基础组织有$\frac{4\ 1\ 1}{1\ 2\ 1}$、$\frac{4\ 1\ 2\ 1}{1\ 1\ 2\ 1}$、$\frac{4\ 1\ 4\ 1}{1\ 1\ 2\ 2}$。通常经纱为股线，纬纱为单纱，经纬纱细度、密度等配置与一般斜纹卡其同。为棉以及与其他纤维混纺的面料，具有布面光洁、富有光泽、纹路明显、粗壮突出、质地厚实、手感柔软、挺括等特点。因其布面的经纱浮长线长而连贯，具有似缎纹织物的外观，故称为缎纹卡其，别名克罗丁。如一个完全组织内布面呈现两条明显的斜纹线条，又可称为双纹卡其。

（3）马裤呢　采用精梳毛纱，经密比纬密高一倍以上。织物重约340～380 g/m^2，是精纺呢绒中身骨最厚重的品种之一。马裤呢的呢面有粗壮突出的斜纹纹路，斜纹角度为63°～76°，结构紧密，手感厚实而有弹性，织物背面有时经轻度起毛，丰满保暖，色泽有黑灰、深咖、黄棕、暗绿等素色或混色。为了强调它的坚牢耐磨以适应骑马时穿着而得名，适宜于制作大衣、军制服、猎装、外裤等。

（4）毛巧克丁　精梳毛纱，经密比纬密高一倍。斜纹角度多为63°，呢面光洁平整，手感紧密挺括，条纹清晰而凸立，每两根斜纹条为一组，条与条之间的沟纹浅，组与组之间有纬浮点构成的凹槽，其距离宽、沟纹明显，外观有点像针织品那样明显的罗纹条；色泽素净，多为灰、蓝、米、咖啡等，也有混色、夹色。

（5）毛直贡呢　除了采用5枚缎纹组织外，多数采用$\frac{3}{2}$急斜纹组织。这类织物的经密很高，所以斜纹倾角很大，一般为75°以上。

四、曲线斜纹

本节能力目标：认识曲线斜纹组织面料.

任务

认识图3-2/04所示面料的组织（见彩页）。

图 3-2/04

任务分解

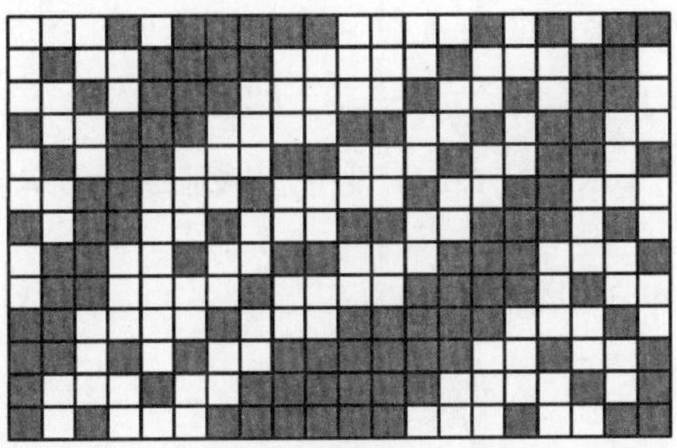

(A)

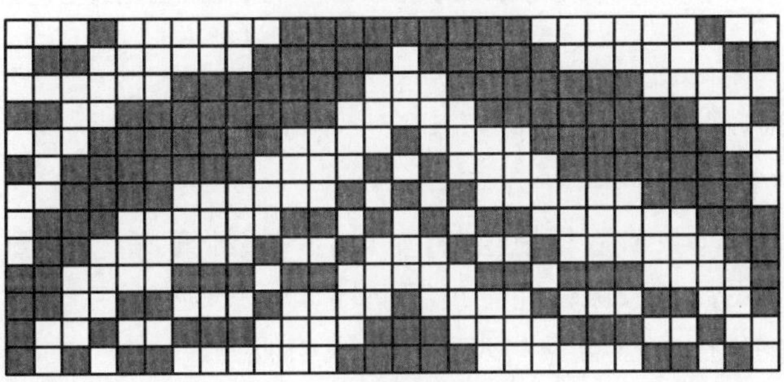

(B)

图 3-2-15　曲线斜纹

如图 3-2-15 所示，不断改变组织飞数，使斜纹线的倾角连续变化，从而获得的斜纹纹路呈曲线状的斜纹组织称为曲线斜纹组织。如变化经向飞数 S_J 的数值，则构成经曲线斜纹；变化纬向飞数 S_W 的数值，则构成纬曲线斜纹。图 3-2-15(A)(B)是经曲线斜纹。所构成的花纹图案有波浪形、花瓣形、鱼贯纹、脉络纹等曲线，图 3-2/04 所示便是曲线斜纹组织面料。

能力拓展

1. 曲线斜纹组织表示方法

采用“分式＋飞数”的表示方法。图 3-2-15 中，(A)所示以$\frac{4\ 1\ 1}{2\ 2\ 3}$复合斜纹为基础组织，$S_W=1$，$S_J=2$，2，2，2，1，1，1，1，0，1，0，1，1，1，1，2，2，2，2，1；(B)所示以$\frac{4\ 1\ 1}{3\ 1\ 3}$复合斜纹为基础组织，$S_W=1$，$S_J=2$，2，1，1，0，1，0，0，1，1，0，1，1，1，－1，－1，－1，0，－1，－1，0，0，－1，0，－1，－1，－2，－2。

2. 认识曲线斜纹组织参数

由上述表示方法可以看出，曲线斜纹组织有两个参数：基础组织和变化的飞数。飞数的值，原则上可以任意选定，但为保证曲线连续，应符合下列两个条件：

(1) 各飞数值之和应等于零，即 $\sum S=0$，如图 3-2-15(B)所示；或等于基础组织的完全纱线数的整数倍，图 3-2-15(A)所示组织的飞数之和为 26，其基础组织的完全纱线数为 13。

(2) 最大的飞数值必须小于基础组织的最长的浮线长度。

3. 曲线斜纹组织绘制

任务1 以$\frac{4\ 1\ 1}{2\ 2\ 3}$复合斜纹为基础组织，$S_W=1$，$S_J=2$，2，2，2，1，1，1，1，0，1，0，1，1，1，1，2，2，2，2，1。

(1) 计算 R_J 和 R_W，得 $R_J=\sum S_J=20$，R_W＝分子＋分母＝4＋1＋1＋2＋2＋3＝13。
(2) 画出组织图范围。
(3) 根据基础组织和飞数值逐根填绘，直至最后一根纱线，也就是倒数第二个飞数值。
(4) 查看最后一个飞数是否保证完全组织循环。
纬曲线斜纹组织的作图方法与经曲线斜纹组织相似。

4. 分析曲线斜纹组织

分析曲线斜纹组织，必须分析出曲线斜纹面料的基础组织和一个组织循环内各个飞数值。首先根据面料特征找出一个组织循环，分析基础组织，再逐根拆纱分析飞数。

五、破斜纹

本节能力目标

1. 认识普通破斜纹组织和四枚破斜纹组织面料；
2. 会分析普通破斜纹组织和四枚破斜纹组织面料，并画出组织图和上机图.

任务

认识图 3-2/05 所示面料的组织，画出组织图和上机图（见彩页）。

（A）　　　（B）

图 3-2/05

任务分解

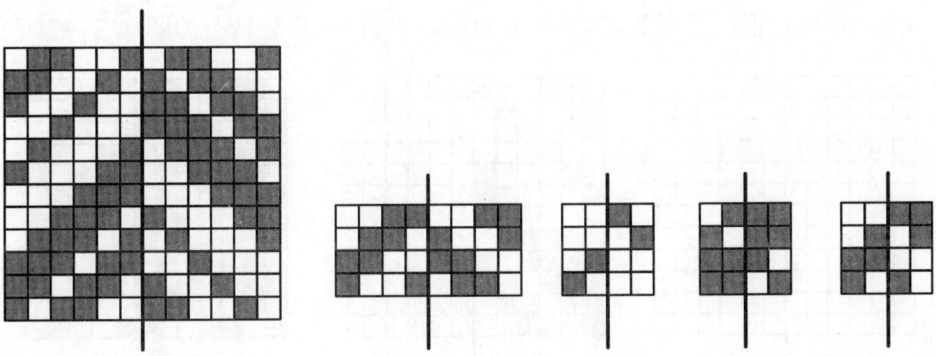

（A）　（B）　（C）　（D）　（E）

图 3-2-16　破斜纹组织

1. 认识破斜纹组织特征

如图 3-2-16(A)(B)所示，在左、右斜纹线的交界处有一条明显的分界线，位于分界线两侧的纱线上，其经、纬组织点相反。这条分界线称为断界，断界两边的组织点呈“底片翻转”关系，为普通破斜纹组织。

如图 3-2-16(C)(D)(E)所示，在断界处改变斜纹线的方向，所得也是破斜纹组织，其中(C)所示称为$\frac{1}{3}$破斜纹组织，(D)所示称为$\frac{3}{1}$破斜纹组织，(E)所示称为$\frac{2}{2}$破斜纹组织。

这两种斜纹组织的组织点在断界处不连续，为间断状态，故称为破斜纹。破斜纹可分为经破斜纹和纬破斜纹两种，断界与经纱平行的称经破斜纹，断界与纬纱平行的称纬破斜纹。图 3-2/05(A)所示为破斜纹组织面料，图 3-2/05(B)所示为四枚破斜纹组织面料。

2. 认识破斜纹组织参数

(1) 基础组织　常采用复合斜纹组织和加强斜纹组织，如图 3-2-16，其中(A)的基础组织为$\frac{3\quad 1\quad 2}{3\quad 2\quad 1}$，(B)的基础组织为$\frac{2}{2}$。

(2) 经破斜纹断界 K_J 和纬破斜纹断界 K_W。图 3-2-16 中，(A)的 $K_J=6$，(B)的 $K_J=4$。(C)(D)(E)的 $K_J=2$。

图 3-2-16(C)(D)所示组织的断界不明显，因具有缎纹组织的外观效应，又称为 4 枚不规则缎纹。$\frac{3}{1}$破斜纹的反面则是$\frac{1}{3}$破斜纹。

3. 绘制破斜纹组织图

任务1　以$\frac{3\quad 1\quad 2}{3\quad 2\quad 1}$为基础组织，$K_J=6$，绘作经破斜纹组织。

(1) 计算 R_J 与 R_W，得 $R_J=2K_J=2\times 6=12$，$R_W=$分子$+$分母$=12$，由此画出组织图范围，并在断界处做标记，如图 3-2-17(A)所示。

(2) 按 $S_J=+1$，在第 1 根至第 K_J 根经纱上填绘基础组织，如图 3-2-17(B)所示。

(3) 从第(K_J+1)根经纱开始，以断界为对称轴进行"底片翻转"，如图 3-2-17(C)所示。

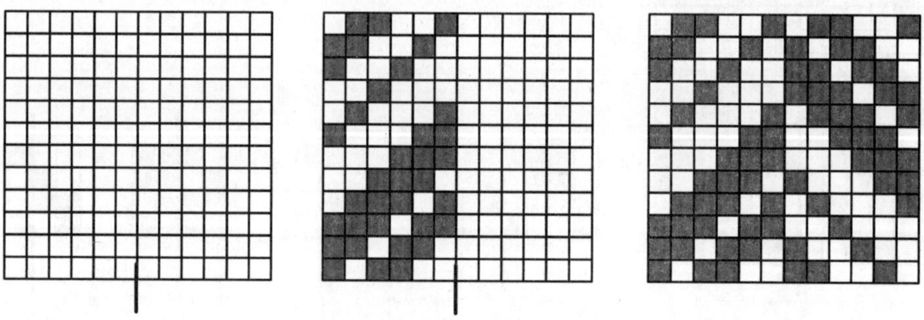

(A)　　(B)　　(C)

图 3-2-17　破斜纹组织图画法

4. 分析破斜纹组织面料

任务2　分析图 3-2/05(A)所示的普通破斜纹组织，画出组织图和上机图。

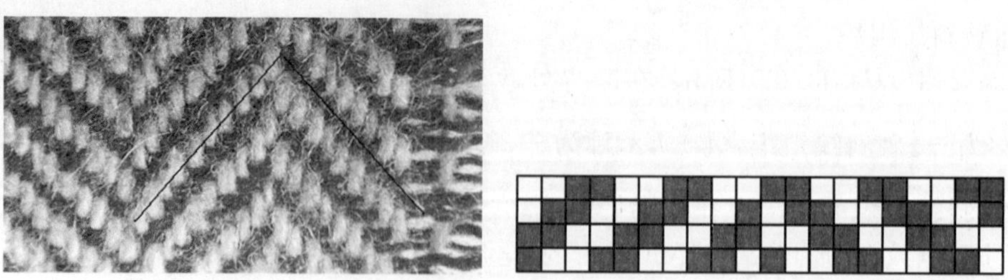

(A)　　(B)

图 3-2-18

破斜纹组织织物的断界明显，织物表面可呈现清晰的人字形效应。如图 3-2-18 中(A)所示，在山峰的峰顶处山峰呈不连续状态，由于经纬纱颜色相异，人字形两边对称的部位，分别显示经组织点的颜色和纬组织点的颜色。

对于普通破斜纹组织织物，分析出破斜纹组织的两个参数，即基础组织和断界，即可画出组织图。

(1) 分清织物的经纬向和正反面，一般人字形的方向为经向。

(2) 如图 3-2-18(A)所示，将经纱拨到纬纱纱缨中间，分析其基础组织，为$\frac{2}{2}$斜纹。

(3) 分析断界 K_J，沿着人字形的一边数出经纱的根数即为断界。图 3-2-18(A)所示织物组织的 $K_J=10$。

(4) 画出组织图，如图 3-2-18(B)。

任务3 分析图 3-2/05(B)所示面料的组织。

(A)

(B)

(C)

(D)

(E)

(F)

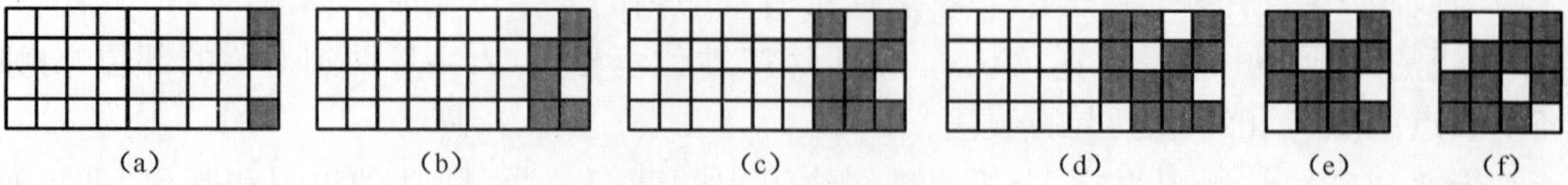

图 3-2-19　四枚破斜纹

对于没有明显组织特征的面料，可采用逐根拆纱分析法。

(1) 分清织物的经纬向和正反面，有纹路的一面为正面。图 3-2-19 所示的纹路陡的方向为经向。

(2) 拨掉边纱，露出经纱纱缨和纬纱纱缨，如图 3-2-19(A)所示。

(3) 将第 1 根经纱拨到纬纱的纱缨中间。由图 3-2-19(B)可看出，一个组织循环的纬纱根数为 4 根，画出此经纱与纬纱的交织规律，如图 3-2-19(a)所示。

(4) 拨掉第 1 根经纱，将第 2 根经纱拨到纬纱的纱缨中间，如图 3-2-19(C)，画出此经纱与纬纱的交织规律，如图 3-2-19(b)。

(5) 同理，拨掉第 2 根经纱，将第 3 根经纱拨到纬纱的纱缨中间，如图 3-2-19(D)，画出此经纱与纬纱的交织规律，如图 3-2-19(c)。

(6) 拨掉第 3 根经纱，将第 4 根经纱拨到纬纱纱缨中间，如图 3-2-19(E)，画出此经纱与纬纱的交织规律，如图 3-2-19(d)。

(7) 拨掉第 4 根经纱，将第 5 根经纱拨到纬纱纱缨中间，如图 3-2-19(F)，发现其与纬纱的交织规律与第 1 根经纱相同，则此破斜纹组织的 $R_J=4$，$R_W=4$，其组织图为图 3-2-19(e)所示。根据组织循环的概念，可将此组织图变换为图3-2-19(f)所示，即三上一下破斜纹组织。

5. 破斜纹组织上机

织造经破斜纹时一般采用照图穿法或顺穿法，织造纬破斜纹时一般采用顺穿法。

能力拓展 1

以$\frac{2}{\quad 2}$斜纹为基础组织，$K_W=4$，绘作纬破斜纹组织。

(1) 计算 R_J 与 R_W，得 $R_J=$分子＋分母$=4$，$R_W=2K_W=8$，由此画出组织图范围，并在断界处做标记，如图 3-2-20(A)所示。

(2) 对第 1 根到第 K_W 根经纱，按 $S_J=+1$ 填绘基础组织，如图 3-2-20(B)所示。

(3) 从第(K_W+1)根经纱开始，以断界为对称轴进行“底片翻转”，如图 3-2-20(C)所示。

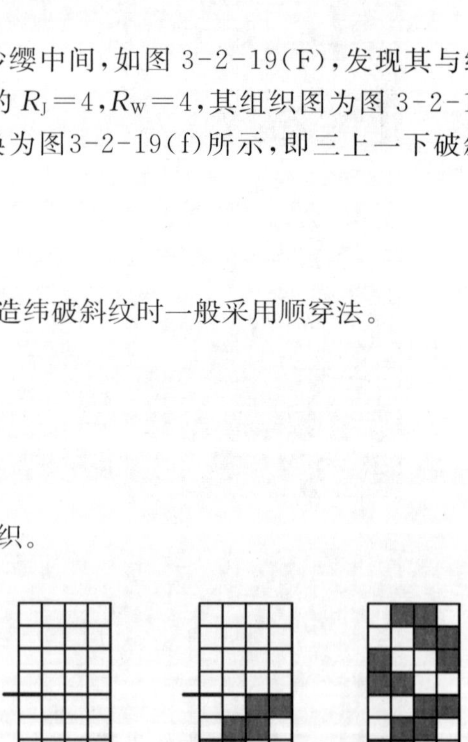

图 3-2-20　纬破斜纹组织图画法

在一个完全组织循环内，可以有多条断界，如图 3-2-21 所示。

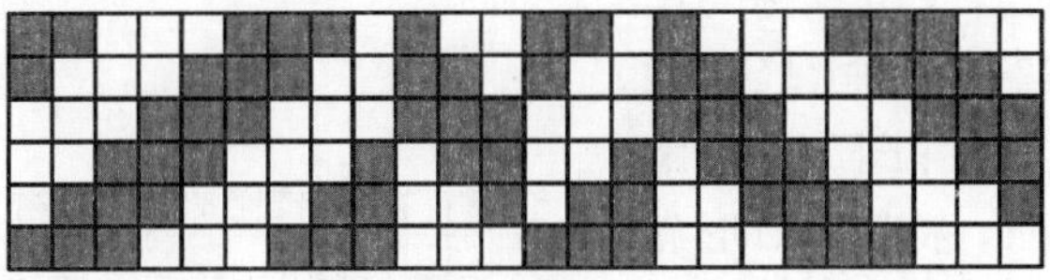

图 3-2-21

能力拓展 2

破斜纹组织的应用

普通破斜纹织物具有较清晰的人字纹效应，在服用织物中应用非常广泛。$\frac{3}{1}$或$\frac{1}{3}$破斜纹组织在棉毛织物中应用较为广泛，常用于制织服用和毯类织物等。

海力蒙是破斜纹组织的典型产品，其人字形方向为经向；采用毛纱，大部分经纬异色；为花呢的一种，表面有类似鱼骨状的人字形花纹，得名于 herringbone，又称人字呢。

六、山形斜纹

本节能力目标　1. 认识山形斜纹组织；　2. 会绘制山形斜纹组织图.

任务

认识图 3-2/06 所示面料(见彩页)。

图 3-2/06

任务分解

1. 认识山形斜纹组织特征

如图 3-2-22 所示，山形斜纹是以斜纹组织作为基础组织，然后变化斜纹线的方向，使斜纹的方向一半向左斜一半向右斜，使斜纹线连续成山峰状，这样的斜纹组织称为山形斜纹组织。图 3-2-22(A)的山峰指向经纱方向，称为经山形斜纹；图 3-2-22(B)的山峰指向纬纱方向，称为纬山形斜纹。与破斜纹不同，经山形斜纹以 K_J 为对称轴左右对称，纬山形斜纹以 K_W 为对称轴上下对称。图 3-2/06 所示为山形斜纹面料，与破斜纹不同，山峰峰顶处的斜纹线连续。

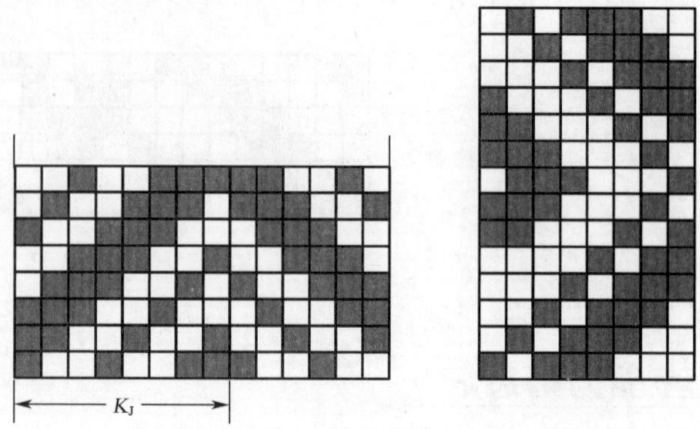

(A)　　(B)

图 3-2-22　山形斜纹组织图

2. 认识山形斜纹组织参数

(1) 基础组织　常采用原组织斜纹、加强斜纹或复合斜纹。

(2) 对称轴　即 K_J。

3. 山形斜纹组织图绘作方法

任务 1　以$\frac{3\ \ 1}{2\ \ 2}$为基础组织，$K_J=8$，绘作经山形斜纹组织。

(1) 计算 R_J 与 R_W，得 $R_J=2K_J-2=14$，R_W＝分子＋分母＝8，由此画出组织图范围，并在对称轴 K_J 处做标记，如图 3-2-23(A)所示。

(2) 对第 1 根到第 K_J 根经纱，按 $S_J=+1$ 填绘基础组织，如图 3-2-23(B)所示。

(3) 从第(K_J+1)根经纱开始，按 $S_J=-1$ 逐根填绘组织点，直至完成一个循环，如图 3-2-23(C)所示。最后一根经纱与纬纱的交织规律应与第 2 根经纱相同。

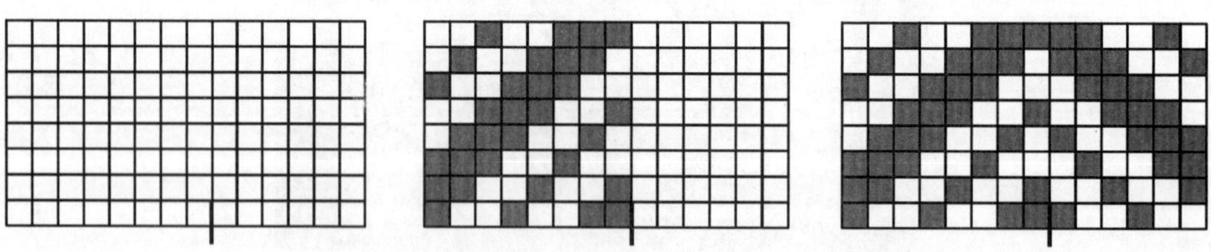

(A)　　(B)　　(C)

图 3-2-23　经山形斜纹组织图画法

任务 2　以$\frac{1\ \ 3}{1\ \ 3}$为基础组织，$K_W=8$，绘作纬山形斜纹组织。

(1) 计算 R_J 与 R_W，得 R_J＝分子＋分母＝8，$R_W=2K_W-2=14$，由此画出组织图范围，并在对称轴 K_W 处做标记，如图 3-2-24(A)所示。

(2) 按基础组织填绘第 1 根纬纱，如图 3-2-24(B)所示。

(3) 对第 1 根到第 K_W 根纬纱，按 $S_W=+1$ 填绘基础组织，如图 3-2-24(C)所示。

(4) 从第(K_W+1)根纬纱开始，按 $S_W=-1$ 逐根填绘组织点，直至完成一个循环，如图

3-2-24(D)所示。最后一根纬纱与经纱的交织规律应与第 2 根纬纱相同。

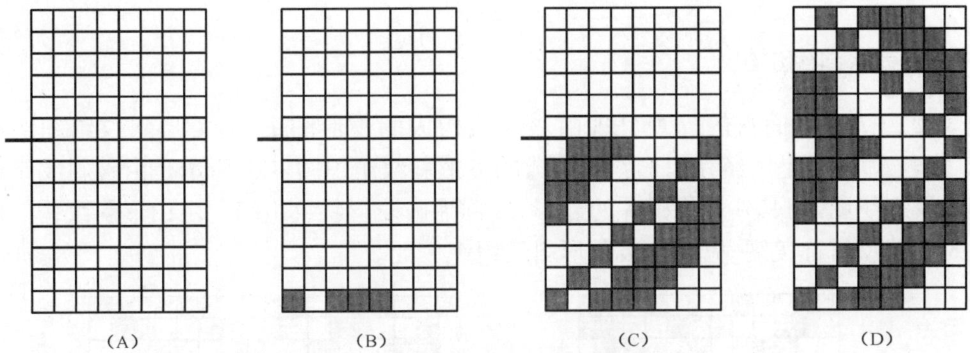

图 3-2-24 纬山形斜纹组织图画法

4. 山形斜纹面料分析与应用

山形斜纹面料的分析方法与破斜纹织物相同。山形斜纹面料也称为人字形面料，其应用日趋减少。

5. 山形斜纹组织上机图

经山形斜纹织物采用照图穿法穿综，纬山形斜纹织物采用顺穿法穿综。

七、菱形斜纹

本节能力目标 1. 认识菱形斜纹组织； 2. 会绘制菱形斜纹组织图.

任务

认识图 3-2/07 所示面料(见彩页)。

图 3-2/07

任务分解

1. 认识菱形斜纹组织

图 3-2 /07 所示面料的外观呈现由斜纹线构成的菱形图案，为菱形斜纹组织织物。图 3-2-25 中，(A)所示是由经纬山形斜纹构成的菱形斜纹组织图，(B)所示是由破斜纹组织构成的菱形斜纹组织图，因其外观像破碎的菱形，故称为破菱形斜纹组织。由山形斜纹构成的菱形斜纹组织的花型对称美观，应用比破菱形斜纹组织广泛。

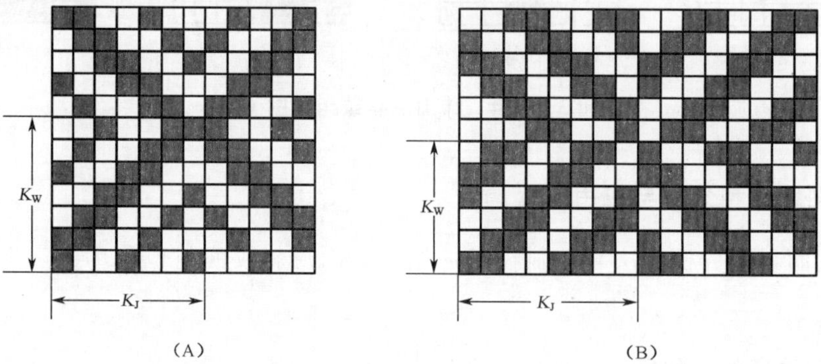

图 3-2-25

2. 认识菱形斜纹组织参数

由山形斜纹构成的菱形斜纹组织有三个组织参数：基础组织、经向对称轴 K_J、纬向对称轴 K_W。破菱形斜纹组织也有三个组织参数：基础组织、经向断界 K_J、纬向断界 K_W。

3. 绘制菱形斜纹组织图

任务1 以$\frac{2\quad 1}{2\quad 2}$斜纹为基础组织，$K_J=K_W=7$，按山形斜纹构成菱形斜纹组织。

(1) 计算 R_J 与 R_W，得 $R_J=2K_J-2=2\times7-2=12$，$R_W=2K_W-2=12$，由此画出组织图范围，并标出 K_J 与 K_W 的位置，如图 3-2-26(A)。

(2) 根据 K_J 与 K_W，画出菱形斜纹的基础部分，如图 3-2-26(B)。

(3) 以 K_J 为对称轴作经山形斜纹，如图 3-2-26(C)。

(4) 以 K_W 为对称轴，根据山形斜纹的对称原理，画出菱形斜纹的另一半，见图 3-2-26(D)。

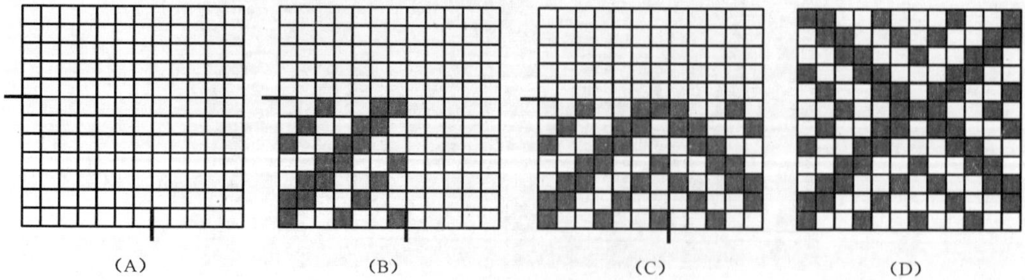

图 3-2-26 菱形斜纹组织图画法

任务2 以$\frac{2}{2}$加强斜纹为基础组织，$K_J = K_W = 6$，按破斜纹构成破菱形斜纹组织。

(1) 计算 R_J 与 R_W，得 $R_J = 2K_J = 12$，$R_W = 2K_W = 12$，由此画出组织图范围，并标出 K_J 与 K_W 的位置，如图 3-2-27(A)。

(2) 根据 K_J 与 K_W，画出破菱形斜纹的基础部分，如图 3-2-27(B)。

(3) 以 K_J 为断界绘作经破斜纹组织，如图 3-2-27(C)。

(4) 以 K_W 为断界，画纬破斜纹组织，从而画出破菱形斜纹的另一半，见图 3-2-27(D)。

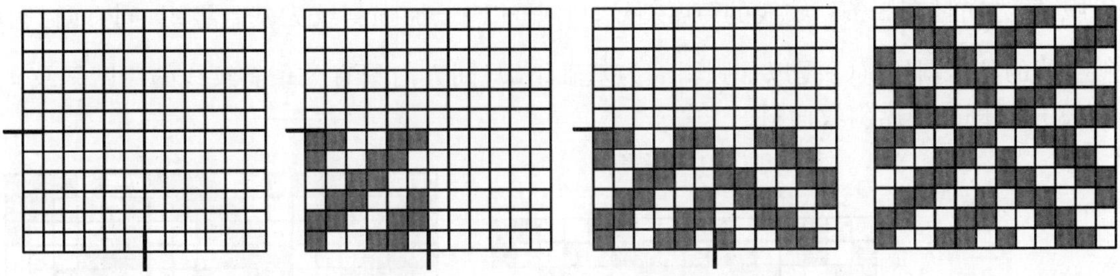

(A) (B) (C) (D)

图 3-2-27 破菱形斜纹组织图画法

4. 认识菱形斜纹组织上机与应用

由山形斜纹构成的菱形斜纹一般采用照图穿法，破菱形斜纹一般采用顺穿法或照图穿法。菱形斜纹组织花型对称，变化繁多，细致美观，适用于各类服装及装饰织物，如棉织物中的女线呢、床单布以及毛织物中的各种花呢等。

八、芦席斜纹

任务

认识图 3-2/08 所示面料的组织，并画出组织图和上机图(见彩页)。

图 3-2/08

任务分解

1. 认识芦席斜纹组织图

图 3-2-28 所示是芦席斜纹组织，也是变化斜纹线的方向，由一部分右斜和一部分左斜组合而成，其外观好像编织的芦席，所以称芦席斜纹。图 3-2-28 中，(A)是以$\frac{2}{2}$加强斜纹为基础组织、同方向具有 2 条斜纹线的芦席斜纹；(B)是以$\frac{2}{2}$加强斜纹为基础组织、同方向具有 3 条斜纹线的芦席斜纹；(C)是以加强斜纹为基础组织、同方向具有 3 条斜纹线的芦席斜纹。图 3-2/08 所示即为芦席斜纹面料。

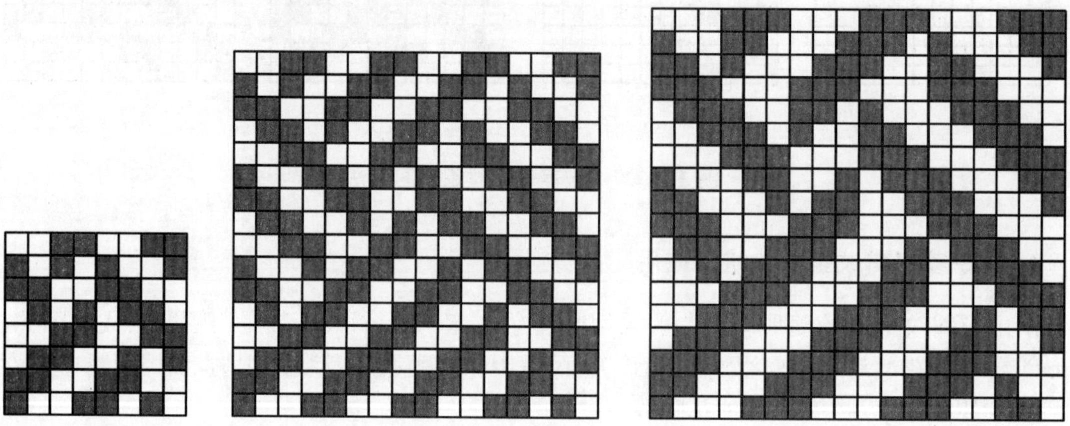

(A)　　(B)　　(C)

图 3-2-28　芦席斜纹组织图

2. 认识芦席斜纹组织参数

芦席斜纹组织有两个参数：基础组织、同方向的斜纹线条数。

3. 绘制芦席斜纹组织图

任务 1　以$\frac{2}{2}$加强斜纹为基础组织，绘作同方向具有 3 条斜纹线的芦席斜纹。

(1) 计算 R_J 与 R_W，得 $R_J = R_W =$(分子＋分母)×同方向的平行斜纹线条数＝4×3＝12，由此画出组织图范围。

(2) 将组织循环沿经向分为相等的两部分，然后从左半部分的左下角开始，按基础组织填绘第 1 条斜纹线，如图 3-2-29(A)。

(3) 在右半部分，将第 1 条斜纹线的顶端向上移动基础组织的连续组织点数(本例中为 2)，并以此作为起点，向下画相反方向的斜纹线，如图 3-2-29(B)。

(4) 填绘其他右斜的斜纹线，其长度与第 1 条斜纹线相同，且对前一条斜纹线按基础组织的组织点规律向右下角移动基础组织根纱线(本例中为 2)，使左右斜纹线不连续即可，如图

3-2-29(C)。

(5) 同理,绘制其他左斜的斜纹线,其组织点位于前一斜纹线向右上角移动基础组织根纱线(本例中为 2),如图 3-2-29(D)所示。

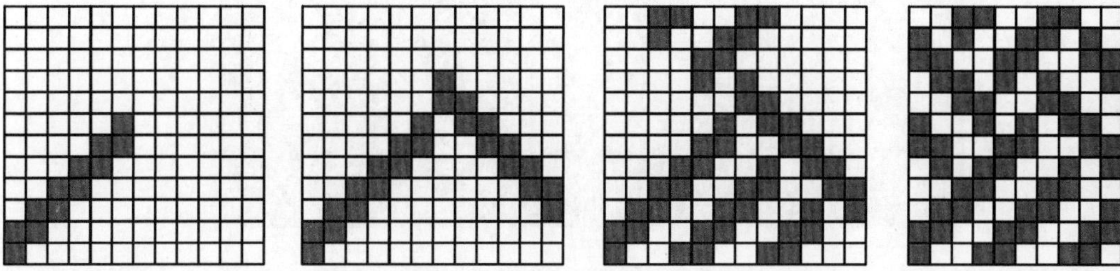

(A) (B) (C) (D)

图 3-2-29 芦席斜纹组织图画法

4. 分析芦席斜纹面料

任务2 分析图 3-2/08 所示芦席斜纹面料的组织(见彩页)。

对于芦席斜纹组织,分析出芦席斜纹的两个参数,即基础组织和同方向的斜纹线条数,即可画出其组织图。

(1) 采用普通斜纹组织织物的分析方法,得其基础组织为$\frac{3}{3}$加强斜纹组织。

(2) 数出一个组织循环中同方向的斜纹线条数,由图中可见为 3 条。

(3) 则此面料采用的是以$\frac{3}{3}$加强斜纹为基础组织、同方向有 3 条斜纹的芦席斜纹组织。

5. 芦席斜纹上机与应用

制织芦席斜纹织物时一般采用照图穿法。芦席斜纹通常应用于花呢、女线呢等服装和床单织物。

能力拓展 1

九、锯齿形斜纹

1. 什么是锯齿形斜纹组织

如图 3-2/09 所示,将山形斜纹组织加以变化,使各山峰的峰顶处在一条斜线上,各山形则连接成锯齿状,所得斜纹组织称为锯齿形斜纹。根据峰顶指向不同,分为经锯齿形斜纹组织和纬锯齿形斜纹组织。

图 3-2/09

2. 锯齿形斜纹组织参数

图 3-2-30 所示为锯齿形斜纹组织图，其组织参数为：

(1) 基础组织　可为原组织斜纹、加强斜纹、复合斜纹。图 3-2-30 所示的基础组织为$\frac{2\ \ 1}{\ \ 1\ \ 2}$。

(2) 斜纹线方向变化前的纱线根数 K_J，图 3-2-30 中，$K_J=9$。

(3) 锯齿飞数 S_{JU}，即每一齿顶高于(或低于)前一齿顶的方格数。

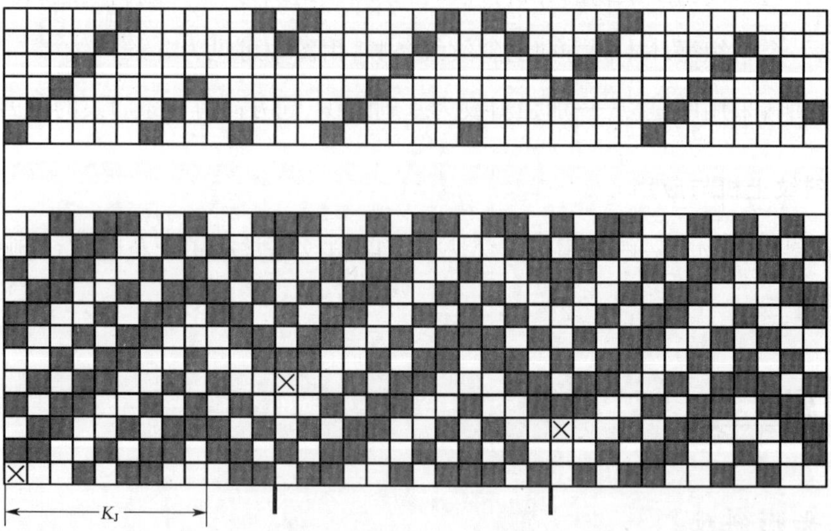

图 3-2-30

3. 锯齿形斜纹组织画图方法

任务1　以$\frac{2\ \ 1}{\ \ 1\ \ 2}$斜纹为基础组织，$K_J=9$，$S_{JU}=4$，绘制经锯齿形斜纹组织图。

(1) 计算 R_J 与 R_W，得一个锯齿内的经纱数$=(2K_J-2)-S_{JU}=(2\times9-2)-4=12$，而

$$锯齿数=\frac{基础组织的组织循环纱线数}{基础组织的组织循环纱线数与锯齿飞数的最大公约数}$$

$$=\frac{6}{6与4的最大公约数}=\frac{6}{2}=3$$

则 R_J=锯齿数×一个锯齿内的经纱根数=3×12=36，R_W=基础组织的组织循环纱线数=6。

(2) 画出组织图范围及每个锯齿的范围，并按照锯齿飞数画出每个锯齿内第 1 根经纱的起始组织点。

(3) 在第一个锯齿范围内，按基础组织填绘斜纹线至第 K_J 根，从第(K_J+1)根经纱以后，按与基础组织相反的方向填绘斜纹线，直至一个锯齿画完。

(4) 按照与(2)相类似的方法，绘作其他锯齿。图 3-2-31 所示为一个完整的锯齿形斜纹组织图和穿综图。

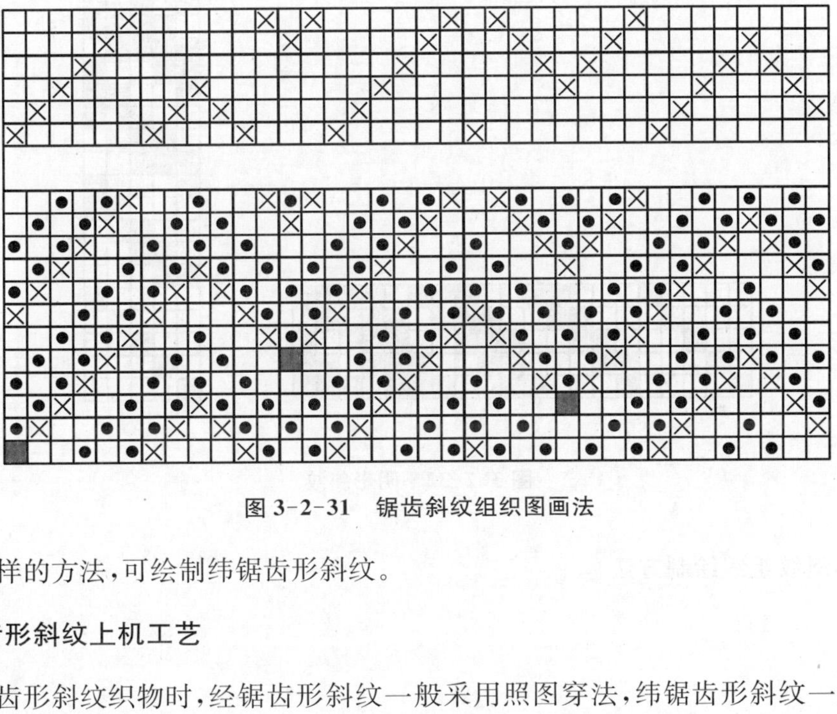

图 3-2-31　锯齿斜纹组织图画法

采用同样的方法，可绘制纬锯齿形斜纹。

4. 锯齿形斜纹上机工艺

制织锯齿形斜纹织物时，经锯齿形斜纹一般采用照图穿法，纬锯齿形斜纹一般采用顺穿法。锯齿形斜纹通常应用于服装用织物、床单及装饰织物等。

能力拓展 2

十、阴影斜纹

1. 认识阴影斜纹组织

阴影斜纹组织是一种由纬面斜纹过渡到经面斜纹或由经面斜纹过渡到纬面斜纹的斜纹组织。这种组织的织物表面呈现由明到暗或由暗到明的外观效应，故称阴影斜纹。在提花织物中，常用阴影斜纹来表现影光层次效果。阴影斜纹也有经向与纬向的区别，图 3-2-32(A)为经向阴影斜纹，图 3-2-32(B)为纬向阴影斜纹。

(A)

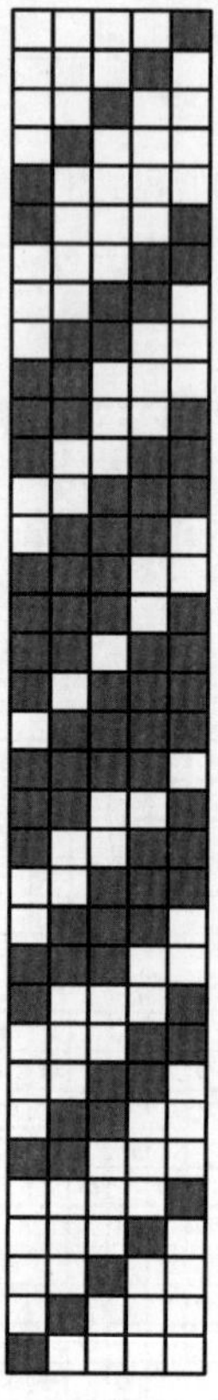

(B)

图 3-2-32　阴影斜纹

2. 阴影斜纹组织绘制方法

任务

以$\frac{1}{4}\nearrow$为基础组织，绘制经向阴影斜纹。

(1) 在意匠纸上绘出基础组织，如图 3-2-33(A)所示。

(2) 在每个过渡循环中画基础组织，然后在每个循环内依次沿经向增加一个经组织点，如在第二个过渡循环中，在原有的组织点旁边增加一个组织点，如图 3-2-33(B)；在第三个过渡循环中，在原有的组织点旁边连续增加两个组织点，直到绘完一个组织循环，如图 3-2-33(C)所示。

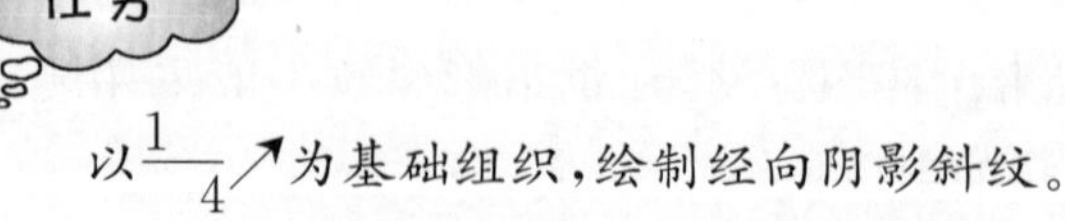

(A)

(B)

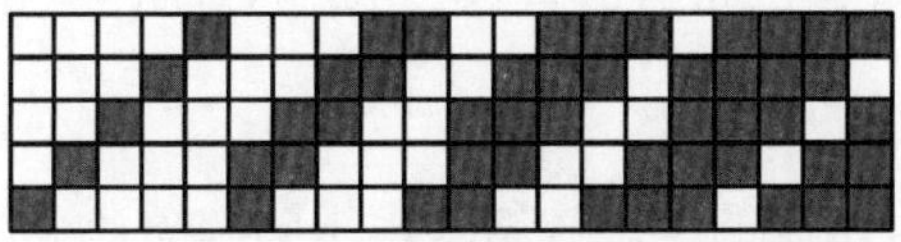

(C)

图 3-2-33　阴影斜纹组织图画法

3. 阴影斜纹上机与应用

阴影斜纹组织上机时一般采用顺穿法。阴影斜纹一般用于大提花织物的阴影部分。

能力拓展 3

十一、螺旋斜纹

1. 认识螺旋斜纹组织

如图 3-2-34 所示，螺旋斜纹又叫捻斜纹，是以起点不同的两个相同的斜纹组织或完全纱线数相同的不同的斜纹组织为基础，经纱(或纬纱)以 1∶1 相间排列，织物表面形成两条清晰的、互相独立又互相平行的斜纹线，从而在织物表面呈现螺旋状外观，因而被称为螺旋斜纹组织。如果配以不同颜色的纱线，效果更加明显。可以分为经螺旋斜纹和纬螺旋斜纹，由经纱相间配置而成的是经螺旋斜纹，由纬纱相间配置而成的是纬螺旋斜纹。

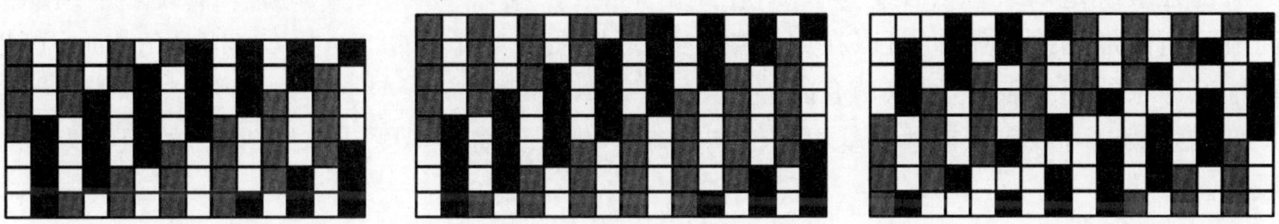

(A)　　(B)　　(C)

图 3-2-34　螺旋斜纹

2. 认识螺旋斜纹组织参数

基础组织 A_1 和 A_2，每个基础组织的完全纱线数必须大于或等于 5。

两个基础组织中，各自相邻的经(纬)纱上的经(纬)组织点大部分相反，这样配置成的组织，其奇数和偶数经纱(或纬纱)所组成的斜纹线才可以互相分离，使织物外观呈现螺旋纹路。

3. 绘制经螺旋斜纹组织

任务 1　绘制完全纱线数 $R=7$ 的经螺旋斜纹组织。

(1) 将 R 分成两个数，当 R 为奇数时，两数相差 1，如 $R=7$，则可以分成 4 和 3，得到两个相同的基础组织$\frac{4}{3}\nearrow$。

(2) 选择不同的起始点，绘制的经螺旋斜纹组织图如图 3-2-34(A)所示。

任务 2 绘制完全纱线数 $R=8$ 的经螺旋斜纹组织。

将 R 分成两个数，8 为偶数，可以分成 4 和 4 或 5 和 3 两组数，得到基础组织$\frac{4}{4}\nearrow$、$\frac{5}{3}$、$\frac{1\quad 3}{3\quad 1}$，绘制的经螺旋斜纹分别如图 3-2-34(B)和 3-2-34(C)所示。

将经螺旋斜斜纹转过 90°即可得到纬螺旋斜纹，其作图方法与经螺旋斜纹相似。

子项目三 缎纹变化组织

能力拓展

在原组织缎纹的基础上，运用增加经(或纬)组织点、变化组织点飞数或延长组织点等方法，可以获得各种缎纹变化组织。

一、加强缎纹

加强缎纹是以原组织缎纹为基础，在其单个的经(或纬)组织点旁添加单个或多个组织点而成。所添加的组织点，既可以在原来单个组织点的上下或左右，也可以在其对角方向，可以紧挨着原来的组织点，也可以稍有间隔。

加强缎纹可以在保持缎纹基本特性的基础上增加织物的牢度，同时获得新的织物外观与风格。

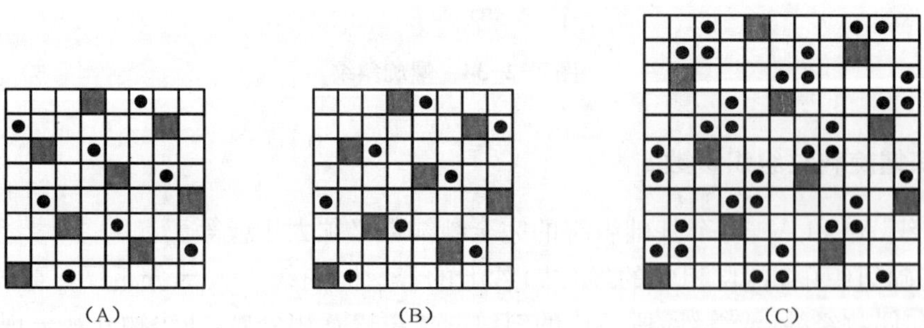

(A) (B) (C)

图 3-3-1 加强缎纹

图 3-3-1(A)(B)所示均为 8 枚 5 飞纬面加强缎纹，其中(A)在原来单个组织点“■”的左上方添加 1 个组织点，(B)在原来单个组织点“■”的右侧添加 1 个组织点；(C)则在原来单个

组织点"■"的右上方添加 3 个组织点。这种形式的加强缎纹，一般用于刮绒织物，因增加经组织点后再经刮绒，可防止纬纱移动，同时能增加织物的牢度。

加强缎纹常用于毛织物，以获得新的组织与外观风格。图 3-3-1(C)所示为 11 枚 7 飞纬面加强缎纹。毛织物采用这种组织，并配以较大的经纱密度，就可以获得正面外观如斜纹(华达呢)而反面呈现经面缎纹的外观效应，故称缎背华达呢，这是一种紧密厚重的精纺毛织物，手感丰厚，外观挺括，弹性好。

二、变则缎纹

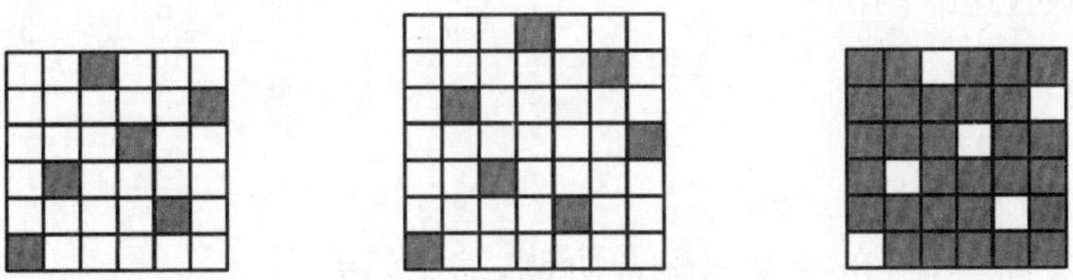

(A)　　(B)　　(C)

图 3-3-2　变则缎纹

原组织缎纹的飞数是一个常数，故也称作正则缎纹。如果在一个组织循环内飞数值发生变化，则构成的缎纹称为变则缎纹。

变则缎纹在各类织物中均有应用。如 4 枚变则缎纹除用于棉织物坚固呢和粗纺毛织物外，还可以用作构成绉组织的基础组织；6 枚变则缎纹的组织大小适中，单个组织点分布均匀，便于遮蔽，可使织物的交织更紧密丰厚，常用于顺毛大衣呢及立绒大衣呢等织物。

三、重缎纹

沿缎纹组织的纬(或经)向延长组织循环根数，也就是延长组织点的经向(或纬向)浮长，所得组织称为重缎纹。图 3-3-3 所示由扩大$\frac{5}{2}$经面缎纹的纬向循环根数而成，称为$\frac{5}{2}$经面重缎纹，在手帕织物中应用较广泛。

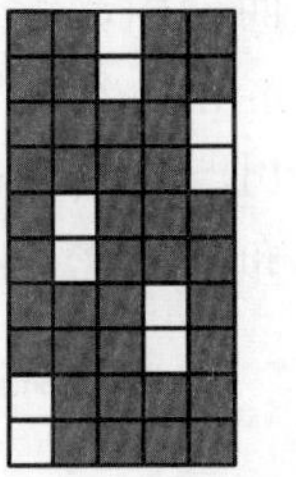

图 3-3-3　重缎纹

子项目四　设计织物常用布边组织

织物布边的好坏，对织物的服用性能虽无多大的影响，但对消费者而言是质量高低的一项因素，同样会影响产品的销售。布边设计的合理与否，对织物和染整加工效率有很大的影响。

由于纬纱的屈曲和收缩作用，使布边的经纱密度大于布身，其结构相也高于布身，因而促使纬纱在边部的可密性下降。边纱向布身方向的移动，必然使得边纱较多地受到筘齿的摩擦，从而增加边纱的伸长率和断头率，使产品质量和织造效率下降。因此，生产中常常采用改变布边组织及其结构相或采用加大纱线刚度等方法来提高生产效率，改善布边质量。对于有异面效应的斜纹或者缎纹组织，为了防止染整加工过程中发生卷边现象，常常采用不同于布身的边组织。因此，布边设计是织物结构设计的一项重要内容。

一、布边的作用和要求

1. 布边的作用

(1) 增加织物边部的强度,防止织物在织造过程沿幅宽方向过分收缩,既可以使布面平整,又可增加边部经纱抵抗筘齿摩擦的能力,减少边纱断头。

(2) 在染整过程中保持布幅,防止撕裂与卷边。

(3) 布边有一定的美化修饰作用,布边平整是织物外观质量的重要内容。毛织物还需在布边织出字样,以显示其高档性。

2. 布边的要求

(1) 布边需坚牢,外观平直、整齐。

(2) 布边组织要简单,与布身组织配合协调,缩率一致。

(3) 在起到布边作用的前提下,尽量减少边纱根数,如有可能,可不用单独的布边。

3. 布边的宽度和密度

在保证布边作用的前提下,织物的布边宽度应尽量窄些,一般为织物布幅的 0.5%~1.5%。棉织物通常每边为 1~1.5 cm;毛织物,无字布边每边宽 0.8~1.2 cm,织字边宽为 1.4~1.7 cm;丝织物一般每边宽 1~1.5 cm。

由于布幅的收缩作用,也为了提高布边的强力,布边的经密往往高于布身,但如果过大,反而会引起紧边和卷边,故在可能的情况下,布边和布身的经密应尽量保持一致,或略高于布身经密。经向紧度适中的棉织物,边部经密为布身的 2 倍;高经密的府绸与斜纹卡其,布边经密可与布身相同。对于毛织物,考虑到缩绒整理,布边的经密比布身高 20%~50%。丝织物的布边经密比布身高 20%~50%。

三、布边组织

为有效地防止由于边经纱与地经纱织缩不一致而产生紧边和松边现象,必须保证边组织与布身组织相适应,即两者的平均经浮长相同或相近;为了防止卷边,应采用同面组织;布边组织应力求简单,尽可能利用布身的综框。常用的布边组织有:

(1) 平纹组织　平纹布边的组织简单,交织点多,坚牢度好,适用于经密小的平纹织物及平纹小提花织物。如平布、府绸织物不另设布边,即边组织与布身组织相同。

(2) 纬重平组织　纬重平组织的性质与平纹布边相同,适用范围也一样。生产时,一般将两根经纱穿入同一综丝眼,作为一根经纱使用。从提高布边强度和生产角度出发,大多采用重平布边以取代平纹布边。

(3) 经重平组织　织制纬密比较大的织物时,采用$\frac{2}{2}$经重平组织,可以减少交织次数,防止布边过紧,缩率过大,从而获得很平整的布边。三纬毛巾织物的布边常用$\frac{2}{1}$经重平组织。

(4) 方平组织　方平组织是使用最广泛的一种布边组织,$\frac{2}{2}$经重平布边组织基本上可以用$\frac{2}{2}$方平组织取代，它的作用与使用方法基本类似于以纬重平替换平纹。如果用于无梭织机生产，由于有绞边经的作用，左右边组织可以相同，2 页综框即可；但有梭织机生产时，要将左右边组织错开一纬，并注意投纬方向，以防止“不锁边”，边部需采用 4 页综框。如图 3-4-1 所示，第 1 梭的投纬方向为自右向左。$\frac{2}{2}$方平组织可以用作 4 枚组织、5 枚和 5 枚缎纹等织物的布边。

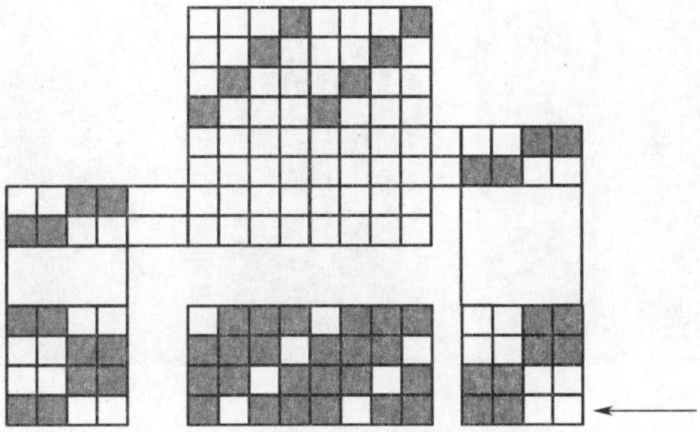

图 3-4-1　方平组织布边

(5) 变化重平组织　对于纬密较大的织物，若采用方平布边，断边经较多或布边过紧时，可用变化重平组织。如 5 枚缎纹组织，为节省用综，可用$\frac{4}{1}$变化经重平形成布边。

(6) 斜纹组织　斜纹布、哔叽、啥味呢等密度较小的织物，可用本身组织作布边，如图 3-4-2所示，但也需注意锁边问题，第 1 梭的投纬方向为自左向右。当此类织物密度较大时，需采用反斜纹布边，如图 3-4-3(A)所示。实际上，最有效的还是方平组织，如图 3-4-3(B)所示，注意有梭织机的投纬方向为自右向左。

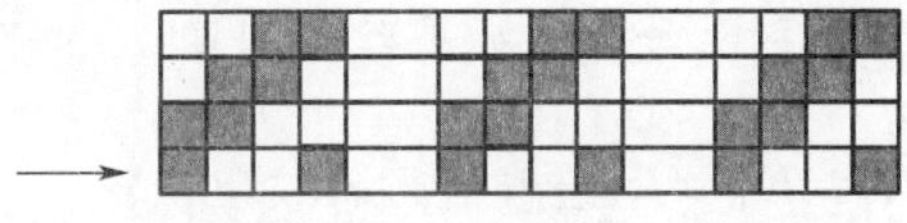

图 3-4-2　自身布边

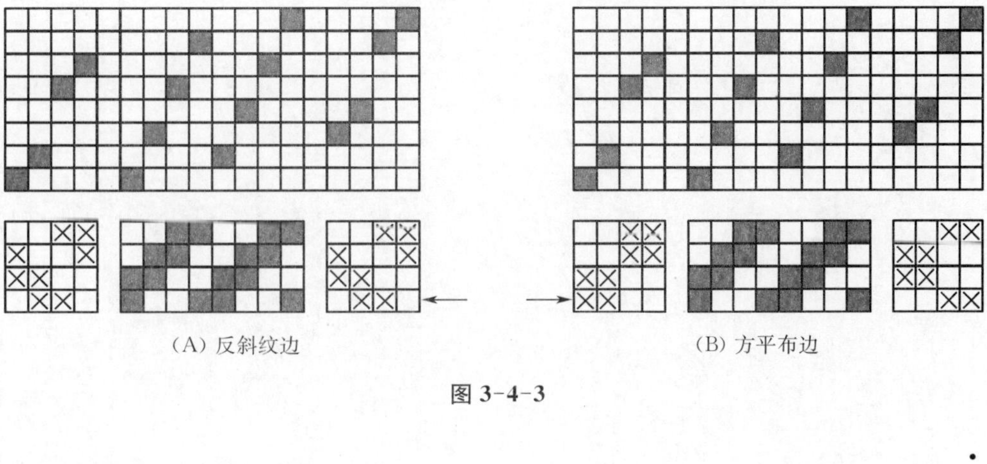

(A) 反斜纹边　　(B) 方平布边

图 3-4-3

习题:

1. 试绘作$\frac{3}{3}$经重平组织和纬重平组织图。

2. 画出下图所示面料的组织(见彩页)。

(a)

(b)

3. 试绘作下列复合斜纹组织图。

(1) $\frac{3\quad 1}{2\quad 2}\nwarrow$　　(2) $\frac{1\quad 1\quad 1}{1\quad 2\quad 1}\nearrow$

4. 试绘作下列急斜纹组织图。

(1) $\frac{1\quad 1\quad 1\quad 5}{2\quad 2\quad 1\quad 1}\nearrow, S_J=2$　　(2) $\frac{6\quad 1\quad 1\quad 1}{1\quad 2\quad 1\quad 1}\nearrow, S_J=2$

5. 以$\frac{2\quad 1}{2\quad 1}$为基础组织,$K_J=9$,绘作经山形斜纹组织图。

6. 以$\frac{2\quad 2}{1\quad 3}$为基础组织,$K_J=10$,绘作经山形斜纹上机图。

7. 以$\frac{3\quad 2}{2\quad 1}$为基础组织,$K_J=6$,绘作经破斜纹组织图。

8. 基础组织为$\frac{2\quad 1}{1\quad 2}$,$K_J=K_W=6$,绘作菱形斜纹组织图。

项目四

联合组织及其织物

联合组织是将两种或两种以上的组织(原组织或变化组织)联合而成的新组织。构成联合组织的方法是多种多样的,可能是两种组织的简单并合,也可能是两种组织纱线的交互排列,或者在某一组织上按另一组织的规律增加或减少组织点等等。采用不同的联合方法,可获得多种联合组织。其中应用较广且具有特定外观效应的有:条格组织、绉组织、蜂巢组织、凸条组织、网目组织、平纹地小提花组织和配色模纹组织。

子项目一 分析与设计条格组织

本项目能力目标

1. 掌握条组织和方格组织的组织配置特点;
2. 会配置条组织和方格组织;
3. 会分析条组织和方格组织面料并画出组织图;
4. 会画条组织和方格组织上机图;
5. 会设计条格组织面料.

条格组织是用两种或两种以上的组织并列配置而获得的,织物表面呈现清晰的条或格的外观。条格组织广泛地应用于各种织物,如服装、被单、手帕、头巾等。其中纵条格组织的应用为最广泛。

任务

认识图 4-1/01 所示面料的组织,并画出组织图。

图 4-1/01

任务分解

一、纵条纹组织

1. 认识纵条纹组织

如图 4-1-1，纵条纹组织是由两种或两种以上的组织左右并列配置从而使织物表面呈现纵向或横向条纹效应的组织。

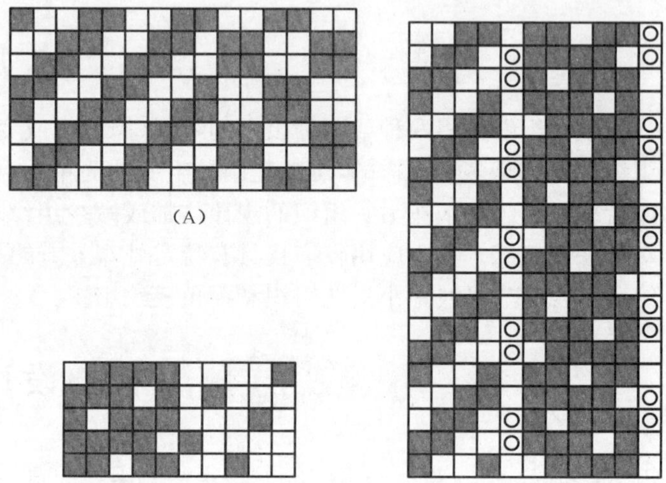

(A) (B) (C)

图 4-1-1 纵条纹组织

2. 认识纵条纹组织配置原则

(1) 由两种或两种以上的组织纵向排列而成。

(2) 分界处相邻两根经纱的组织点呈“底片翻转”关系，以使界限分明。图 4-1-1(A)、(B)所示组织的分界处，最后一根经纱和第 1 根经纱的经纬组织点都相反。这就要求在确定每一个纵条纹的经纱数时，必须注意交界处相邻两根经纱交织点的配置关系。对于图 4-1-1(A)所示，右边的纵条纹为$\frac{2}{2}$方平组织，用 6 根经纱，左边的纵条纹采用$\frac{2}{2}\nearrow$，其经纱采用 8 根就不能满足要求，只能采用 9 根或 5 根。

(3) 图 4-1-1(C)所示组织的条纹交界处相邻两根经纱的经纬浮点不呈“底片翻转”关系，可在条纹交界处镶嵌一根另一组织或另一颜色的纱线，但要注意尽量不使上机工艺复杂化，即不增加综页数。

3. 绘制纵条纹组织图

任务1 某缎条府绸，缎组织为$\frac{5}{3}$经面缎纹，一个纵条纹循环中，缎纹组织经纱数为 15 根，平纹组织经纱数为 10 根，试绘作此缎条府绸组织图。

(1) 计算纵条纹组织循环，R_J 为各纵条纹经纱数之和，即 $R_J = 15 + 10 = 25$，其中包括 3 个缎纹循环、5 个平纹循环；R_W 则是各纵条纹的基础组织的组织循环纬纱数的最小公倍数，即 $R_W = 5$ 与 2 的最小公倍数 $= 10$。

(2) 根据纵条纹组织配置原则，绘制组织图如图 4-1-2 所示。

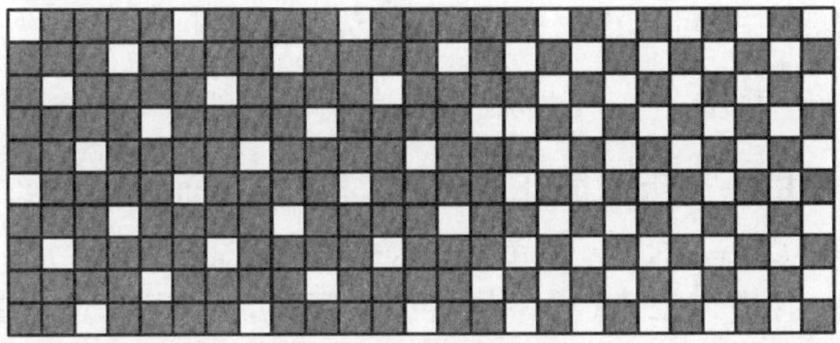

图 4-1-2　缎条府绸

4. 分析纵条纹组织面料

任务2　分析图 4-1-3(A)所示面料的组织，画出组织图。

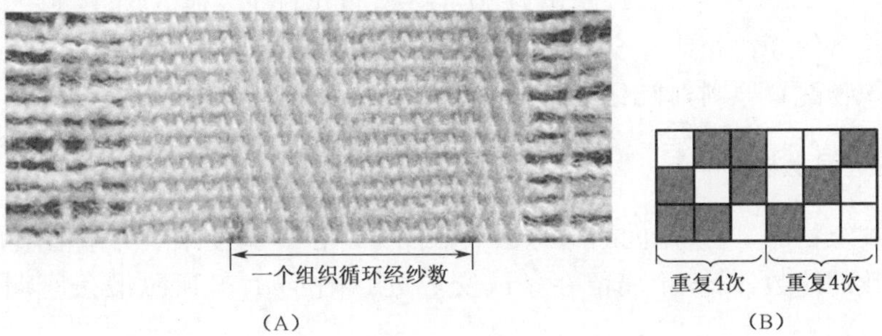

图 4-1-3

(1) 首先分析织物的经纬向和正反面，一般以纵条纹方向为经向。

(2) 分析各纵条纹组织，图 4-1-3 所示面料包含两种组织，即$\frac{2}{1}\nwarrow$和$\frac{1}{2}\nearrow$。

(3) 找出纵条纹组织的一个组织循环。如图 4-1-3 所示，此面料的条纹宽度小、密度低，可以直接数出各条纹的纱线根数，得$\frac{2}{1}\nwarrow$和$\frac{1}{2}\nearrow$分别为 12 根，则 $R_J = 24$，$R_W =$ 各纵条纹组织完全纬纱数的最小公倍数 $= 3$。

根据条纹织物配置原则，画出此面料的组织图如图 4-1-3(B)所示。

任务3　分析图 4-1-4(A)所示面料的组织，画出组织图。

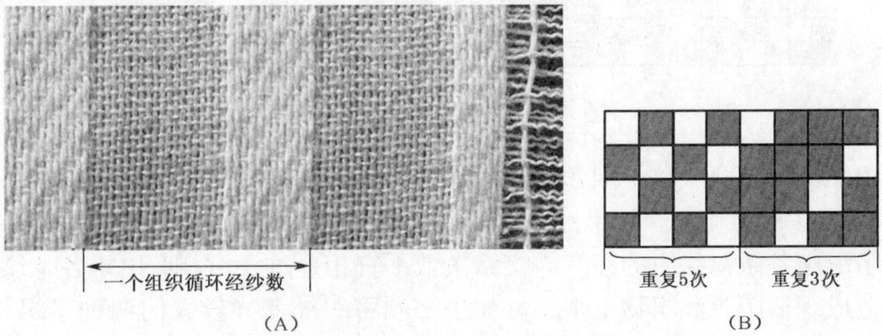

图 4-1-4

(1) 首先分析织物的经纬向和正反面，纵条纹方向为经向。

(2) 分析各纵条纹组织，图 4-1-4 所示面料有两种组织，即平纹和$\frac{3}{1}\nearrow$。

(3) 找出纵条纹组织的一个组织循环，计算 R_J 和 R_W。此面料的条纹宽度大，可采用计算方法确定 R_J 和 R_W。确定条纹经纱数时，首先将各纵条纹的经纱密度与其条纹宽度相乘，初步得出各纵条纹的经纱数，然后进行修正(尽量将各纵条纹的经纱数修正为其基础组织的组织循环经纱数的整数倍)，最后确定各纵条纹的经纱数，同时应考虑条纹的界限分明问题。为使条纹界线清晰，各纵条纹的经纱数应为每筘齿穿入数的整倍数。此例中：

$R_J=$ 平纹组织的经纱数 + 斜纹组织的经纱数

$=$ 平纹经密 $P_{J1}\times$ 平纹条纹宽度 + 斜纹经密 $P_{J2}\times$ 斜纹条纹宽度

已知此面料 $P_J=12$ 根/cm，平纹条纹宽度为 1.6 cm，斜纹条纹宽度为 1.1 cm，则平纹部分的纱线根数 $R_1=12\times1.6=19.2$(修正为 20)，斜纹部分的纱线根数 $R_2=12\times1.1=13.2$(修正为 12)；$R_W=$ 各纵条纹组织完全纬纱数的最小公倍数 $=4$。

根据条纹织物配置原则，画出此面料组织图，见图 4-1-4(B)。

5. 纵条纹组织上机

制织纵条纹织物时，可采用间断穿综法或照图穿综法。为使条纹界限清晰，每筘齿穿入数为各条纹经纱数的约数，以使筘痕留在条纹交界处。图 4-1-2 所示缎条府绸的上机图如图 4-1-5 所示。

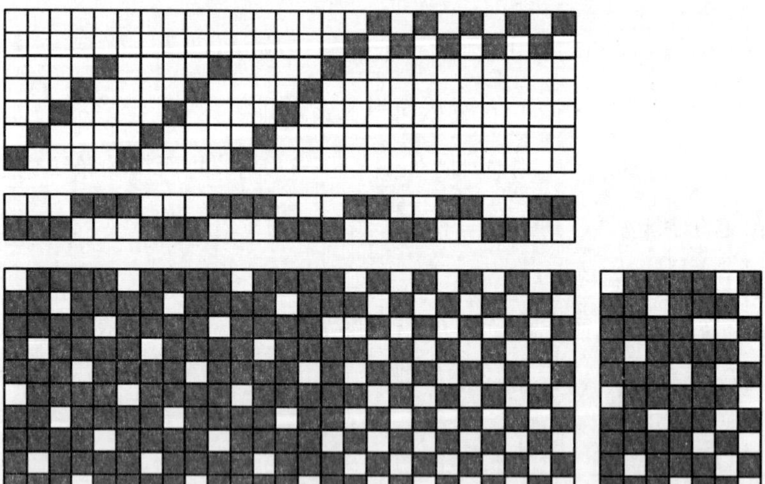

图 4-1-5　纵条纹组织上机图

由于地组织的每筘穿入数不同，缎条组织的每筘穿入数为 3 根，平纹部分的每筘穿入数为 2 根，这种穿筘方法称为花筘。如果地组织的每筘穿入数相同，则称为平筘。

纵条纹组织中各条纹组织的经纬纱交错次数不宜相差过大，否则，由于各条纹的缩率差异过大而容易造成织造困难和织物不平整。如果必须将织缩差异较大的两种组织并列配置时，其设计和工艺应采取补救措施。对于图 4-1-4 所示的缎条府绸，可以增加缎条部分的经密或采用双织轴织造，也可以在准备工序中控制不同条纹的纱线张力，对交错次数较少的那部分经纱施加较大的张力，使其产生一定的预伸长。

6. 纵条纹组织应用

纵条纹组织可以形成美观、大方的纵条花纹，在棉、毛、麻、丝织物中均有广泛应用，如棉织物中的缎条府绸、变化麻纱，毛织物中的各种花呢和女式呢以及丝织物中的缎条青年纺、涤爽绸等。

二、横条纹组织

横条纹组织由两种和两种以上的组织上下配置而成，较少单独应用，其绘作原则和方法与纵条纹相似，顺穿。

三、方格组织

任务4 认识图 4-1/02 所示面料的组织，并画出组织图。

图 4-1/02

任务分解

方格组织有两种，即“田”字形方格组织和格子组织。

1. 方格组织

（1）认识方格组织　图 4-1-6 所示都是“田”字形方格组织，利用经面组织和纬面组织两种组织，沿经向和纬向配置而成，织物表面呈现方格效应。图 4-1/02 所示即为“田”字形方格组织织物。

（2）认识方格组织配置原则

① 由经面组织和纬面组织两种组织构成。

② 一个完全组织可划分成田字形四个部分。

③ 对角位置的两个部分配置相同的组织，且起始点一样，使图案连续。

④ 分界处的经纬组织点相反，以使界限分明。

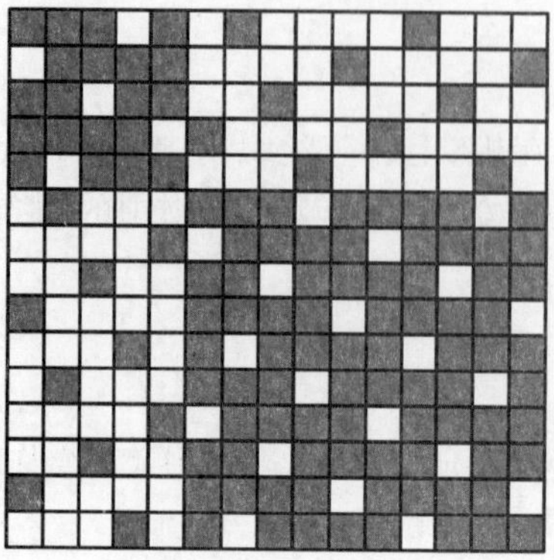

(A)

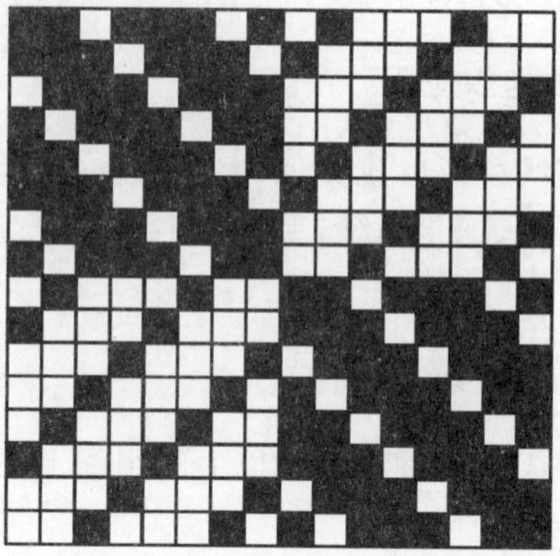

(B)

图 4-1-6 方格组织

(3) 配置方格组织需注意的事项

① 四个部分的共同交界处不能出现平纹,因平纹组织的交织点紧密,会使整个组织循环的中央区域呈现“低洼”现象,如图 4-1-7(A)所示的交界处。

② 处于对角位置的两个部分,不仅组织相同,起点位置也相同,这样可使其组织点连续,花纹整齐美观,如图 4-1-7(B)所示。

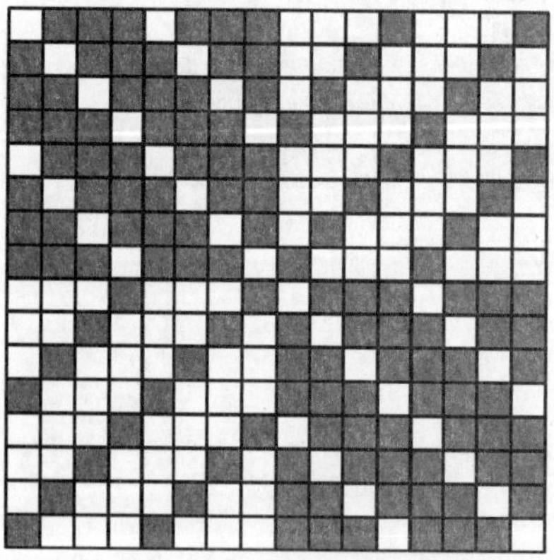

(A) 配置不良方格组织

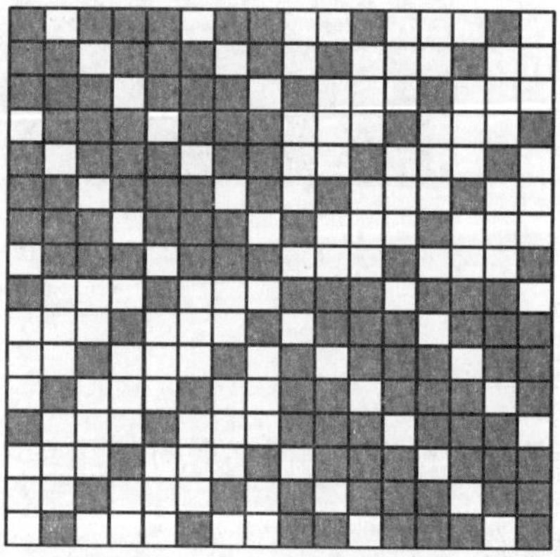

(B) 配置优良方格组织

图 4-1-7

(4) 缎纹方格组织配置方法

任务4 以$\frac{5}{2}$纬面缎纹和$\frac{5}{2}$经面缎纹为基础组织,配置方格组织,假设一个完全组织含10根经纱和10根纬纱。

① 画出一个完全组织的组织图范围,并分成“田”字形四部分。

② 画出$\frac{5}{2}$纬面缎纹组织,如图 4-1-8(A)所示。

③ 选择基础组织的起始点位置,有两种方法:

A. 观察相邻两根经纱,取其单独组织点与上下边缘的距离相等的一组,分别作为第 1 根和最末一根经纱。图 4-1-8(A)中,第 2 根经纱距上边缘和第 3 根经纱距下边缘的距离相等,则确定基础组织的第 3 根经纱作为方格组织的第 1 根经纱,第 2 根经纱作为方格组织的最末一根经纱,将其填充到“田”字形的左下角部分,如图 4-1-8(B)所示。

B. 观察相邻两根纬纱,取其单独组织点与左右边缘的距离相等的一组,分别作为第 1 根和最末一根纬纱。图 4-1-8(A)中,第 4 根纬纱距左边缘和第 5 根纬纱距右边缘的距离相等,则确定基础组织的第 5 根纬纱作为方格组织的第 1 根纬纱,第 4 根纬纱作为方格组织的最末一根纬纱,将其填充到“田”字形的左下角部分,如图 4-1-8(B)所示。

④ 根据分界处经纬组织点相反的原则,填充“田”字形的右下角部分,见图 4-1-8(C)。

⑤ 根据对角位置的组织相同的原则,填充“田”字形的上半部分,见图 4-1-8(D)。

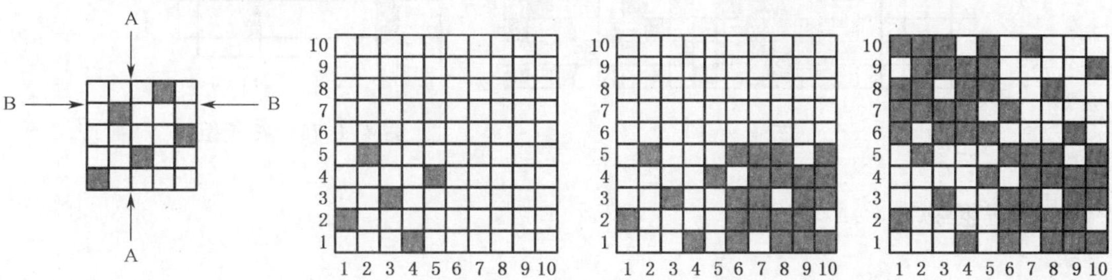

(A) (B) (C) (D)

图 4-1-8 方格组织绘图

一般纬面缎纹组织与其反面即经面缎纹组织配置的方格组织最为优良。图 4-1-9(A)(B)所示分别为以$\frac{8}{3}$纬面缎纹和$\frac{8}{5}$纬面缎纹为基础组织绘作的方格组织。

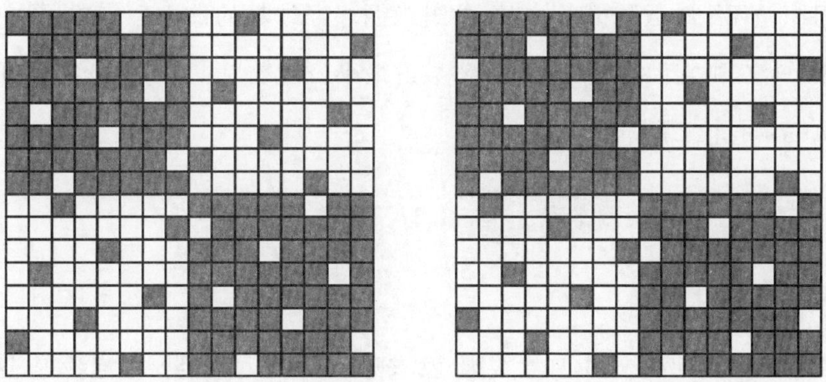

(A) (B)

图 4-1-9 方格组织

任务 5 画出图 4-1/02 所示的普通方格组织图。

图 4-1/02 所示组织是采用$\frac{5}{5}$方平组织和平纹组织作为基础组织而配置的普通方格组织,根据方格组织配置原则,其组织图如图 4-1-10 所示。

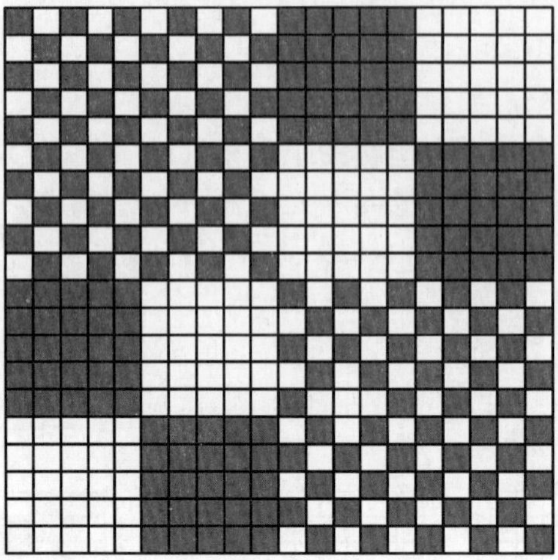

图 4-1-10

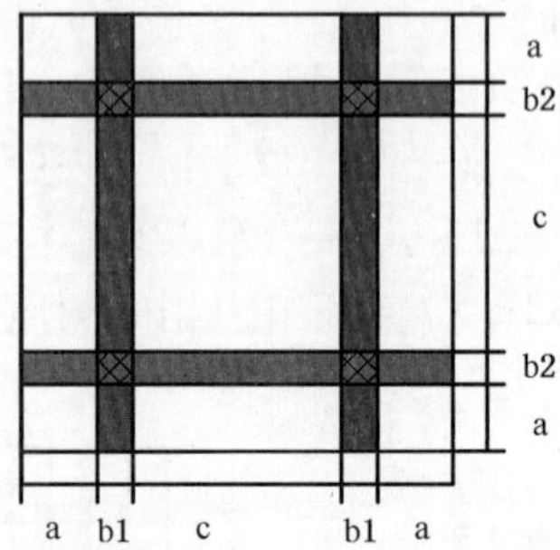

图 4-1-11　格子组织

2. 格子组织

纵、横条纹联合可以构成另一类格子组织，如图 4-1-11，其中纵条纹 b1 为$\frac{3}{1}$破斜纹，横条纹 b2 为$\frac{1}{3}$破斜纹，a，c 表示地组织平纹。

这类组织的作图原则及方法与纵条组织相似。织造时，由于形成纵向的条纹 b1 是单一组织，所需综页根据 b1 的组织决定，图中为$\frac{3}{1}$破斜纹，故采用 4 页综。a 和 c 所需的综页数，等于地组织的组织循环经纱数与横条纹 b2 的组织循环经纱数的最小公倍数，图中地组织为平纹，b2 为$\frac{1}{3}$破斜纹，则它们的组织循环经纱数的最小公倍数为 4，即 a 和 c 需采用 4 页综。因此共需用 8 页综，间断法穿综。

子项目二　认识绉组织

本项目能力目标　认识绉组织织物.

我们经常看到一些起绉织物，如女线呢、女衣呢、绉纹呢、乔其纱、泡泡纱等，这些织物的外观不平整，有起绉的效应。为了使织物起皱，采用的方法是多种多样的，如采用化学方法对织物进行后处理、织造时配置不同的经纱张力、以不同捻向的强捻纱间隔排列或通过织物组织的不同配置等。本节介绍通过织物组织使织物表面获得起绉的方法。

任务

认识图 4-2 所示面料的组织，了解组织构作方法。

图 4-2

任务分解

一、认识绉组织面料的特征

利用不同长度的经纬浮点，并在纵横方向错综排列，使织物表面具有分散的、规律不明显的、微微凹凸的细小颗粒外观而呈现绉效应，这类组织称为绉组织。图 4-2 所示即为绉组织织物。

能力拓展

二、绉组织配置要点

(1) 不同长度的经纬浮点沿各个方向均匀配置，切忌使织物表面呈现明显的纵向、横向、斜向纹路或其他规律性。

(2) 在一个组织循环内，各根经纱与纬纱的交织次数应尽量接近，相差不要过大，使每根经纱的缩率趋于一致。

(3) 经纬浮长不宜过长(在织物表面一般不超过 2 mm，有特殊要求的除外)，因为太长的浮线会破坏织物表面均匀细微的颗粒状外观，同时要考虑不应使一大群相同的组织点(经或纬)集聚在一起，以免影响起绉效果与光泽。

三、绉组织构作方法

1. 重合法

将两种或两种以上的组织按一定规律重叠而构成绉组织。若被重合的组织的经纬纱循环数相等，则所获得的绉组织的经纬纱循环数等于基础组织的经纬纱循环数；若不等，则绉组织的经纬纱循环数等于基础组织的经纬纱循环数的最小公倍数。

图 4-2-1 中，(A)所示是以平纹为基础，按$\frac{1}{3}$破斜纹的规律添加经组织点而构成的绉组织；(B)所示则以$\frac{8}{3}$纬面加强缎纹为基础，按$\frac{1}{3}$破斜纹的规律增加经组织点而成。

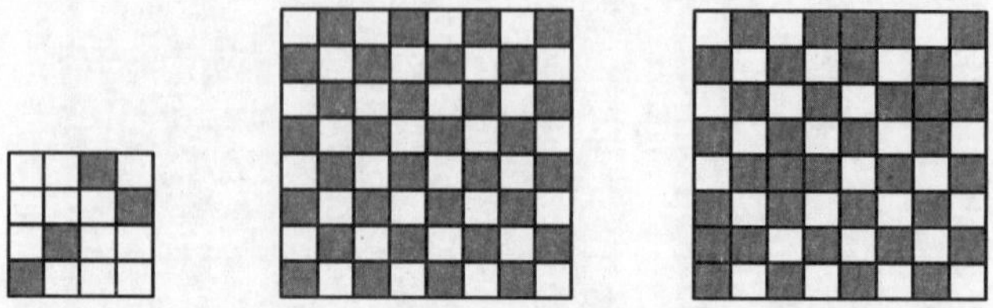

(A)

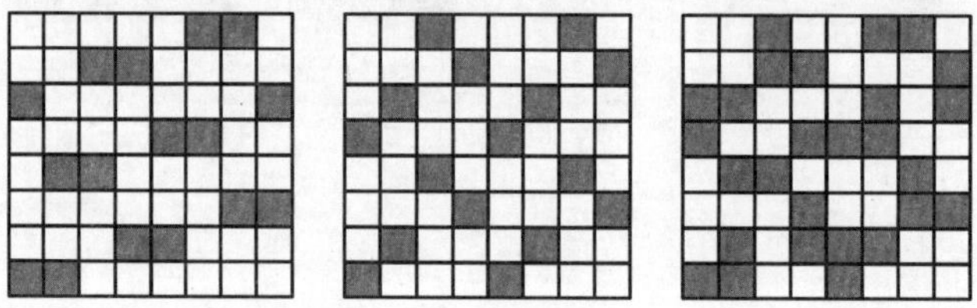

(B)

图 4-2-1

2. 移绘法

此方法是将一种组织的经(或纬)纱移绘到另一种组织的经(或纬)纱之间，移绘时，两种组织的经(或纬)纱可采用 1∶1 或其他排列比配置。

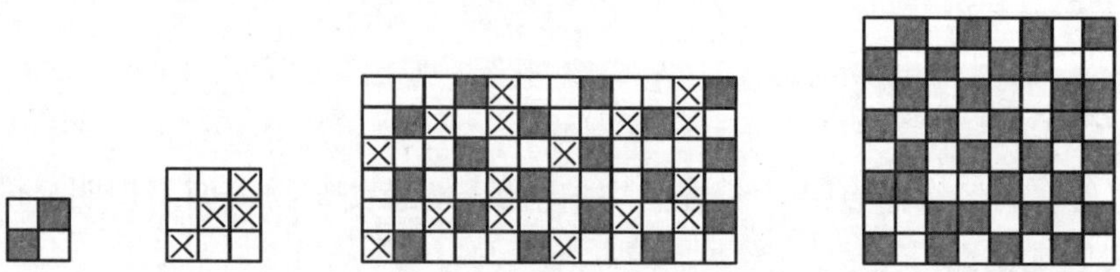

(1)　(2)　(3)　(4)

图 4-2-2　移绘法构作的绉组织

3. 调序法

此方法是以变化组织为基础组织，再变更其经(或纬)纱的排列次序而构作绉组织。图 4-2-3 所示是以$\frac{2\quad 1\quad 1}{1\quad 2\quad 1}$为基础组织而构成的绉组织。

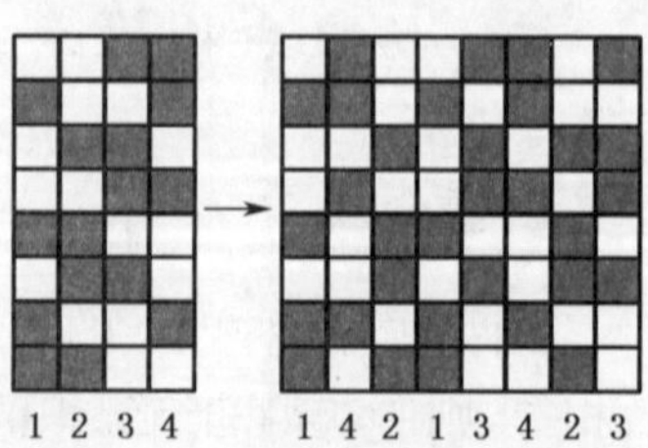

图 4-2-3　调序法构作的绉组织

4. 旋转法

如图 4-2-4 所示，采用此法构成绉组织时，可选用一种组织为基础，使其顺时针或逆时针旋转并组合而构成。所选用的基础组织的组织循环纱线根数不宜大于 6，以免综片过多，增加上机难度。

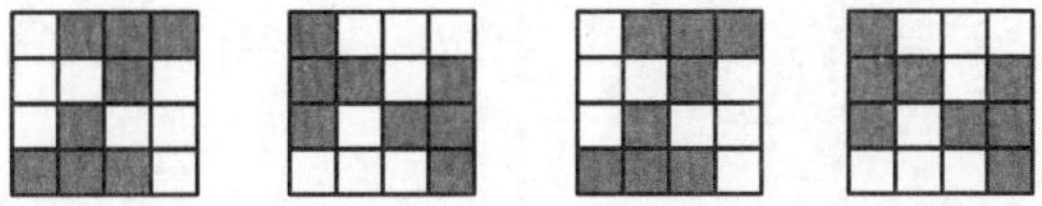

(1) (2) (3) (4)

图 4-2-4 旋转法构作的绉组织

5. 省综设计法

实际生产中，为了获得绉效应较好的织物，常采用扩大组织循环的省综设计法。如图 4-2-5 所示，其作图的原则和方法如下：

(1) 首先确定需采用的综片数，根据生产实际情况确定，一般不宜太多。

(2) 确定组织循环的范围，其经纱循环数最好是综片数的整数倍，纬纱循环数与经纱循环数不要相差太多。

(3) 确定每片综的提升规律，即画出纹板图。纹板图一般根据每次提升 1/2 综片数的方法进行绘制，如 n 片综，每次提升 $n/2$ 片综，有几种情况，可用数学组合公式求出：

$$C_n^k = \frac{n!}{k!(n-k)!}$$

其中，k 为每次开口时提升的综片数，当 $k = n/2$ 时：

$$C_n^{\frac{n}{2}} = \frac{n!}{\frac{n}{2}!\left(n-\frac{n}{2}\right)!} = \frac{n!}{\left(\frac{n}{2}!\right)^2}$$

$$= \frac{n\times(n-1)\times\cdots\times 1}{\left[\frac{n}{2}\times\left(\frac{n}{2}-1\right)\times\cdots\times 1\right]^2}$$

当 $n = 6$ 时为 C_6^3，即有 20 种不同的提升规律。

(4) 画穿综图和组织图。如图 4-2-5 所示，首先把经纱循环数分成若干组，每一组的经纱数等于综片数。图中经纱循环数为 16 根，综片数为 8 片，所以可分成 2 组，每组 8 根经纱。第一组顺穿法，另外一组按不同排列顺序穿综，直至穿完。最后根据穿综图和纹板图，画出组织图。

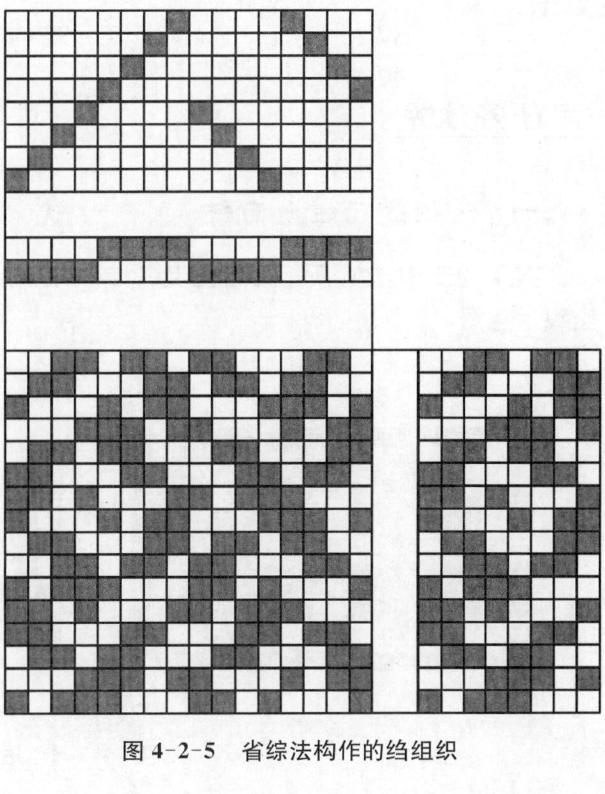

图 4-2-5 省综法构作的绉组织

采用省综法设计绉组织时，有时不一定完全按照上述方法，但必须注意，在一个穿综循环中，每片综穿入的经纱数应尽量相同，并且穿入每片综的经纱应尽量分散开，避免经纬组织点过于集中。

省综法设计的绉组织，所用综片数少且绉效应好，应用广泛，如棉织物中的核桃呢、毛织物中的苔茸绉和丝织物中的东方绉等。

子项目三 分析与设计透孔组织

本项目能力目标

1. 认识透孔组织面料；
2. 会画透孔组织图和上机图；
3. 会分析透孔组织面料；
4. 会设计透孔组织面料；
5. 了解透孔组织应用.

任务

画出图 4-3 所示面料的组织图。

图 4-3

任务分解

一、认识透孔组织面料

图 4-3-1 中，(A)所示为透孔组织实物图，(B)所示为透孔组织图，(C)为透孔组织的纱线交织示意图。

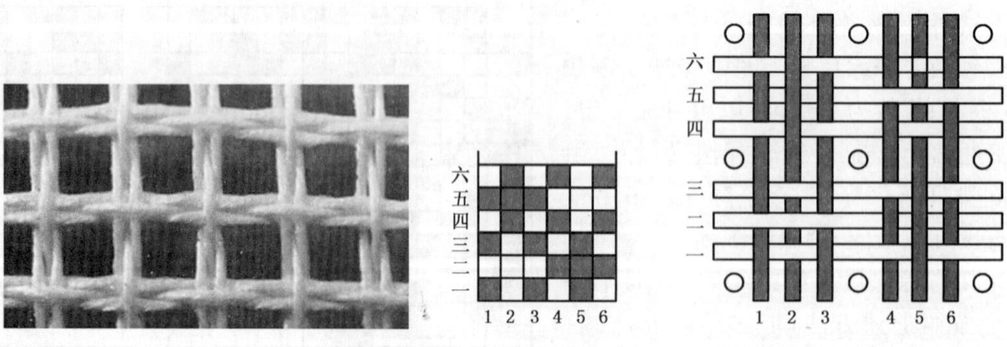

图 4-3-1 透孔组织

用这种组织织成的织物，其表面具有均匀分布的小孔，故称为透孔组织。由于这类织物的外观与复杂组织中由经纱相互扭绞而形成孔隙的纱罗织物相类似，因此又常称为“假纱组织”或“模纱组织”。

由图 4-3-1 可看出 3 根纱线形成一束，束与束之间形成孔眼。另有 5 根一束、7 根一束、4 根一束等。

二、认识透孔组织形成原因

由图 4-3-1(C)可看出，经纱 3，4 和经纱 6，1 均以平纹组织与纬纱交织，其经、纬组织点相反，因此经纱 3 与 4 及经纱 6 与 1 之间不易互相靠拢。另外，在纬纱二和五的浮长线作用下，使经纱 1，2，3 互相靠拢，经纱 4，5，6 也互相靠拢，因此，经纱 3，4 之间及经纱 6，1 之间形成纵向缝隙。同理，纬纱三和四之间及纬纱六和一之间形成横向缝隙。这样就使织物表面出现孔眼，如图 4-3-1(C)所示，“○”处为孔眼位置。

三、透孔组织绘制方法

任务1 绘制一完全纱线数为 6 的透孔组织。

(1) 确定组织循环，$R_J = R_W = 6$。

(2) 将一个组织循环按“田”字形分成四等份，每一等份的经纬纱数通常为奇数，如图 4-3-2(A)。

(3) 完全纱线数为 6 根的透孔组织，其连续经浮点和连续纬浮点呈“十”字形，在“田”字形的对角位置填充由经浮点形成的“十”字形，如图 4-3-2(B)。

(4) 在“田”字形的另一对角位置，则是由纬浮点形成的“十”字形，填充剩余的经组织点，使纬浮点形成“十”字形，如图 4-3-2(C)。

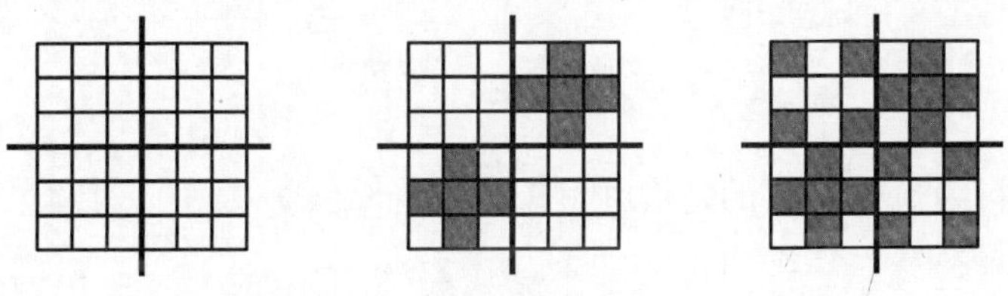

(A)　　(B)　　(C)

图 4-3-2　透孔组织绘图

任务2 绘制一完全纱线数为 10 的透孔组织。

(1) 确定组织循环，$R_J = R_W = 10$。

(2) 将组织循环按“田”字形分成四等份，如图 4-3-3(A)。

(3) 完全纱线数为 10 根的透孔组织，其连续经浮点和连续纬浮点呈“井”字形，在“田”字形的对角位置填充经浮点形成的“井”字形，如图 4-3-3(B)。

(4) 在“田”字形的另一对角位置，则是由纬浮点形成的“井”字形，填充剩余的经组织点，使纬浮点形成“井”字形，如图 4-3-3(C)。

完全纱线数为 14 的透孔组织，其连续经浮点和纬浮点呈“丰丰”形。

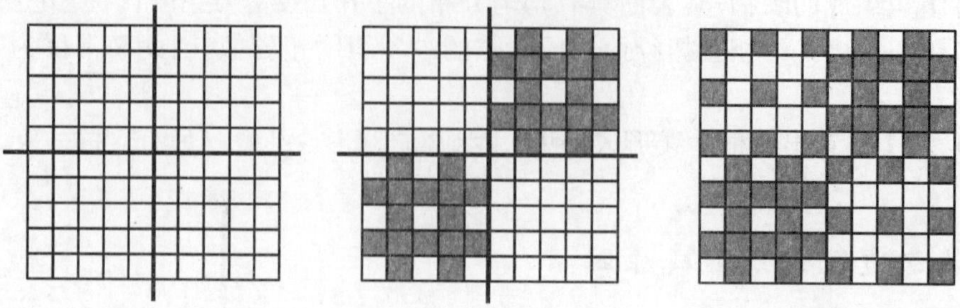

(A) (B) (C)

图 4-3-3

四、分析透孔组织织物

任务 3 分析图 4-3-4 所示的透孔组织面料，画出组织图。

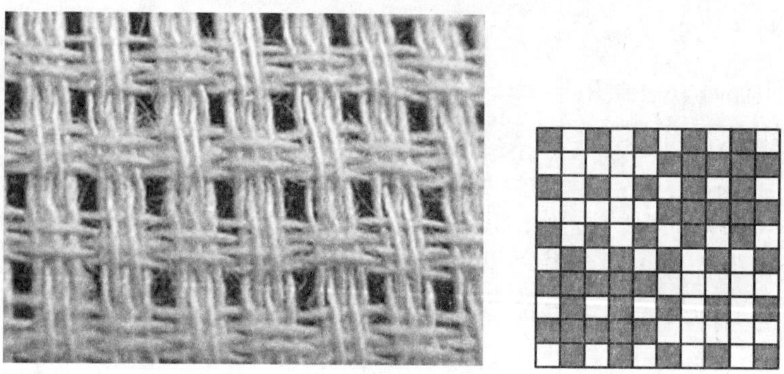

(A) (B)

图 4-3-4

此透孔组织面料为 5 根一束的透孔组织，则完全纱线数为 10，连续经浮点和连续纬浮点呈“井”字形，组织图为 4-3-4(B)所示。

任务 4 分析图 4-3 所示的透孔组织面料，画出组织图和上机图。

(1) 分析织物的正反面和经纬向，此织物正反面相同，条纹方向为经向。

(2) 分析织物组织。此面料有两种组织，即透孔组织和平纹组织，透孔组织为 3 根一束，完全经纱数为 6。

(3) 找出组织循环，计算 R_J 和 R_W。如图 4-3 所示，透孔组织共 4 束，则经纱数 $= 3 \times 4 =$ 12 根，共 2 个循环；数出平纹组织的经纱数为 24 根，即 12 个循环。则 $R_J =$ 透孔组织经纱根数 + 平纹组织经纱根数 $= 12 + 24 = 36$，$R_W =$ 各纵条纹组织的完全纬纱数的最小公倍数 $= 6$。

(4) 根据纵条纹组织配置方法可得此面料组织图，如图 4-3-5(A)所示，上机图如图 4-3-5(B)所示。

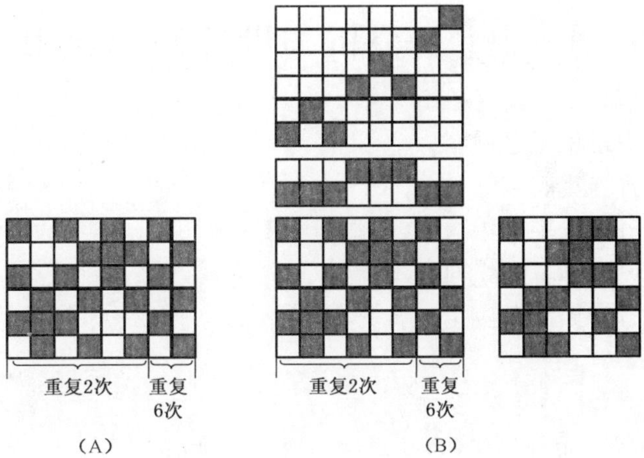

图 4-3-5

五、设计透孔组织注意事项

(1) 透孔组织的密度不宜过大，否则透孔效应不明显，从而失去“假纱罗”的薄、轻、松、爽等特性。

(2) 浮长越长，孔眼越大，但浮长线一般不超过 5 根，否则织物过于松软，也会影响透孔效应。

(3) 穿综时采用照图间断穿法，一般采用 4 片综。

(4) 为了使孔眼突出，穿筘时将成束的经纱穿入同一筘齿，或每组经纱之间空一个或两个筘齿；纬纱可采用间歇卷取。

六、透孔组织应用

透孔组织广泛用于棉、麻、丝织物，毛织物中应用较少。涤纶等合成纤维织物采用透孔组织，既增添了花纹，又改善了合成纤维透气性差的缺点。透孔组织一般用于制作稀薄的夏季服装用织物，主要取其多孔、轻薄、凉爽、易于散热、透气等特点。

在实际生产中，常利用其他组织与透孔组织联合而制成优美的花式透孔织物，图 4-3-6 所示织物即采用了与平纹组织联合构成的花式透孔组织。设计花式透孔组织时，应注意组织循环不宜太小，以免花型不明显。

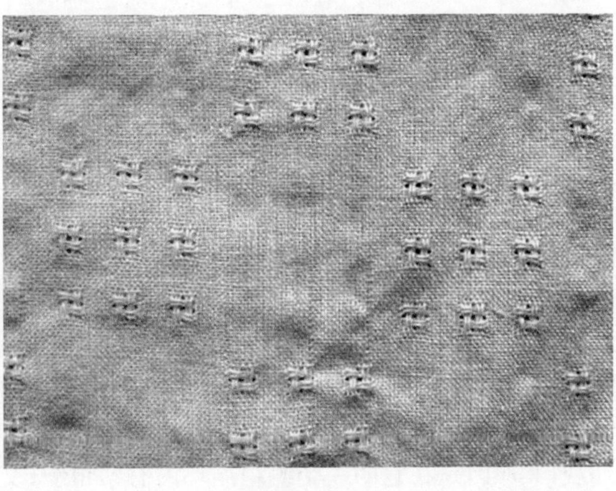

图 4-3-6

子项目四 分析与设计蜂巢组织

本项目能力目标

1. 认识蜂巢组织面料；
2. 会画蜂巢组织图；
3. 会分析蜂巢组织面料，画出组织图和上机图；
4. 会设计蜂巢组织面料；
5. 了解蜂巢组织应用.

任务

分析图 4-4(A)所示面料的组织，画出组织图和上机图。

(A)

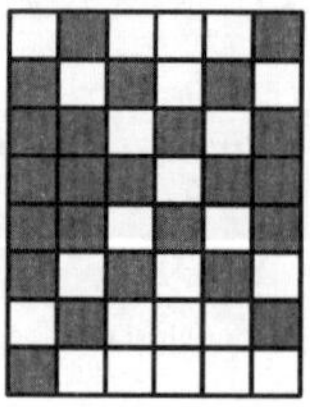

(B)

图 4-4

任务分解

一、认识蜂巢组织织物

图 4-4(A)所示面料为蜂巢组织织物，表面具有菱形的四周高、中间低的凹凸花纹，状如蜂巢，外观美观，织物手感柔软、吸湿性高、立体感强；图 4-4(B)所示为其组织图。

二、认识蜂巢组织外观形成原因

蜂巢组织可以分为简单蜂巢组织和变化蜂巢组织。图 4-4-1 中，(A)所示为简单蜂巢组织图，(B)所示为其外观形成示意图。此类组织的织物之所以能形成边部高、中间洼的蜂巢形外观，其原因是在它的一个组织循环内有紧组织（交织点多）和松组织（交织点少），二者逐渐过渡并相间配置。在平纹组织部分，因交织点最多，织物较薄；在经纬浮长线处无交织点，织物较厚。

平纹组织部分的织物表面是凸起还是凹下，可分两种情况。一种是图 4-4-1(B)所示的甲部分，其上面和下面是经浮长线，其左面和右面则是纬浮长线，此处的平纹带起而在织物表面形成凸起部分。另一种是图 4-4-1(B)所示的乙部分，其上面和下面是纬浮长线，其左面和右面则是经浮长线，此处的平纹在织物反面形成凸起，即织物表面凹下。织物表面的凹凸相间且逐渐过渡，由此形成蜂巢形外观。

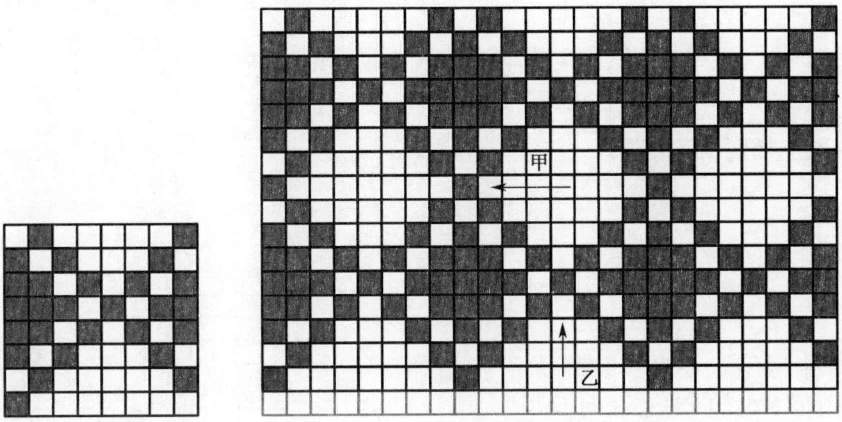

(A)　　(B)

图 4-4-1　蜂巢组织外观形成原因

三、绘作简单蜂巢组织(顶点共用蜂巢组织)

任务1　取 $R_J = R_W = 8$，绘作简单蜂巢组织。

(1) 绘出组织图范围，填绘单个组织点的菱形斜纹，如图 4-4-2(A)所示。

(2) 菱形斜纹的斜纹线把整个组织分成四个部分，在其相对的两个三角形内(上和下或左和右)填绘经组织点。填绘时，和原来的菱形斜纹之间空一个纬组织点，如图 4-4-2(B)所示。

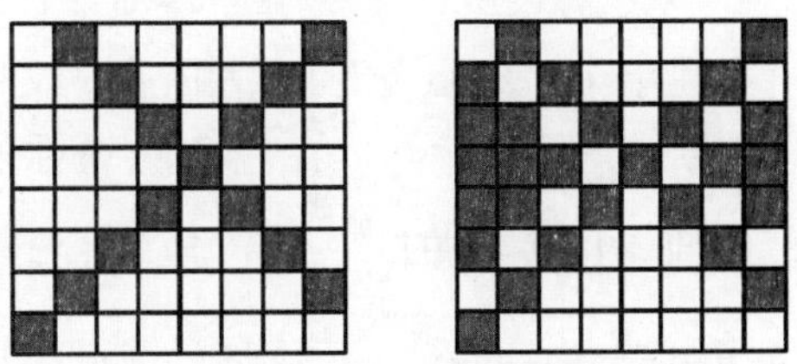

(A)　　(B)

图 4-4-2　简单蜂巢组织绘制方法

四、绘制变化蜂巢组织

1. 绘制顶点交叉蜂巢组织

任务2　绘制 $R_J = R_W = 8$ 的顶点交叉蜂巢组织。

(1) 绘出组织图范围，填绘单个组织点的菱形斜纹，如图 4-4-3(A)。

(2) 在单个组织点菱形斜纹的左斜纹线的下方，隔一个纬组织点，再作一条平行的左斜纹线，组成交叉的顶点，如图 4-4-3(B)所示。

(3) 在左右两对角区域填绘经组织点，填绘时与双条斜纹线相连，并与单条斜纹线隔一个纬组织点，如图 4-4-3(C)所示。这种组织具有长方形外观。

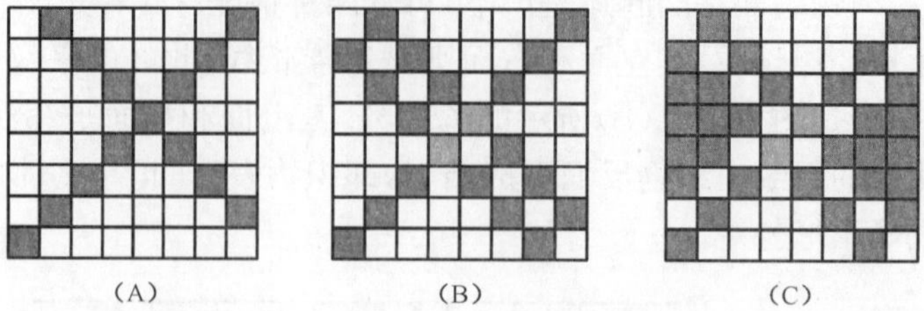

图 4-4-3　顶点交叉蜂巢组织绘制

2. 绘制顶点相对蜂巢组织

任务3

绘制 $R_J=8$、$R_W=10$ 的顶点相对蜂巢组织。

（1）确定组织完全纱线数，$R_J=2K_J-2$，$R_W=2K_W$。

（2）将单个组织点菱形斜纹变成顶点相对且隔一纬的上下两个山形斜纹，见图 4-4-4(A)。

（3）在左右两对角区域填绘经组织点，见图 4-4-4(B)。这种组织具有正方形外观。

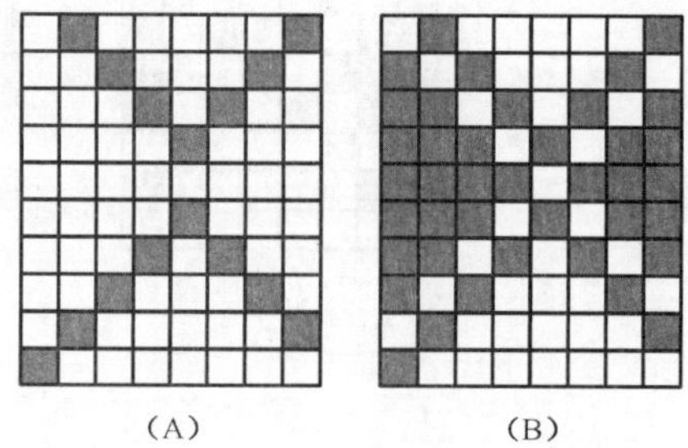

图 4-4-4　顶点相对蜂巢组织绘制

3. 绘制勃拉东蜂巢组织

任务4

绘制 $R_J=12$、$R_W=12$ 的勃拉东蜂巢组织。

在单个组织点菱形斜纹的左斜纹线的下方，隔一个纬组织点，作一条平行的左斜纹线，见图 4-4-5(A)。然后在左右两侧对角区域内填绘经组织点，各形成一个菱形区域，其经纬最长的浮长线等于$\left(\frac{R}{2}-1\right)$，填绘时，经组织点与双条斜纹线相连，而与单条斜纹线相隔一个纬组织点。再在上下两对角区域绘两个经组织点菱形。每个菱形上下各半，分别与双条斜纹线相连，与单条斜纹线隔一个纬组织点，见图 4-4-5(B)。勃拉东蜂巢组织具有特殊的外观。

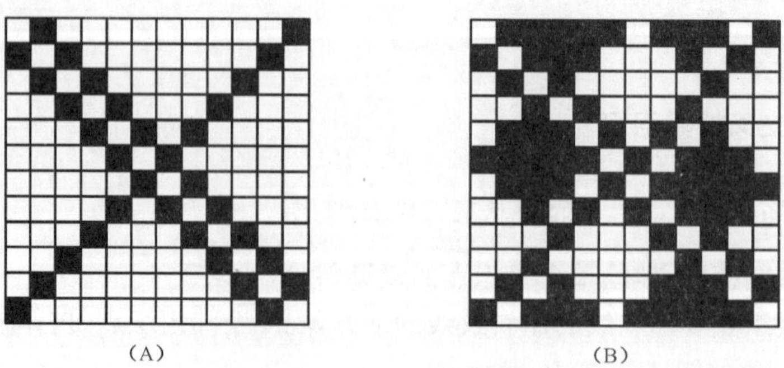

图 4-4-5　勃拉东蜂巢组织绘制

五、蜂巢组织分析方法

任务5 分析图 4-4(A)所示的蜂巢组织面料。

(1) 分析此组织是哪种蜂巢组织。图 4-4-6(A)、(B)、(C) 所示分别为顶点共用蜂巢组织图、顶点交叉蜂巢组织图和顶点相对蜂巢组织图。其中,顶点共用蜂巢组织,其 $R_J = R_W$,且两侧的经、纬浮长线根数相差 1;顶点交叉蜂巢组织,其 $R_J = R_W$,且经、纬浮长线根数相等;顶点相对蜂巢组织,其 R_J 与 R_W 相差 2。数出图 4-4(A) 所示蜂巢组织面料的 $R_J = 6$ 根、$R_W = 8$ 根,则此组织为顶点相对蜂巢组织。

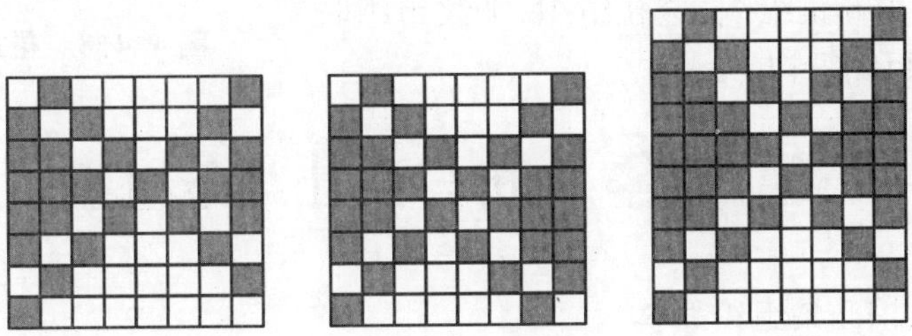

(A)　　(B)　　(C)

图 4-4-6　蜂巢组织

(2) 绘出组织图,如图 4-4(B)所示。

(3) 对照组织图和实物图,检查分析结果是否正确。从组织图即图 4-4(B)可看出,经向每侧有 2 根浮长线,最长的浮长线为 5 根;纬向每侧有 2 根浮长线,最长的浮长线为 5 根,与图 4-4(A)相符。

任务6 分析图 4-4-7 所示面料的组织。

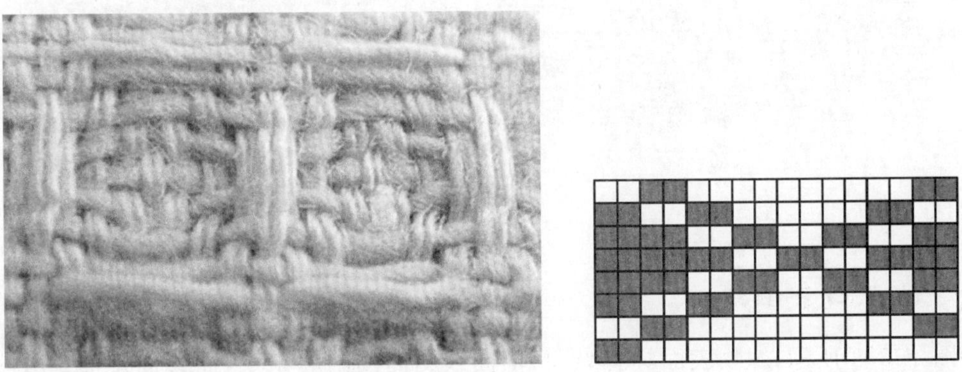

(A)　　(B)

图 4-4-7

由图 4-4-7(A) 可看出,每侧的经纬浮长线根数不一样,纬浮长线每侧有 3 根,所以为简单蜂巢组织,且此面料采用双经单纬制织。数出 $R_J = R_W = 8$。根据简单蜂巢组织绘制方法绘出组织图,如图 4-4-7(B) 所示。对照组织图和实物图,检查分析结果是否正确。

六、认识蜂巢组织上机与应用

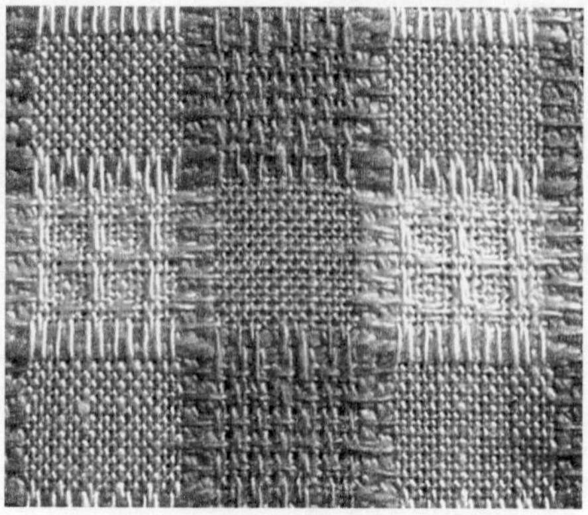

图 4-4-8 花式蜂巢组织织物

蜂巢组织上机采用顺穿法或照图穿，图 4-4 与图 4-4-7 所示面料可采用照图穿法，图4-4-3(C)所示组织图可采用顺穿法。

用蜂巢组织织成的织物外观美观，立体感强，比较松软，富有较强的吸水性，因此在各类织物中均有应用。棉织物中，常用于制织餐巾、围巾、床毯等。在用作服装或装饰织物时，常设计成变化蜂巢组织或与其他组织联合。图 4-4-8 所示为蜂巢组织、透孔组织、平纹组织联合而成的花式蜂巢组织织物(见彩页)。

子项目五 分析与设计凸条组织

本项目能力目标

1. 认识凸条组织面料；
2. 会画凸条组织图；
3. 会分析凸条组织面料，画出组织图和上机图；
4. 了解凸条组织应用.

任务

分析图 4-5(A)所示面料的组织，(B)所示为其背面，画出组织图和上机图。

(A)

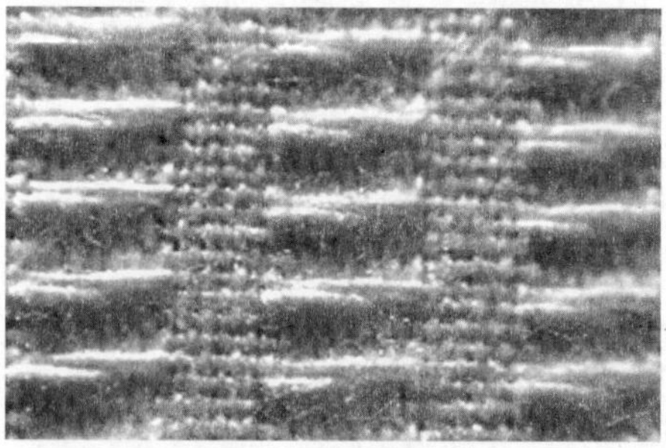

(B)

图 4-5

一、认识凸条组织

如图 4-5-1 所示，织物表面具有纵向、横向或斜向的凸起条纹，而背面是浮长线，这样的的组织称为凸条组织。图 4-5-1 中，(A)为凸条组织织物的正面，(B)为其反面。

二、认识凸条组织构成

凸条组织有两种：交叉配置凸条组织，如图 4-5-2(A)；并列配置凸条组织，如图 4-5-2(B)。实际生产中采用并列配置较多。凸条组织由浮线较长的重平组织和简单组织(平纹或斜纹)联合而成。其中简单组织起固结浮长线的作用，同时形成织物的正面，故称为“固结组织”。如固结纬重平的纬浮长线，则得到纵凸条组织；固结经重平的经浮长线，则得到横凸条组织。重平组织则利用其浮长线使固结组织拱起，并形成织物的背面，故称为基础组织。其浮长线的长度决定着凸条的宽度，一般不小于4个组织点，且应为固结组织的组织循环纱线数的整数倍；常采用$\frac{4}{4}$、$\frac{6}{6}$、$\frac{8}{8}$重平组织等。

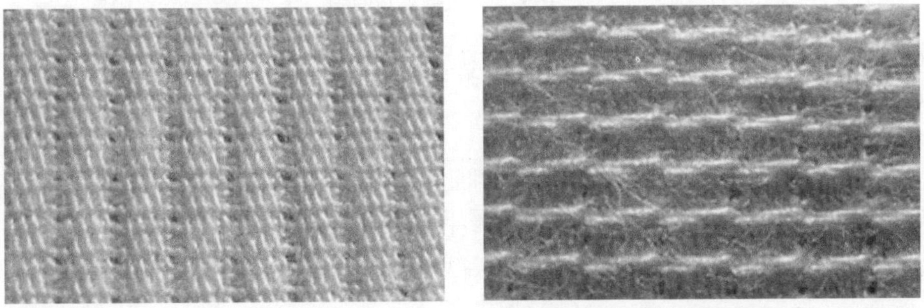

(A)　　　　(B)

图4-5-1　凸条组织面料

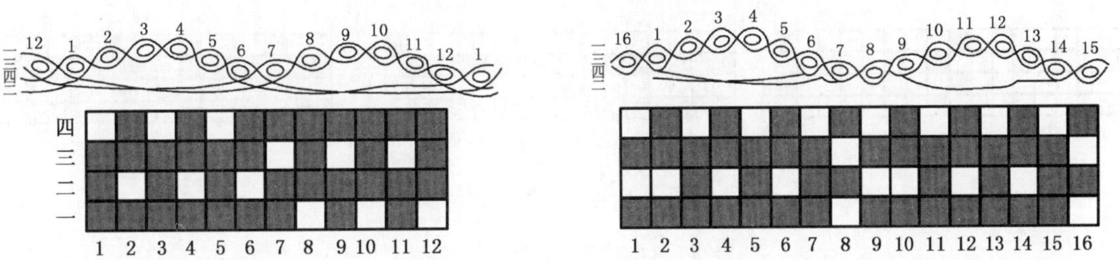

(A)　　　　(B)

图4-5-2　凸条组织构成

三、认识凸条组织参数

(1) 固结组织，平纹或斜纹组织。

(2) 基础组织，图4-5-2(A)(B)所示为$\frac{6}{6}$重平组织。

(3) 基础组织与固结组织的排列比，通常为1∶1或2∶2，实际生产常采用后者。

四、凸条组织绘制方法

任务1　以$\frac{6}{6}$纬重平为基础组织，平纹为固结组织，排列比为1∶1，绘作纵凸条组织交叉配置图。

(1) 计算组织循环经纬纱数，得R_J = 基础组织的组织循环经纱数 = 6+6 = 12，R_W = 2 × 固结组织的组织循环纱线数 = 2 × 2 = 4。

(2) 在组织循环内，按1∶1排列比填绘$\frac{6}{6}$重平组织，如图4-5-3(A)所示。

(3) 在重平组织的浮长线上填绘平纹组织，如图4-5-3(B)所示。

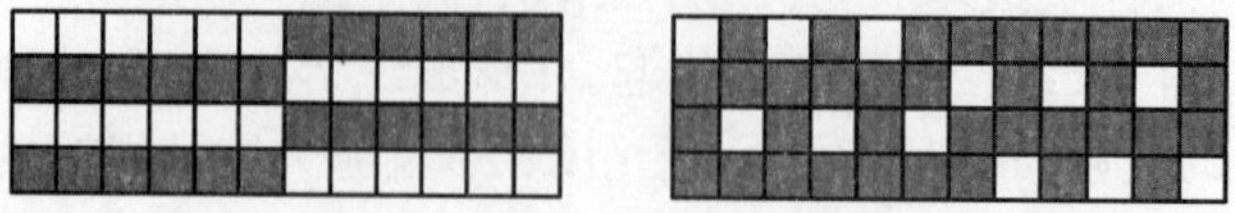

(A) (B)

图 4-5-3　凸条组织绘制

任务 2

以$\frac{6}{6}$纬重平为基础组织，平纹为固结组织，排列比为 1：1，绘作纵凸条组织并列配置图。

(1) 计算组织循环经纬纱数，得 R_J = 基础组织的组织循环经纱数 + 平纹组织经纱根数 = $6+6+4=16$，$R_W = 2\times$ 固结组织的组织循环纱线数 $=2\times2=4$。

(2) 取第 1 根、最后 1 根和中间 2 根经纱，填绘平纹组织，如图 4-5-4(A)。

(3) 对其余经纱，按 1：1 排列比填绘$\frac{6}{6}$重平组织，如图 4-5-4(B)。

(4) 在重平组织的纬浮长线上填绘平纹组织，如图 4-5-4(C)。

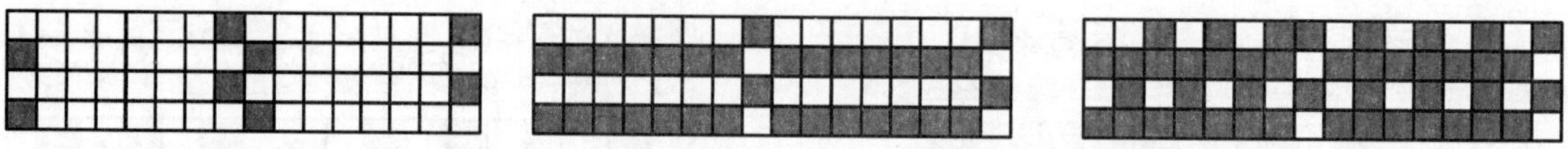

(A) (B) (C)

图 4-5-4　凸条组织绘制

凸条组织图的画法基本相似。图 4-5-5 中，(A)所示是以$\frac{6}{6}$纬重平为基础组织、平纹为固结组织、排列比为 2：2 的纵凸条组织交叉配置图；(B)所示是以$\frac{6}{6}$纬重平为基础组织、平纹为固结组织、排列比为 2：2 的纵凸条组织并列配置图。

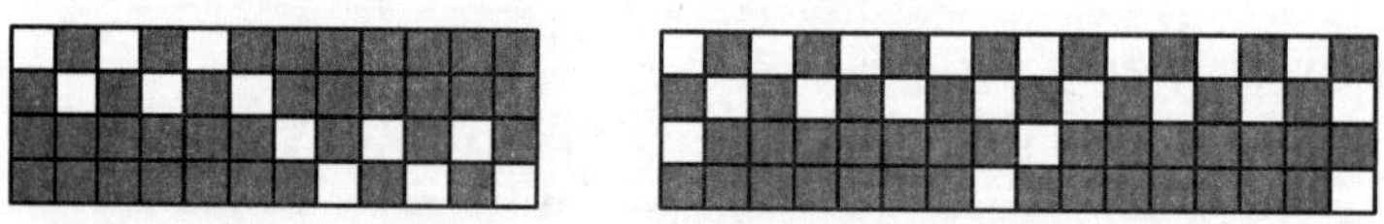

(A) (B)

图 4-5-5　凸条组织

为使凸条纹更加隆起与清晰，可在两凸条之间加入平纹组织，如图 4-5(A)所示，也可以在各凸条中间嵌入几根较粗的纱作为芯线。

五、凸条组织织物分析方法

任务 3

分析图 4-5 所示面料的组织，画出组织图。

分析凸条组织织物采用反面拆纱分析法。

(1) 首先分析织物的经纬向和正反面。图 4-5 所示为纵凸条，有条纹的一面为正面，条纹方向为经向，有纬浮长线的一面为反面，如(B)所示，此凸条组织为并列配置凸条组织。

(2) 分析凸条组织的三个参数,即基础组织、固结组织和排列比。

① 分析凸条组织的反面,图 4-5-6(A)为图 4-5(B)的局部放大图,一个完全组织内有 4 根纬纱,2 根纬浮长相邻,则固结组织为平纹,重平组织与平纹的排列比为 2∶2。

(A)

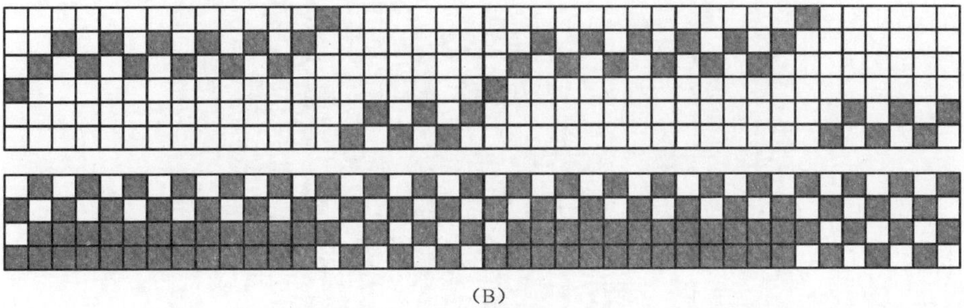

(B)

图 4-5-6 凸条组织分析

② 数出一根纬浮长线下的经纱根数为 13 根,则基础组织为$\frac{12}{12}$纬重平;中间的平纹组织为 6 根经纱。得其组织图如图 4-5-6(B)所示。

六、掌握凸条组织上机

制织纵凸条组织时,通常采用分区间断穿法。加有平纹组织时,平纹经纱宜穿入前综;嵌有芯线时,如图 4-5-7 所示,芯线穿入后综,并另卷一织轴。芯线位于凸条的下面、浮长线的上面,故可用较差的原料。纵凸条组织的经组织点数远远超过纬组织点数,为了节省动力,可采用反织法。

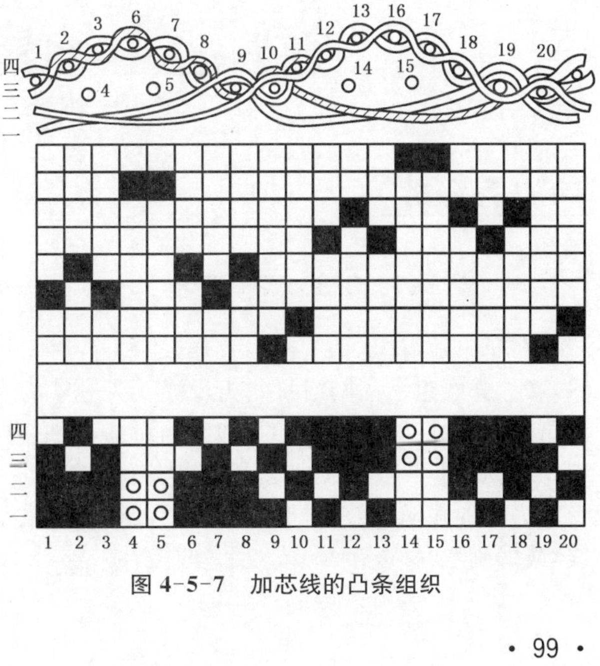

图 4-5-7 加芯线的凸条组织

七、认识凸条组织变化与应用

除了纵向和横向凸条、纵向凸条和横向凸条组成的格子组织,还有斜向凸条、正反凸条以及按一定图案配置的花式凸条等凸条组织。凸条组织的立体感强，质地松厚，富有弹性，在各类织物中均有应用，如棉织物中的女线呢和灯芯条、毛织物中的花呢和女衣呢、丝织物中的闪织绸(为横凸条组织，在丝织提花织物中既可作地组织，也可作花组织或点缀组织)。

子项目六 分析与设计网目组织

本项目能力目标

1. 认识网目组织面料；
2. 会画网目组织图；
3. 会分析简单网目组织；
4. 会设计网目组织面料.

任务

分析图 4-6 所示面料的组织，并画出组织图(见彩页)。

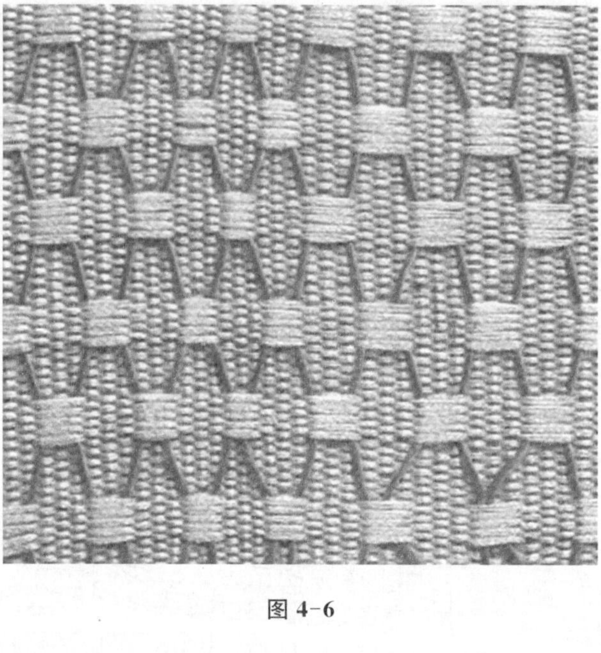

图 4-6

任务分解

一、认识网目组织布面特征

在简单地组织(平纹或斜纹)的地布上，有间隔分布的曲折长浮线呈现于织物表面，呈网络状，又称蛛网组织。网络状曲折长浮线为经纱的，称为网目经，所形成的组织称为经网目组织；网络状曲折长浮线为纬纱的，称为网目纬，所形成的组织称为纬网目组织。图 4-6 所示为网目组织织物，图 4-6-1(A)为经网目组织图，图 4-6-1(B)为纬网目组织图。

为了加强网目效果，形成网络的纱线可以采用与基础组织完全不同的颜色，或采用粗的纱线，或采用双经(或多经)或双纬(或多纬)。

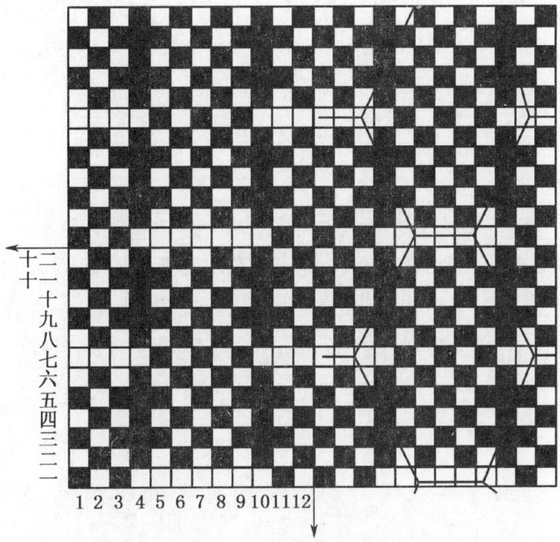

(A) 经网目组织

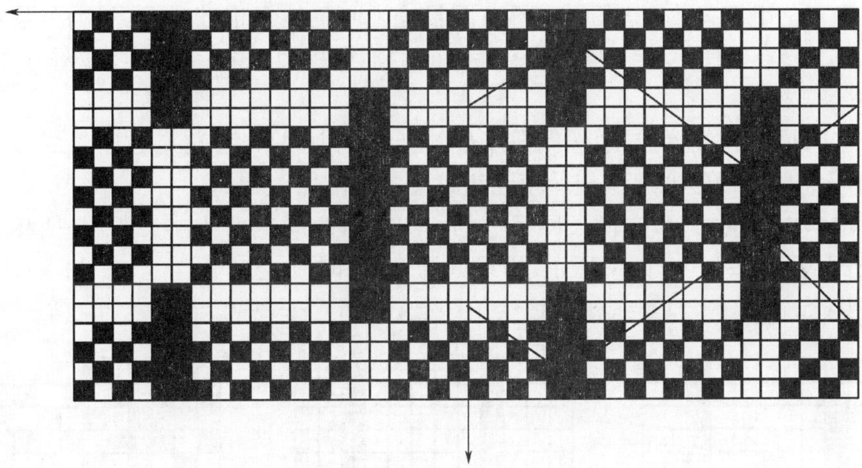

(B) 纬网目组织

图 4-6-1

二、认识网目组织配置参数

现以经网目组织为例，说明网目组织的配置参数与网目效应的形成原因。图 4-6-1(A)是以网目经纱曲折而成的经网目组织图。

(1) 地组织　网目组织的地组织通常为平纹，也可以选用原组织斜纹。

(2) 网目经与两条网目经之间的地经根数　在一个完全组织中，每隔一定根数的地经纱，配置单根或双根网目经。网目经的组织由经长浮线与单个(或双个)纬组织点组成，通常为$\frac{3}{1}$、$\frac{5}{1}$、$\frac{7}{1}$。图 4-6-1(A)中，经纱 4，10 都是网目经。两条网目经之间的地经根数为奇数，其根数的多少决定了网目的大小。

(3) 牵引纬与两条牵引纬之间的地纬根数　每隔一定根数的纬纱配置一条纬浮长线，称为牵引纬，如图 4-6-1(A)中的纬纱一和七。两条牵引纬之间的纬纱成为地纬，根数一般为奇数，且等于网目经的连续经浮点数，两条牵引纬之间呈交叉配置。

三、认识网目效应形成原因

如图 4-6-1(A)所示，在一条牵引纬即纬纱一处，呈纬浮长线状态，具有将网目经 4 和 10 拉向一起而靠拢的倾向，同理，在另一条牵引纬即纬纱七处，由于两条牵引纬为交叉配置，具有将网目经 4 和 10 拉开的趋势，从而把网目经的长浮线而挤出浮于织物表面，并形成网络状。

图 4-6-1(B)所示是由网目纬纱曲折而形成的纬网目组织，织物表面呈纬纱曲折的外形。

四、网目组织绘制方法

任务1　以平纹为地组织绘制经网目组织。网目经的组织规律为$\frac{5}{1}$，两条网目经之间相隔的地经根数为 5 根，每隔 5 根地纬安排 1 根纬浮长线，每条网目经与地纬浮长线均为单根。

(1) 确定完全组织大小，得 R_J =（两条网目经之间的地经根数＋每条网目经的经纱根数）×2＝(5＋1)×2＝12，R_W =（两条牵引纬之间的地纬根数＋每条牵引纬的纬纱根数）×2＝(5＋1)×2＝12。

(2) 确定网目经的位置，一般选偶数序号的经纱作为网目经，选奇数序号的纬纱作为牵引纬。在网目经上按网目经的组织规律填绘组织点，如图 4-6-2(A)。

(3) 确定牵引纬的位置，在两条网目经的纬组织点之间空出纬浮长线，并使相邻两条纬浮长线呈交叉配置，如图 4-6-2(B)所示，横线处为牵引纬的位置。

(4) 在其余地方按平纹组织规律填绘组织点，如图 4-6-2(C)。

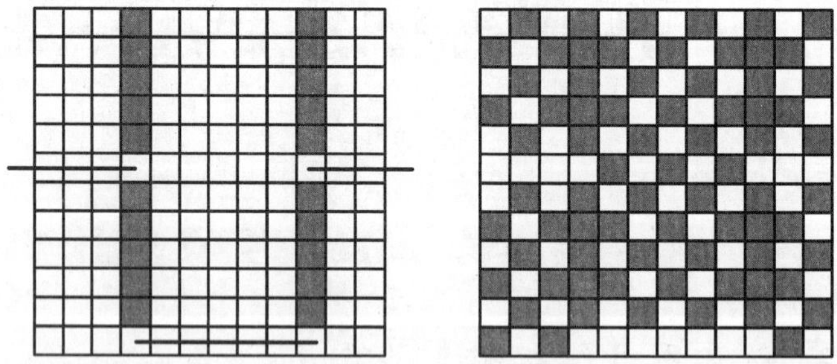

(A)　　(B)　　(C)

图 4-6-2　网目组织绘制

如绘作纬网目组织，则将经、纬互易方向即可。纬网目组织的网目纬，由于经浮长线的牵引而屈曲成网目状。其绘作方法不再详述。

五、认识变化网目组织

通过变化网目经(纬)或纬(经)浮长线的长度，可以设计出不同波形与大小的网目组织。在组织图中，可在被拉拢纬纱的牵引经浮线的左右，取消一部分经或纬纱的交织点；同样，可在被拉拢经纱的牵引纬浮线的左右，取消一部分经或纬纱的交织点。以获得各种变化网目组织，如图4-6-3 所示。

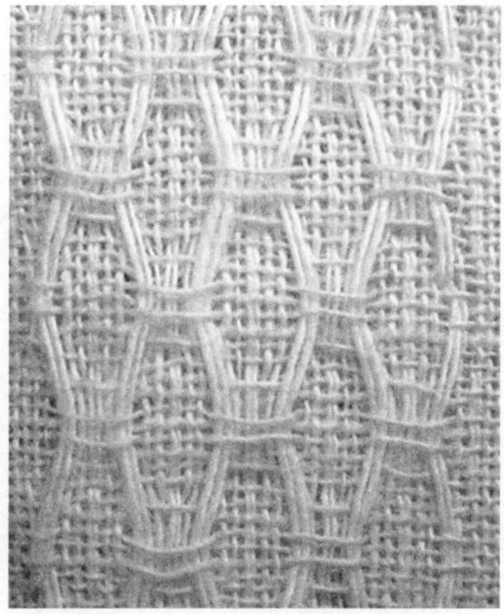

图 4-6-3 变化网目组织

六、网目组织分析方法

任务2 分析图 4-6 所示面料的组织，画出组织图。

图 4-6-4 为图 4-6 的放大图，为变化网目组织，分析如下：

(1) 地组织为平纹组织。

(2) 网目经根数为 1 根，两条网目经之间的地经根数为 3 根。

(3) 牵引纬根数为 5 根，两条牵引纬之间的地纬根数分别为 9 根和 11 根。

(4) 按照以上参数计算完全组织大小，得 R_J = (两条网目经之间地经根数 + 每条网目经的经纱根数) $\times 2 = (3+1) \times 2 = 8$，$R_W$ = 两条牵引纬之间的地纬根数之和 + 每条牵引纬根数 $\times 2 = 9 + 11 + 5 \times 2 = 30$。

(5) 绘出此网目组织图，如图 4-6-4(B)所示。

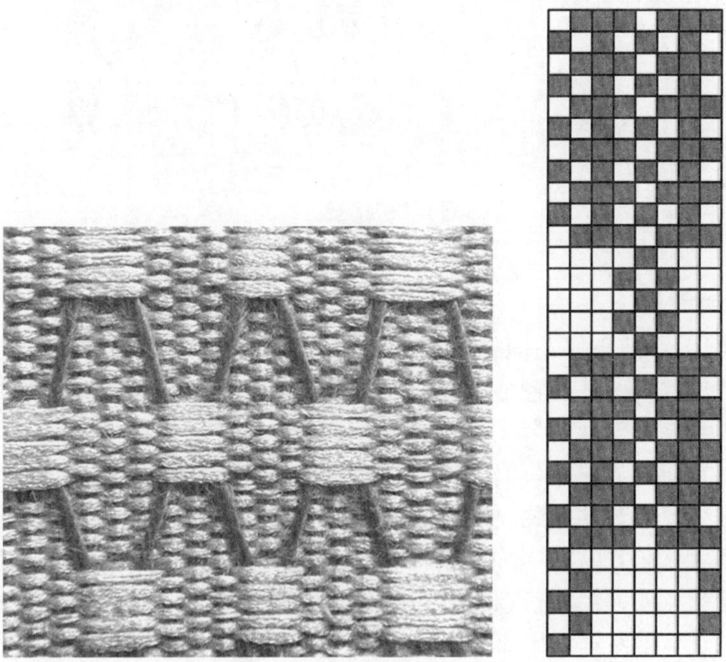

(A)　　(B)

图 4-6-4

七、认识网目组织上机与应用

网目组织织物上机时通常采用照图穿法。为了使网目经更好地浮显于织物表面，穿筘时应将网目经与其两侧的地经穿入同一筘齿。

网目组织织物表面波形曲折变化，图案色彩美观，立体感强，具有较好的装饰性，在棉、丝织物中多用作装饰织物，如窗帘、高档音响设备的装饰用绸等，在棉型细纺、府绸等织物中则可以作为部分点缀。

子项目七 分析与设计小提花组织

本项目能力目标

1. 认识小提花组织面料；
2. 会分析小提花组织图；
3. 会分析简单平纹地小提花组织.

任务

命名图 4-7 所示面料的组织，并画出组织图(见彩页)。

图 4-7

任务分解

此面料为色织平纹地小提花面料。小提花组织是采用多臂织机织造，在织物表面运用两种或两种以上组织的变化，从而形成各种小花纹的组织。应用小提花组织制织的织物称为小提花织物。

小提花组织的基本特征是采用较为简单的工艺过程和生产设备，制织具有线条型花纹、条格型花纹、散点花纹等外观的织物，使织物的花纹图案变幻无穷并具有立体感。从整体上看，这类织物应以简单组织为地，适当加些小提花，即一种组织点相对集中或由经纬浮线组成的小花纹，可以由经组织点或纬组织点，也可以由经纬组织点联合组成。在实际生产中，小提花组织织物多数是色织物，即经纬纱全部或部分采用异色纱，或者使用不同原料、不同粗细、不同捻度和捻向的经纬纱，亦可适当配一些花式线。小提花织物是薄织物的主要类型之一，其应用日趋广泛。

一、提花织物的分类

小提花织物品种繁多，随设计意图而定，根据外观及组织结构，一般分为三大类。

(1) 平纹地小提花组织　在平纹组织的基础上，根据一定的花纹图案，增加或减少组织点，使织物表面呈现小花纹的组织。

（2）斜纹地小提花组织　在斜纹组织的基础上，根据一定的花纹图案，增加或减少组织点，使织物表面呈现小花纹的组织。

（3）缎纹地小提花组织　在缎纹组织的基础上，根据一定的花纹图案，增加或减少组织点，使织物表面呈现小花纹的组织。

二、认识小提花组织

图 4-7-1 为平纹地小提花组织，其织物所起的花纹，可以由经浮线组成，如图中(A)所示，称为经提花；也可以由纬浮线组成，如图中(B)(C)所示，称为纬提花；还可以由经、纬浮线共同组成，如图中(D)(E)所示，称为经纬提花。经纬提花具有经纬效应，若经纬纱配以不同的色彩，织物将呈现不同色彩的花纹，更为美观。

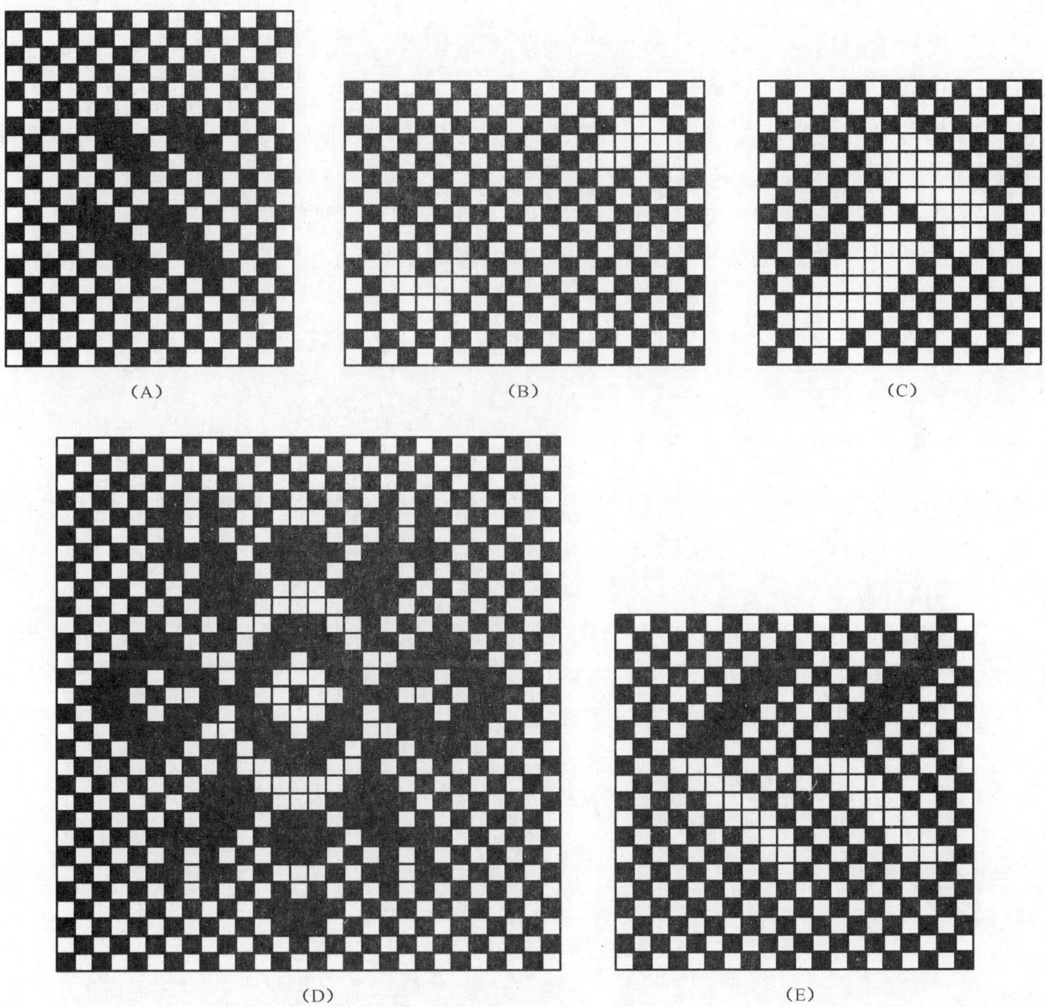

图 4-7-1　平纹地小提花组织

三、小提花组织分析方法

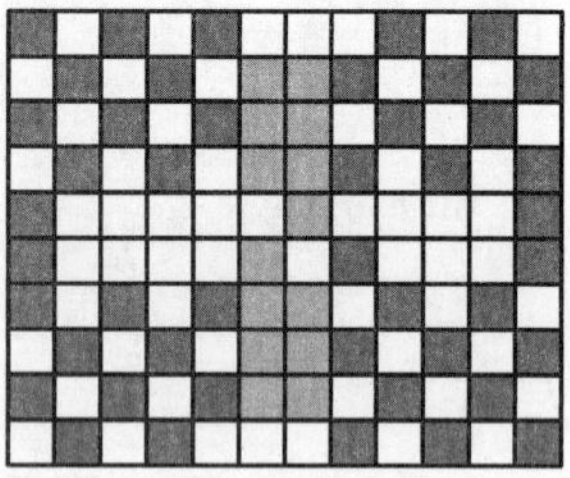

图 4-7-2

任务1 分析图 4-7 所示的小提花组织。

分析平纹地小提花组织，应先画出花组织，然后在周围填充平纹地组织，图 4-7 所示小提花织物的组织图如图 4-7-2 所示。

四、小提花组织设计要点

(1) 先在意匠纸上勾画出花样轮廓，然后填绘组织点。应根据所设计品种的经、纬密，选择相应的意匠纸。在这种意匠纸上设计出的花样，不会因织造而发生变形。设计花样时，不强调写实而求神似。小提花组织的花纹主要起点缀作用，花纹以细巧、散点为主，不能粗糙，也不要太突出。

(2) 综页数不能超过织机的最大容量，为了便于织造，所用综页数不宜太多，应避免画得出而织不出的情况。

(3) 起花部分的浮长线不要太长，经纱浮长以不超过 3 个组织点为宜，最多可用 5 个组织点，纬浮长线可稍长一些。

(4) 起花部分的经纱与平纹的交织次数不要相差太大，否则将增加工艺难度。

(5) 每次开口的提综数应尽量均匀，可以采用省综法设计，用较少的综页制织花型较大、变化较多的花纹。

(6) 因起花部分只起点缀作用，不是织物的主体，所以其密度一般与基础组织织物相同。

五、小提花组织的应用与上机

小提花组织多用于细密、轻薄织物，花纹细致、精巧，外观美观。在棉型织物中，多用于色织府绸、细纺等仿丝绸产品。在实际应用中，除了组织与图案的变化外，还可以运用不同色经和色纬交织，也可以点缀各种花式线、金银丝，使产品更加丰富多彩。

除了上述小提花组织以外，有些联合组织也可以看作平纹地小提花组织，如以平纹为地的透孔、蜂巢等组织，网目组织也是在平纹基础上构作而成的。

小提花织物上机时采用照图穿法或间断穿法。

子项目八 分析与设计配色模纹

本项目能力目标

1. 认识配色模纹组织面料；
2. 会分析配色模纹组织面料；
3. 会设计配色模纹组织.

任务

命名图 4-8 所示面料的组织，并分析组织图(见彩页)。

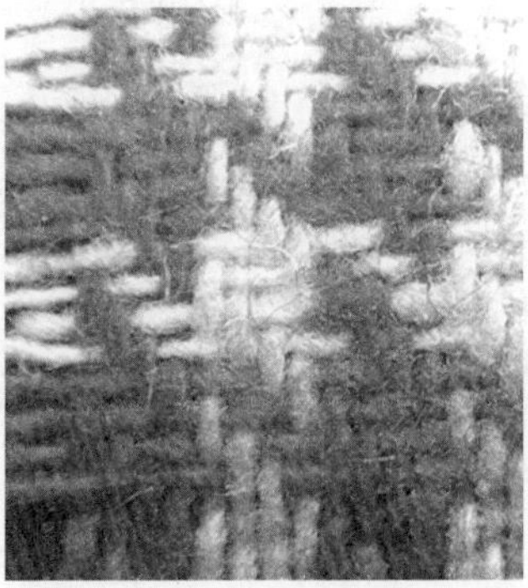

图 4-8

图 4-8-1 配色模纹

任务分解

一、认识配色模纹组织面料

利用不同颜色的经纬纱线与织物组织相配合，能在织物表面构成各种花型图案，称作“配色模纹”。配色模纹在织物表面形成的花纹，是色彩与组织相结合的结果，二者相互衬托而成，因而其花纹图案多变，且具有较强的立体感。图 4-8 所示为配色模纹组织面料。

二、根据已知的组织图和色纱循环绘制配色模纹

在绘作配色花纹之前，应首先分析面料组织图以及色经、色纬的排列顺序和排列循环。各种颜色经纱的排列顺序简称为色经排列顺序，色经排列顺序重复一次所需的经纱数称为色经循环。各种颜色纬纱的排列顺序简称为色纬排列顺序，色纬排列顺序重复一次所需的纬纱数称为色纬循环。组织、色经排列顺序、色纬排列顺序、配色模纹四部分的位置如图 4-8-1 所示。

任务1 以$\frac{2}{2}\nearrow$为基础组织，色经及色纬循环均为 2A4B2A，试绘作配色花纹图。

(1) 根据组织循环、色经循环和色纬循环，求出配色模纹图的大小。配色模纹的经纱循环等于组织循环经纱数与色经循环的最小公倍数 = 4 与 8 的最小公倍数 = 8；配色模纹的纬纱循环等于组织循环纬纱数与色纬循环的最小公倍数数 = 4 与 8 的最小公倍数 = 8。

(2) 在配色模纹图中，在各自位置分别填入组织图、色经排列循环和色纬排列循环，如图 4-8-2(A)所示。

(3) 先在配色模纹区内，用浅色符号画出组织图，如图 4-8-2(B)所示，然后在经组织点处填充色经的颜色，在纬组织点处填充色纬的颜色，色经、色纬与组织相结合就构成配色模纹，如图 4-8-2(C)所示。

必须说明：在配色模纹图中，小方格中的符号只表示某种色经或色纬浮点所显现的效果，而不是经纬组织点。

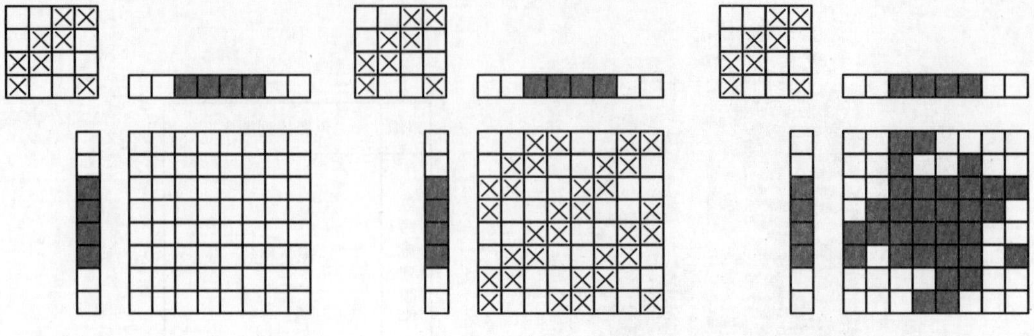

图 4-8-2

三、配色模纹分析

任务2 分析图 4-8 所示面料，画出配色模纹图。

(1) 如图 4-8 所示，进行拆纱分析，使色纱排列对称，图中色经排列顺序为“4A4B”，色纬排列顺序为“4A4B”，组织为$\frac{2}{2}$左斜纹。根据配色模纹图的画法画出色经排列、色纬排列和组织图，如图 4-8-3(A)所示。注意，根据图 4-8，斜纹组织的起始点为纬组织点。

(2) 在配色模纹图中，分别在各自位置填入组织图、色经排列循环和色纬排列循环；在经组织点处填充色经的颜色，在纬组织点处填充色纬的颜色。形成的配色模纹图如图 4-8-3(B)所示。

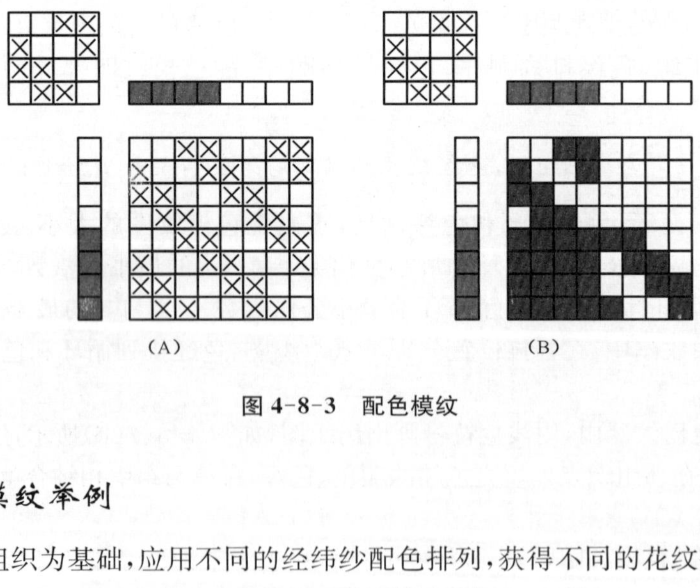

图 4-8-3　配色模纹

四、配色模纹举例

(1) 以平纹组织为基础，应用不同的经纬纱配色排列，获得不同的花纹效果，如图 4-8-4(A)(B)(C)所示。

(2) 以斜纹组织为基础，应用不同的经纬配色排列，获得不同的花纹效果，如图 4-8-5(A)(B)(C)。

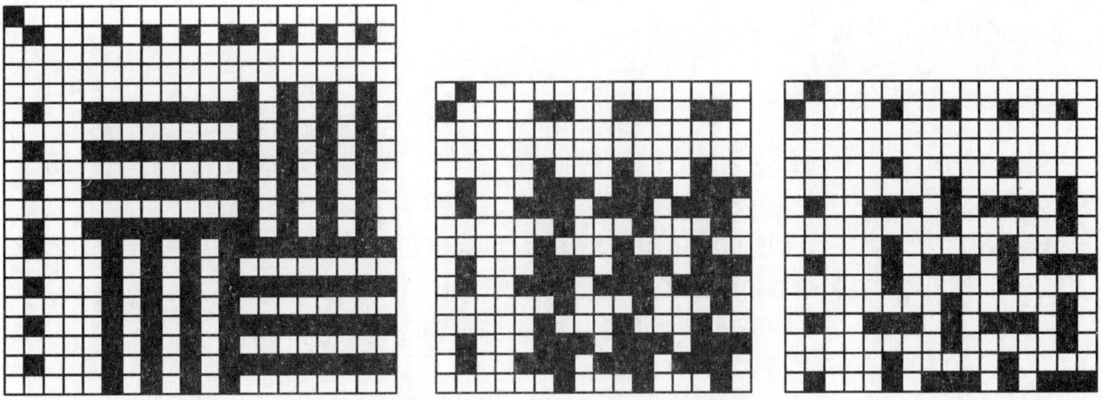

(A)　(B)　(C)

图 4-8-4　以平纹为基础的配色模纹

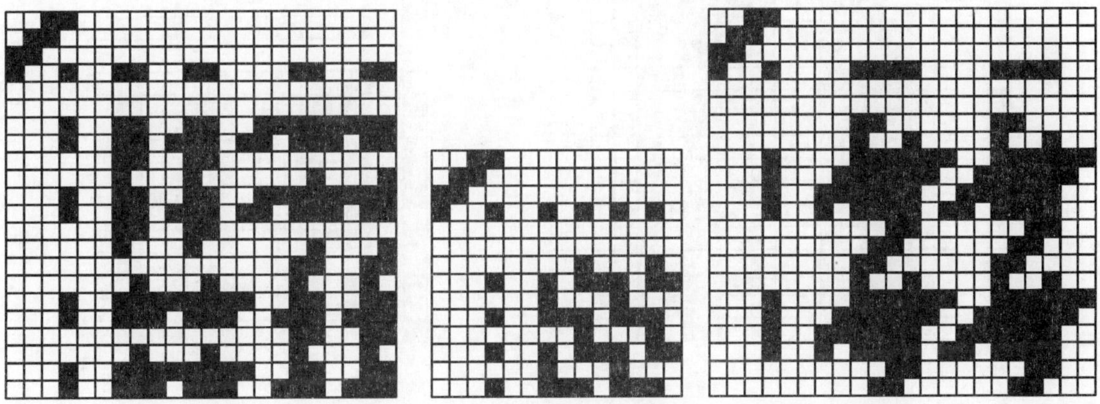

(A)　(B)　(C)

图 4-8-5　以斜纹为基础的配色模纹

(3) 同一个配色模纹可用不同的组织形成。图 4-8-6 中,(A)(B)(C)(D)所示花纹相同,其经纬色纱排列也相同,但选用的组织不同,其中(A)选择平纹,(B)选择 4 枚不规则经面缎纹,(C)选择 4 枚不规则纬面缎纹,(D)选择$\frac{2}{2}$方平。

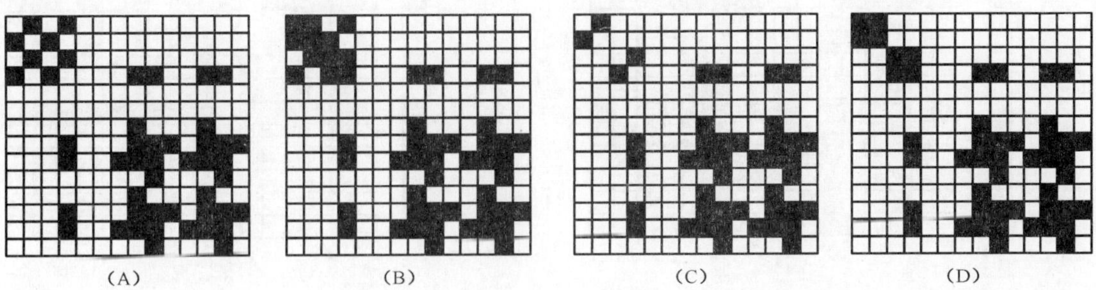

(A)　(B)　(C)　(D)

图 4-8-6　配色模纹

至于采用哪一种组织，可根据织物要求的紧密度、手感、外观光泽和风格特征等因素，并结合选用的原料以及上机条件而确定。

五、配色模纹的种类

（1）条纹花纹　由两种以上的色纱排列而成的纵向或横向条纹，如图 4-8-7(A)所示。
（2）梯形花纹　由纵横条联合而成的梯形花纹，如图 4-8-7(B)所示。
（3）犬牙花纹　多数犬牙花纹由斜纹组织配合色经、色纬而形成，如图 4-8-7(C)所示。
（4）格子花纹　由纵横条配合而成的格子花纹，如图 4-8-7(D)所示。
（5）小花点花纹　图 4-8-6 所示即为由不同组织形成的小花点花纹。

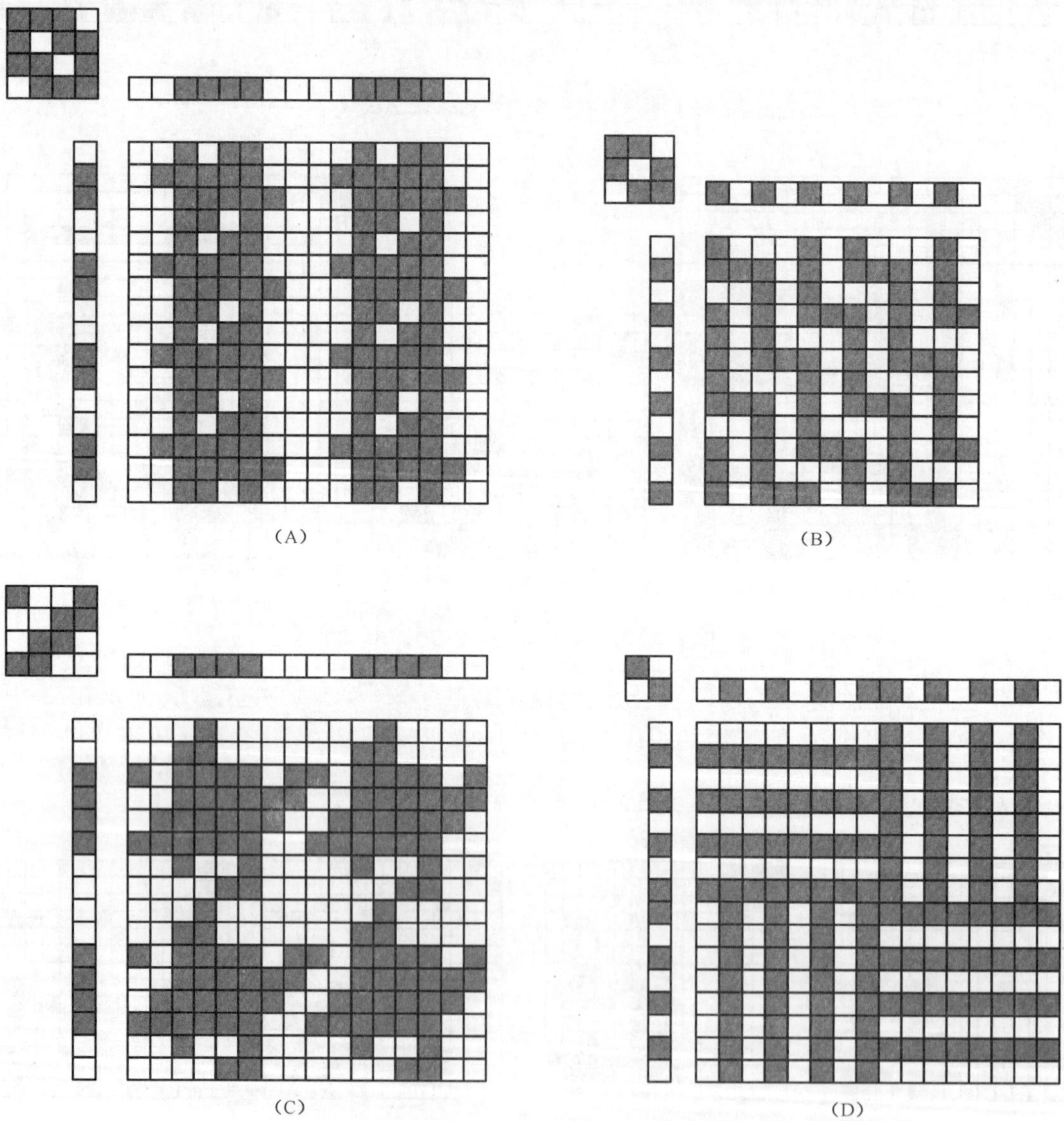

(A)　(B)　(C)　(D)

图 4-8-7　配色模纹

六、已知色纱循环和配色花纹绘作组织图

欲仿造某织物，已知其配色花纹图和色纱循环，为了确定织物组织，首先应根据配色花纹图和色纱循环，分析组织图中每一个组织点的性质。

任务3 已知配色花纹和色纱循环如图 4-8-8(A)所示，求可能的组织图。

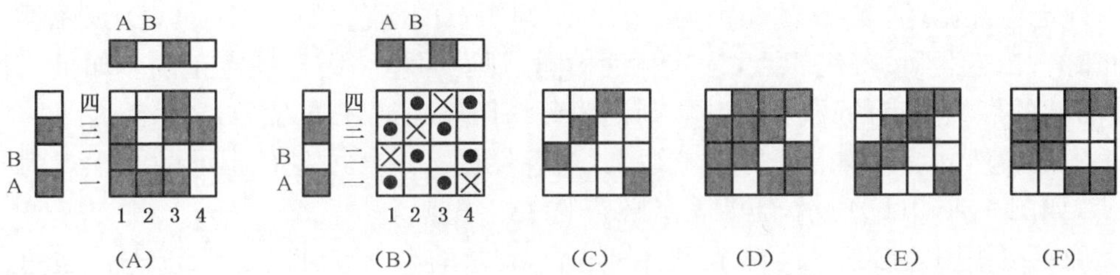

图 4-8-8

由图(A)所示的花纹循环和色纱循环可知，经纱 1 和纬纱一、三的相交处，无论是经组织点还是纬组织点，均显 A 色，即这两个组织点可以是经组织点，也可以是纬组织点，对配色花纹无影响，图(B)中以符号“⊡”表示；同样，经纱 3 与纬纱一、三的相交处均显 A 色，经纱 2，4 与纬纱二、四的相交处均显 B 色，也都以符号“⊡”表示。

根据图(A)所示的配色花纹，可知经纱 1 与纬纱二的相交处应显 A 色，从已知的经纱 1 为 A 色、纬纱二为 B 色，可以断定这个组织点是经组织点，在图(B)中以符号“⊠”表示；同样，经纱 2 与纬纱三、经纱 3 与纬纱四、经纱 4 与纬纱一的相交处，亦必须是经组织点，在图(B)中以符号“⊠”表示。同理，经纱 1 与纬纱四、经纱 2 与纬纱一、经纱 3 与纬纱二、经纱 4 与纬纱三的相交处，都必定是纬组织点，在图(B)中以符号“□”表示。最后，根据图(B)可得到几个组织图，如图中(C)(D)(E)(F)所示。至于采用哪个组织图，可根据织物的具体要求以及上机条件进行选择。

七、已知配色模纹绘制色纱循环和组织图

在设计由配色模纹形成的色织物时，常常要先考虑配色模纹，然后根据配色模纹来确定色纱排列顺序及组织图。

任务4 图 4-8-9(A)所示为由 A 色(以符号“■”表示)和 B 色(以符号“▧”表示)构成的配色模纹，确定色纱排列顺序和可能的组织图。

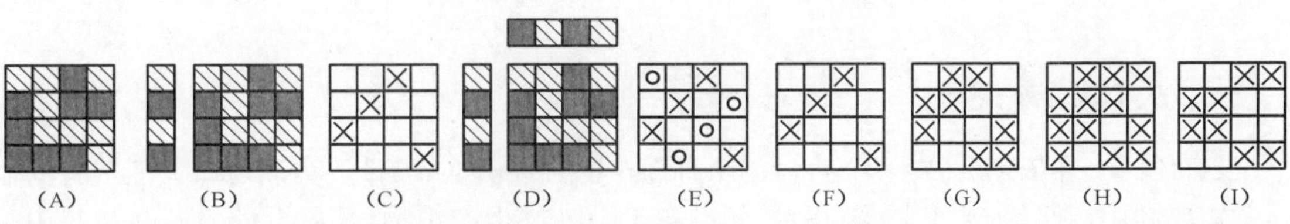

图 4-8-9

(1) 根据配色模纹图，可先确定色纬排列顺序。观察配色花纹中每根纬纱的颜色，通常将每根纬纱上占优势的颜色定为该根纬纱的颜色。图 4-8-9(A)中，因纬纱二、四上的“▧”占优势，所

以纬纱二、四选用B色纱线；而纬纱一、三，因"■"占优势，所以纬纱一、三选用A色纱线。在逐根确定纬纱的颜色时，可同时将纬纱的颜色按顺序标在配色模纹的左侧，如图4-8-9(B)所示。

(2) 确定必然的经组织点。在各根纬纱上，与纬纱颜色不同的组织点，必然是经组织点。纬纱一、三上，与其颜色("▧"色)不同的颜色，必然是经组织点；同理，纬纱二、四上，与其颜色("■"色)不同的颜色，也必然是经组织点。将必然的经组织点绘出，如图4-8-9(C)所示，图中经组织点以符号"×"表示。

(3) 确定色经循环。经纱的颜色为必然的经组织点的颜色，如图4-8-9(D)所示。每根经纱上，如果有几个必然的经组织点，且其颜色相同，则说明色纬循环确定正确。如果一根经纱上，几个必然的经组织点的颜色不相同，则说明色纬循环确定有误，需重新确定。

(4) 确定必然的纬组织点。每根经纱上，与色经循环中经纱颜色不同的组织点为必然的纬组织点，如图4-8-9(E)所示，"◘"表示必然的纬组织点。

(5) 确定组织图。必然的经纬组织点确定后，剩余的组织点可以是经组织点，也可以是纬组织点。图4-8-9中(F)(G)(H)(I)所示为几种可能的组织图。

八、配色模纹设计方法

设计配色模纹织物，一般先构思花纹图案，然后根据花纹要求并结合生产条件确定色经、色纬的排列，再按花纹图案与色经、色纬排列做出组织图。确定组织时应结合织物外观、风格特征和手感等要求进行。

(1) 构思花型图案　配色模纹以条格形和几何形居多，花纹图案一般多为象形的似花非花、似物非物的花纹图案。

(2) 确定色经色纬的排列　配置色经色纬排列主要根据花纹图案要求进行，但要结合生产设备等条件。一般地说，色经排列较为方便，而色纬的排列受到织机的限制。根据花纹图案作色经色纬排列时，下列情况下可直接决定经、纬的颜色。

① 凡图案中有一大块面积部分，则此部分的经纬纱都是这种颜色。

② 凡经向一色直条，其经纱为这种颜色；凡纬向一色横条，其纬纱为这种颜色。

③ 图案中某一部分的经向或纬向，某色组织点较多时，则其经纱和纬纱多数为这种颜色。

④ 图案中某一部分以经、纬组织点显现闪色效应时，或显现方向不同的不连续的双色效应时，其对应的经、纬必各为其中一色。

子项目九　织物CAD创新设计

一、认识创新设计

没有任何小样依据和技术规定，自创一种新产品，即为创新设计。为满足广大消费者的需求，常需要利用新原料、新工艺、新技术、新设备等设计并生产织物，凡所设计的产品与其中一项相符合，就可视为新产品。

创新设计步骤一般为：①构思使用对象和用途，确定织物设计的总体方案；②选择原料；③确定纱线结构；④织物组织结构设计；⑤花纹图案及配色设计；⑥织物规格设计；⑦工艺流程和工艺参数设计；⑧确定织物后整理工艺。

二、织物 CAD 创新设计

利用 HITEX 软件设计小提花组织，首先双击桌面上的图标，打开面料设计应用软件 HITEX。

1. 准备组织

（1）点击文件菜单中的“新建”，弹出“选择组织尺寸”对话框，如图 4-9-1(A)所示。

（2）在框内选择任意组织尺寸，图 4-9-1(A)所示选择“1024×1024”，进入组织图界面。

（3）如图 4-9-1(B)所示，用“描图工具”中的“笔”工具，点击组织图，如图 4-9-1(C)所示，画出预先设计的组织图，如图 4-9-1(D)所示。

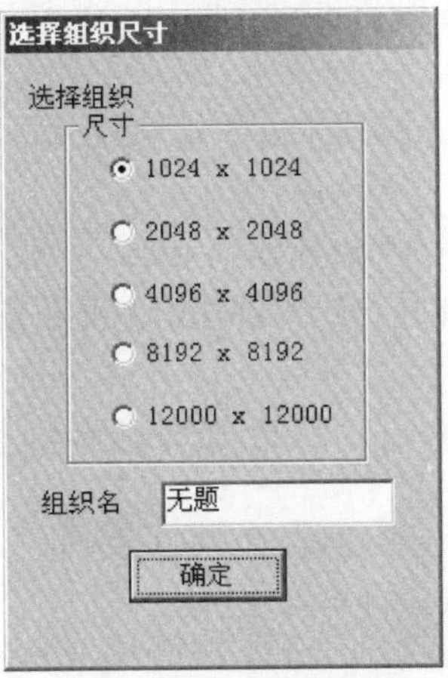

图 4-9-1(A)

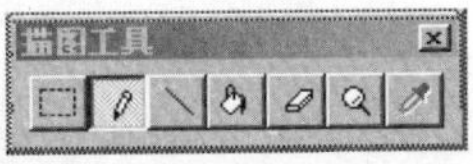

图 4-9-1(B)

图 4-9-1(C)

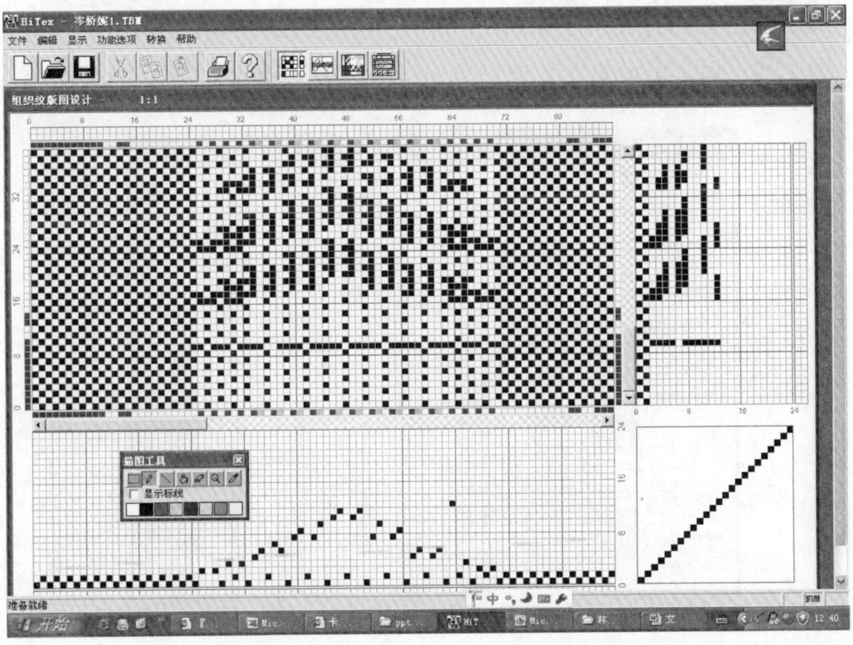

图 4-9-1(D)

2. 设计纱线

(1) 在快捷图标工具中点击“纱线设计”按钮，如图 4-9-2(A)所示。

图 4-9-2(A)

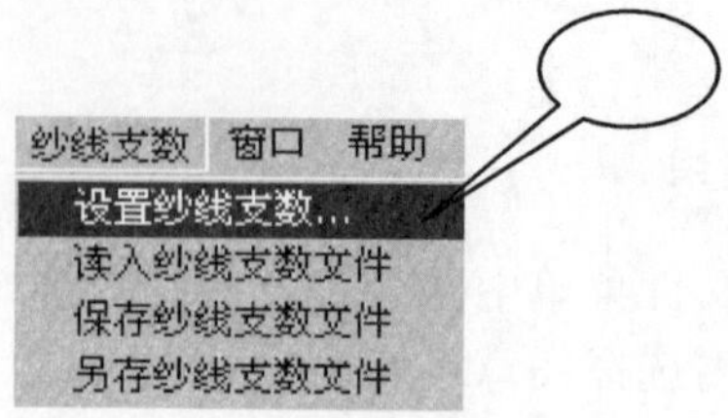

图 4-9-2(B)

(2) 点击“纱线支数”菜单中的“设置纱线支数”，弹出“纱线选择”窗口，如图 4-9-2(B)所示。

3. 准备纱线

(1) 在快捷图标工具中点击“面料设计”按钮，如图 4-9-3(A)所示。

(2) 点击“功能选项”菜单中的“纱线准备”，如图 4-9-3(B)所示，弹出“纱线准备”窗口，如图4-9-3(C)所示。

(3) 点击“选择纱线”按钮，“纱线设计”窗口中的纱线会自动读取到经纱纱线框中，如图 4-9-3(C)所示。

图 4-9-3(A)

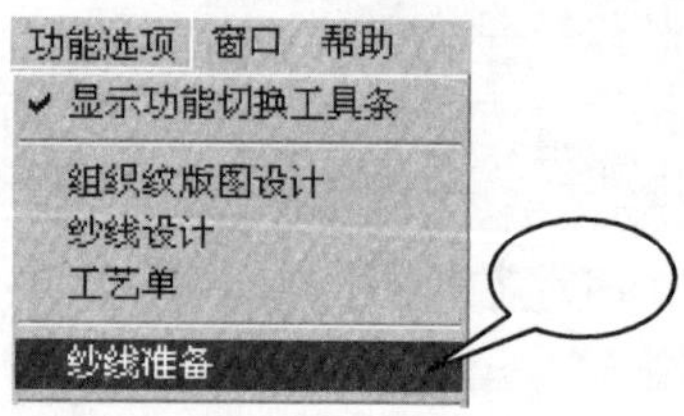

图 4-9-3(B)

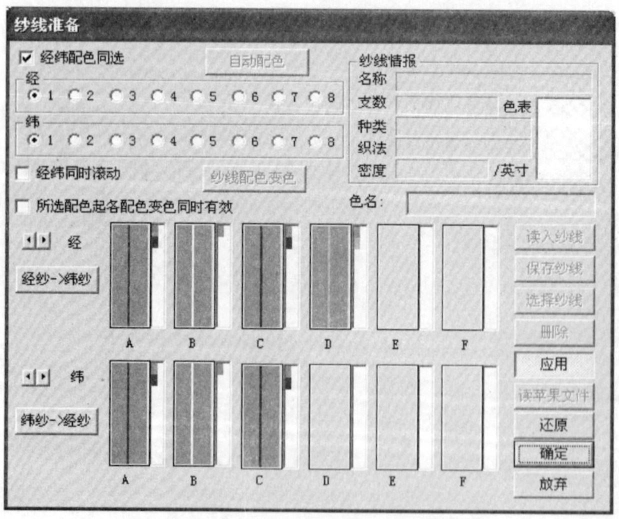

图 4-9-3(C)

4. 作成格型

(1) 自动显示“纱线选择”窗口，并默认在经纱输入状态，经纱输入后，按照纬纱循环输入相应的纬纱循环数值，如图 4-9-4 所示。

(2) 设置经纬纱的排列数据后，“面料制作”窗口会显示所设计的面料仿真效果图，如图 4-9-5 所示。

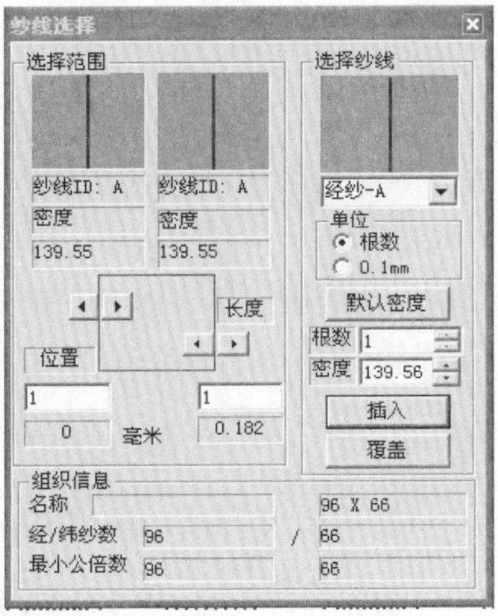

图 4-9-4

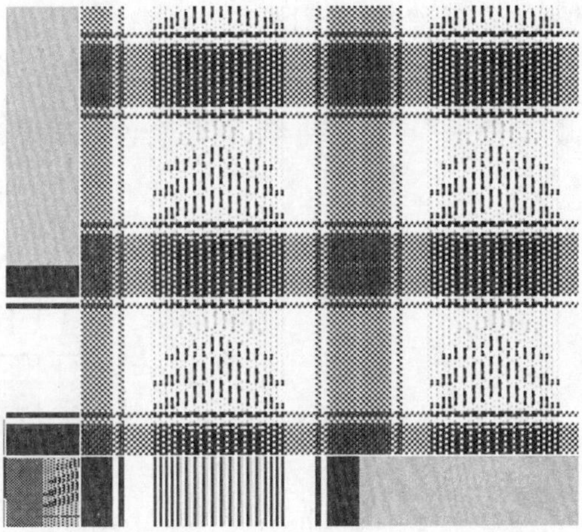

图 4-9-5

习题

1. 以$\frac{8}{5}$经面缎纹和$\frac{8}{3}$纬面缎纹为基础组织，绘作纵条纹组织。

2. 以$\frac{2}{2}$经重平、$\frac{2}{2}\nearrow$和$\frac{2}{2}$方平为基础组织，绘作纵条纹组织。

3. 某纵条纹组织织物，$P_J = 230$ 根 /10 cm，第一条宽 2 cm，采用$\frac{2}{2}\nearrow$组织；第二条宽 1.5 cm，采用$\frac{2}{2}$方平组织。试画出该织物的上机图。

4. 按照下表所示数据，设计一格型织物：

条纹宽度(cm)	条纹密度($P_J = P_W$)(根 /10 cm)	条纹组织
$a=8$	350	平纹
$b=2$	700	6 枚不规则缎纹
$c=16$	350	平纹

试求：(1)R_J 和 R_W；(2)穿综说明和纹板图。

5. 以$\frac{5}{3}$纬面缎纹和$\frac{5}{3}$经面缎纹为基础组织，绘作 $R_J = R_W = 10$ 的方格组织。

6. 绘制$\frac{1}{3}$破斜纹构成的方格组织。

7. 试绘作 $R_J = R_W = 12$ 的简单蜂巢组织和顶点相对蜂巢组织。

8. 绘作基础组织为$\frac{4}{4}$纬重平、固结组织为平纹、两凸条间加 2 根平纹的基本凸条组织上机图。

9. 绘作基础组织$\frac{6}{6}$为纬重平、固结组织为$\frac{1}{2}\nearrow$、两凸条间加 2 根平纹、凸条中间加 2 根芯线的基本凸条组织上机图。

10. 试设计一平纹与透孔组织联合组成的条子组织。

11. 以$\frac{2}{2}\nearrow$为基础组织，色经及色纬循环为：2A2B(重复 3 次)2B2A(重复 3 次)。试绘作配色花纹图。

12. 已知配色模纹及色纱排列(如下图)，试绘作能形成该配色模纹的各种组织方案图。

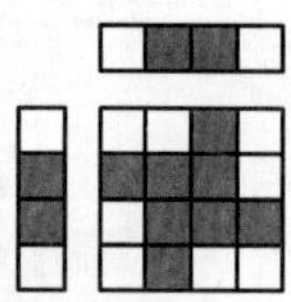

13. 以平纹为基础，作 $R_J = R_W = 12$ 的简单网目组织，要求含有 2 根对称型的网目经，并说明增加网目效应的有关措施。

14. 试设计一平纹地小提花组织，要求用综数≤16 片。

15. 画出以下面料的组织图(见彩页)。

(a)

(b)

(c)

项目五

复杂组织

一、什么是复杂组织

无论是原组织、变化组织，还是联合组织，虽然其表面特征各不相同，但有一个共同点，即经纱或纬纱没有重叠现象，表面是经组织点处，反面一定是纬组织点；表面是纬组织点处，反面一定是经组织点。这种组织统称为单层组织。

复杂组织的经、纬纱，至少有一种是由两个或两个以上系统的纱线组成的。这种组织结构能增加织物的厚度且表面细致，或改善织物的透气性且结构稳定，或提高织物的耐磨性且质地柔软，或得到某些简单织物无法得到的性能和模纹等。这种组织多数应用于衣着、装饰和技术织物。

二、复杂组织分类

(1) 二重组织，包括经二重组织和纬二重组织。

(2) 双层组织，如管状组织、双幅织物组织或多幅织物组织、表里换层双层组织、通过各种接结法形成的双层组织。

(3) 起毛组织，如经起毛组织、纬起毛组织。

(4) 毛巾组织。

(5) 纱罗组织。

子项目一 分析与设计重组织

重组织具有两组或两组以上的经纱或纬纱，具有以下特点：

(1) 可制作双面织物，包括正反面具有相同组织、相同色彩的同面织物以及不同组织或不同色彩形成的异面织物，在素织物中应用较多，如双面缎等。

(2) 可制作表面具有不同色彩或不同原料所形成的色彩丰富、层次多变的花纹织物，在单花织物中应用较多，留香绉、金雕缎、花软缎、织锦缎、古香缎及彩色挂屏、像景等丝织物都是利用重组织制织的。

(3) 由于经纱或纬纱组数的增加，不但能美化织物的外观，而且织物的重量、厚度、坚牢度及保暖性均有所增加，因此更能符合多方面的要求。

一、经二重组织

本节能力目标

1. 会绘制经二重组织图； 2. 会分析经二重面料；
3. 认识经起花织物，会分析经起花组织； 4. 会设计经起花和经二重组织.

任务

分析图 5-1/01 所示面料的组织，画出组织图。

图 5-1/01

任务分解

1. 认识经二重组织

二重组织是复杂组织中最简单的组织，经二重组织由两个系统的经纱和一个系统的纬纱交织而成。

2. 认识经二重组织的基本概念

经二重组织实际上是利用浮于织物表面的经纱的浮线长，而与它相邻的经纱的浮长短，从而长的经浮线将短的经浮线掩盖而浮出织物表面。图 5-1-1 所示为经二重织物的交织示意图。显现在织物表面的经纱称为表经，即经纱 1，2，3，4；重叠在表经下面的经纱称为里经，即经纱 Ⅰ，Ⅱ，Ⅲ，Ⅳ。表经与纬纱交织的组织称为表组织，里经与纬纱交织的组织称为里组织。从织物反面看，由里经与纬纱交织构成织物的反面，称为反面组织。图 5-1/01 所示即为经二重织物。

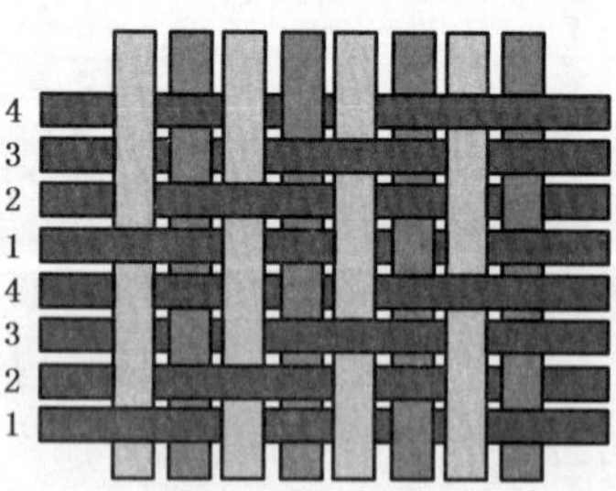

图 5-1-1

3. 经二重组织的表里组织配置原则

如图 5-1-1 所示，为了使表里经相互重叠，即表面看不到里经，而反面看不到表经，设计重经组织时，表里组织配置必须遵循以下原则：

(1) 经二重组织要求正反面均是经面效应，基础组织相同和不同均可，但正反面组织必须是经面组织，里组织必是纬面组织。

(2) 表经的经组织点必须将里经的经组织点遮盖。图 5-1-2 中，(A)所示为配置优良的经二重组织，(B)所示为配置不良的经二重组织。

(3) 表经与里经的排列比根据使用目的确定，一般为 1∶1 和 2∶1。

(4) 表组织和里组织的经纬纱循环数必须相等或一个是另一个的整数倍，否则经纱不能很好地重叠，同时经二重组织的经纬纱循环数增加。

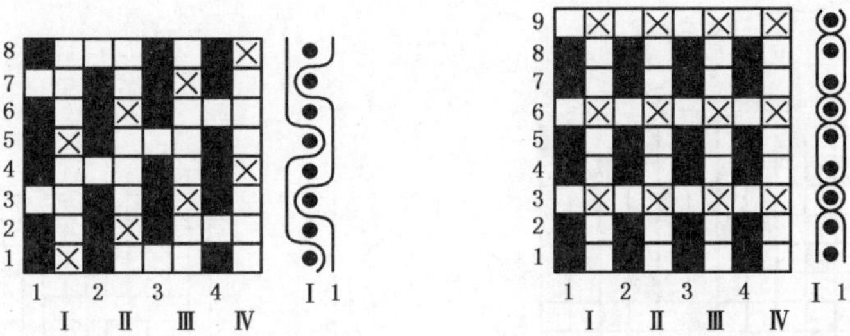

(A) 配置优良的经二重组织　　(B) 配置不良的经二重组织

图 5-1-2

4. 绘制经二重组织

任务1 表面组织是$\frac{3}{1}\nearrow$，反面组织是$\frac{3}{1}\nwarrow$，表里经纱排列比为 1∶1，绘作此经二重组织图。

为了绘图方便，假设两个经纱系统在一个平面上，绘图方法如下：

(1) 表组织为$\frac{3}{1}\nearrow$，画出组织图，即图 5-1-3(A)；反面组织为$\frac{3}{1}\nwarrow$，组织图为图 5-1-3(B)，则里组织为$\frac{1}{3}\nearrow$(由底片翻转法获得)。图 5-1-3(C)是在表面组织中按已知表里经纱排列比填绘而成，图中纵行代表表经，纵向箭矢所示的粗纱代表里经，横行代表纬纱。图 5-1-3(D)是辅助图，是按已知表组织与表里经纱排列比并结合“里组织的短经浮长配置在相邻表经两浮长线之间”的原则而获得的里组织点配置，图中符号“☒”代表里经组织点。图 5-1-3(E)为求得的里组织。

(2) 计算 R_J、R_W。若表里经纱的排列比为 1∶1，则 $R_J=R_M+R_N$，R_M 为表组织的组织循环经纱数，R_N 为里组织的组织循环经纱数；若表、里经纱的排列比为 2∶1，则 $R_J=2R_M+R_N$。R_W 为表里组织的组织循环纬纱数的最小公倍数=4。

(3) 填绘组织图

① 在一个组织循环内，按表里经排列比划分表里区，并用阿拉伯数字和罗马数字分别标出表里经，如图 5-1-3(F)。

② 在表经与纬纱的相交处填表组织点，在里经与纬纱的相交处填里组织点，所得组织图和上机图如图 5-1-3(G)。

③ 画截面图，检查组织配置，图 5-1-3(H)为经向截面图，图 5-1-3(I)为纬向截面图。

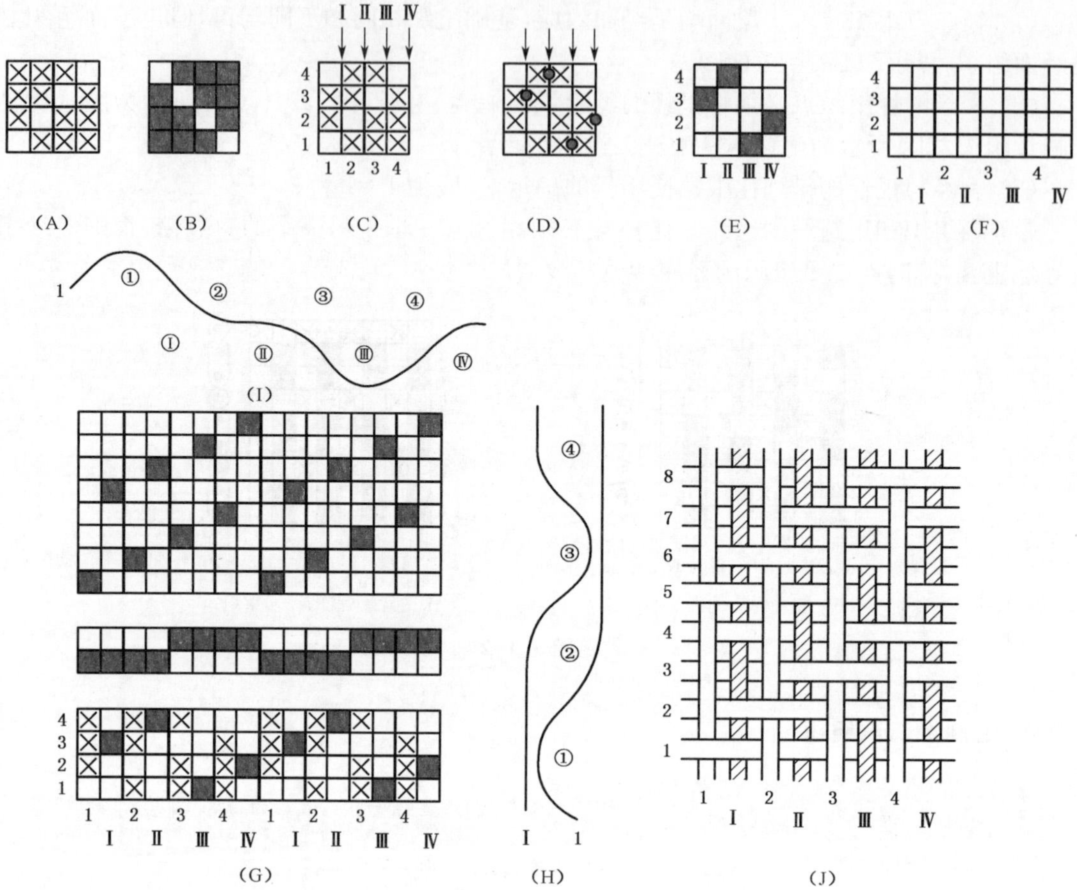

图 5-1-3

图 5-1-4 所示为以$\frac{2}{2}$方平作表面组织，$\frac{3}{1}$破斜纹作反面组织以及表里经纱排列比为 2：1 所绘制的异面经二重组织上机图。织制异面经二重织物，可采用廉价的里经，达到既增厚又降低成本的目的。

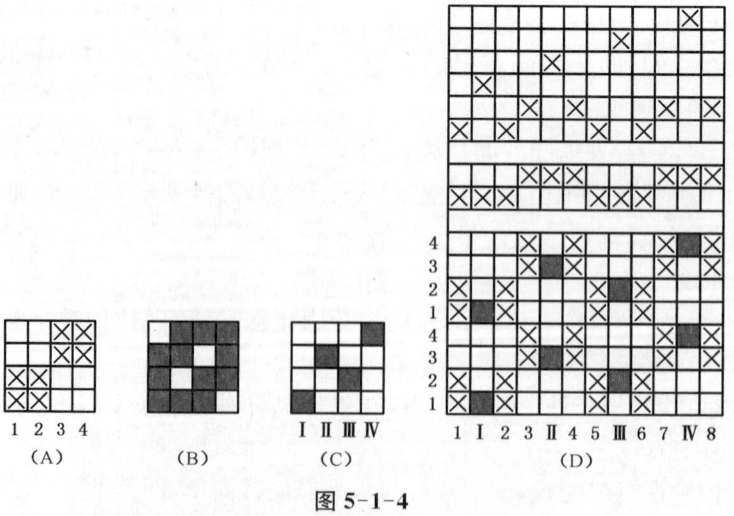

图 5-1-4

任务2 分析图5-1/01所示面料的组织，画出组织图。

通过拆纱分析，得其表组织为$\frac{3}{1}$↖，里组织为$\frac{2}{2}$↖，表、里经排列比为1∶1，则组织图和穿综穿筘图如图5-1-5。

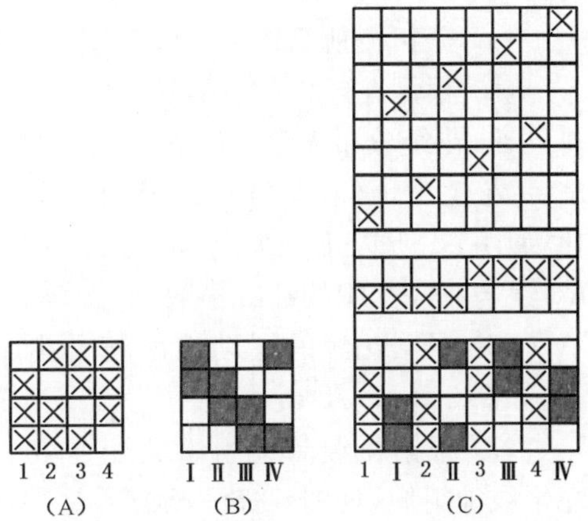

图5-1-5

5. 经二重组织上机

(1) 穿综　因重经组织具有两组以上的经纱，所以应采用分区穿法。表经的提升次序多，穿前区；里经的提升次数少，穿后区。所需综片数为表、里组织单独织造时所需综片数之和。

(2) 穿筘　应把同一组的经纱穿入同一筘齿，当织机打纬时，可借助钢筘的机械作用，将同一组的经纱拢在一起，使之更好地重叠，所以每筘齿穿入数应等于表、里经排列比之和或为其整数倍。例如，当表、里经纱排列比为1∶1时，根据经密可选择2根(1表1里)、4根(1表1里1表1里)或6根(1表1里1表1里(1表1里)为一组穿入同一筘齿；当表、里经纱排列比为2∶1时，可选择3根(1表1里1表)或6根(1表1里1表1表1里1表)为一组穿入同一筘齿。

(3) 织轴与梭箱　若表、里经纱的性质差异较大而交织次数相近或相同时，或表、里经的原料细度相同而交织次数差异较大时，其表、里经的织缩率差异较大，此时，表、里经应分别卷绕在不同的织轴上，否则将无法织造。为减少织轴使用数量，减少织造难度，设计重经组织时，应尽可能使表、里经的织缩相同或者相近。由于重经组织只有一组纬纱，采用有梭织机时可以用1×1梭箱的织机进行制织。

6. 认识经起花织物

利用经二重组织可使经纱具有重叠配置的特点，在一些简单组织中局部采用时，将使起花经按照花纹要求在起花时浮在织物表面，如图5-1-6(A)所示，不起花时则沉于织物反面，如图5-1-6(B)所示，起花部分以外的织物仍以简单组织交织，形成各式各样的局部经起花的花纹，称为经起花织物。经二重组织中常见的就是经起花织物。

图5-1-6

任务3 分析图5-1-6(A)所示的经起花织物。

一般利用直接观察法分析经起花织物的起花区：

(1) 分析织物经纬向和正反面，织物正面有经浮线构成的漂亮小花，反面有浮长线。

(2) 分析得花经根数为5根。

(3) 分析得花经与地经的排列比为1∶1。

(4) 分析得地组织为平纹。

(5) 根据花经根数、花经与地经的排列比、花经分布大致算出 R_J 和 R_W。R_J＝花经＋地经，花经与地经的排列比为1∶1，所以 $R_J \geqslant 2 \times$ 花经 $\geqslant 10$；$R_W \geqslant$ 与花经交织的纬纱根数 $\geqslant 8$。

(6) 根据花经的运动规律画出花经，如图 5-1-7(A)所示。

(7) 根据花经与地组织的配合填充平纹地组织，如图 5-1-7(B)所示。

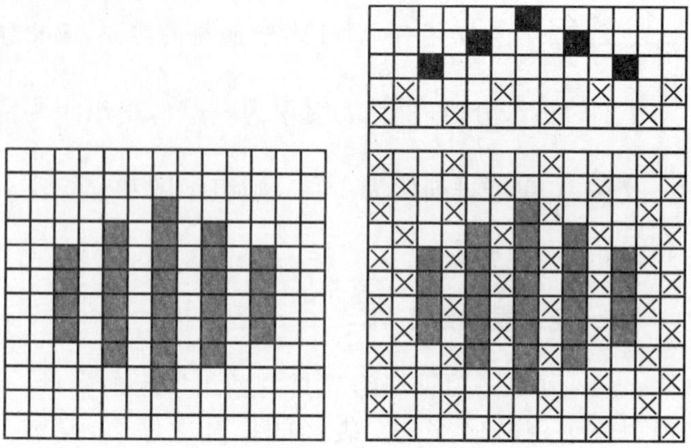

(A) (B)

图 5-1-7

任务4 分析图 5-1-8(A)所示的经起花织物(见彩页)。

方法与上例相同，得其组织图如图 5-1-8(B)所示。

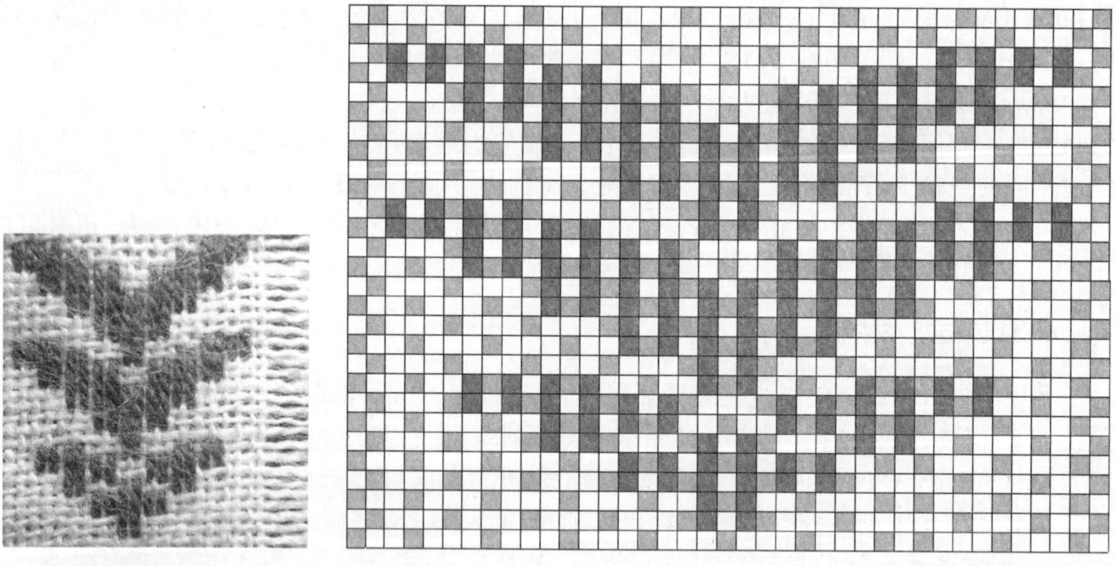

(A) (B)

图 5-1-8

7. 经起花组织上机

(1) 穿综采用分区穿法。一般地经纱穿前区，利于开口清晰，起花组织经纱穿后区，其中花纹相同的经纱穿入同一区，如图 5-1-7(B)所示。

(2) 穿筘时，一般将地经夹在花经中间，并穿入同一筘齿，以便于花经浮起。如花经与地经的排列比为 2∶2，4 根为一组(1 花 2 地 1 花)穿入同一筘齿；如花经与地经的排列比为2∶1，3 根为一组(1 花 1 地 1 花)穿入同一筘齿。

(3) 当起花组织与地组织的交织点数相差很大时，花经与地经的张力就不一样，花经张力小易造成织造困难。如果采用双轴织造，则花经与地经可分别卷在两个织轴上，其张力可分别控制，这样能使花型清晰，同时织造顺利，但织轴的卷绕长度较难控制，布机操作也麻烦。如两种组织的平均浮长差异不大时，可采用单织轴织造，但需在准备、织造工序采取适当措施，如整经时加大花经张力，进行预伸，以减少花经在织造过程中因受力而伸长。

8. 设计经起花织物

(1) 地组织选择　经起花织物的地组织应根据织物品种进行选择。总的要求是地布平整，并能烘托花型，使花纹突出、清晰。用平纹作地组织可使地布平整，花型边缘整齐、清晰，适用于各类经起花织物，特别适用于轻薄类织物。其他原组织、变化组织和联合组织也可用作地组织。以平纹类居多。

(2) 花经与地经的排列比　可根据花型要求、织物品种确定，常用1∶1、1∶2或2∶2等，以1∶1居多。花经的排列根数多，花型饱满突出；反之，则花型稀疏，丰满度差，但花型可以扩大。

(3) 花型与起花组织设计　花型大小及布局需视织物品种而定。起花组织通常有两种形式：经浮长线起花与平纹散点起花。

浮长线起花，花型突出、饱满，但应适当控制浮线长度。用单轴织造时，以3～5个连续浮点为宜。用双轴织造时，浮长虽不受织造条件的限制，但亦不宜过长。

当经起花部位的经向间隔距离较长，即花经在织物反面的浮线较长时，容易磨断而导致织物不牢固，故需间隔一定距离加一个经组织点，即与纬纱交织一次，这种组织点称接结点。

9. 认识经二重组织和经起花织物应用

(1) 利用经二重组织使用两组以上经纱的特点，常利用表、里经的收缩性能不同来制织经高花织物，如丝绸产品中的金雕缎；也可制织挂经织物，如丝绸产品中的迎春绡和条子花绡等。

(2) 经起花织物的花型清晰，立体感强，色彩丰富，具有绣花织物的风格，在棉型色织物中应用较多，图5-1-9(A)(B)所示为棉织经起花织物(见彩页)。

(3) 将经起花织物反面的浮长线剪断，则可形成剪花织物，如图5-1-9(C)所示(见彩页)。

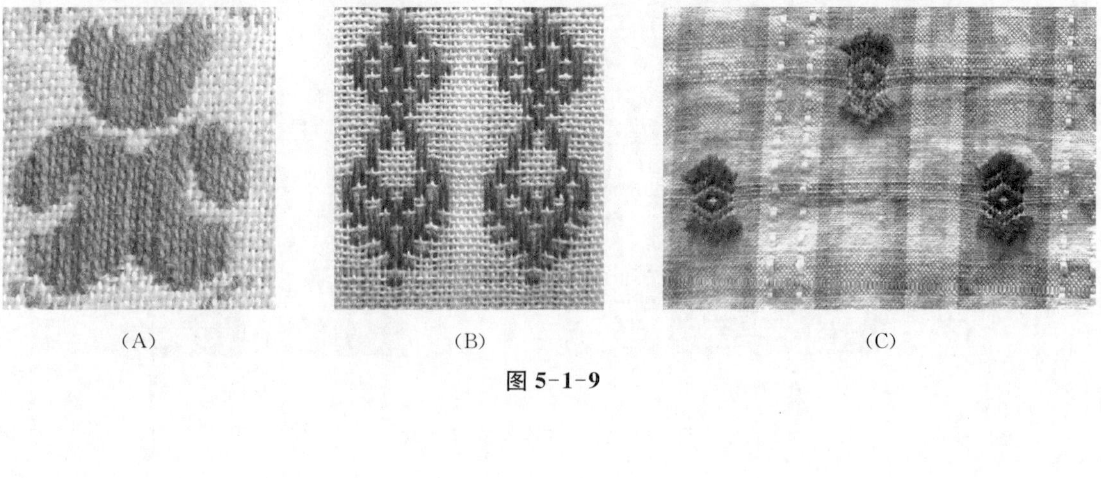

(A)　(B)　(C)

图5-1-9

能力拓展 1

表里交换经二重组织

如图 5-1-10 所示，为了实现织物表面颜色的变换，A 区的表经在 B 区为里经，而 A 区的里经在 B 区为表经，称为表里交换经二重组织。在 A 区，表组织和里组织分别为 $\frac{3}{1}\nwarrow$ 和 $\frac{2}{2}\nwarrow$；在 B 区，表组织和里组织分别为 $\frac{2}{2}\nwarrow$ 和 $\frac{1}{3}\nwarrow$。此表里交换经二重组织的组织图如图 5-1-10(B) 所示。

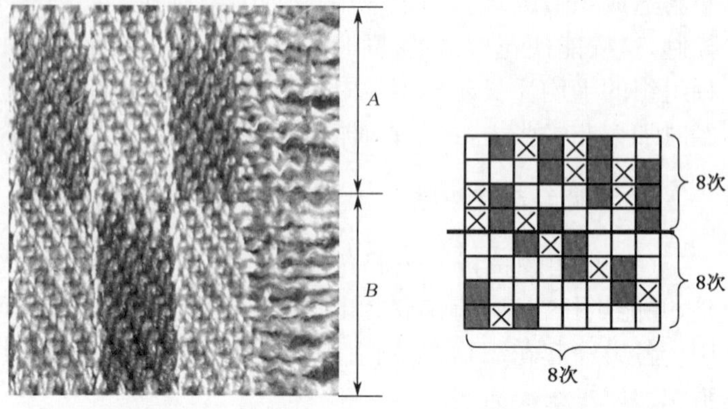

(A)　　(B)

图 5-1-10　表里交换经二重织物及其组织

能力拓展 2

经三重组织和三重经起花

经三重组织一般用于丝织物，由三组经纱（表经、中经、里经）与一组纬纱重叠交织而成。

经三重组织的构成原理与经二重相同，但必须考虑三组经纱的相互遮盖，三者之间必须有相同的组织点，因此一般表层组织选经面组织，里层组织选纬面组织，中层组织选双面组织，表经、中经、里经的排列比一般选 1∶1∶1，其完全组织的循环经纱数等于基础组织的循环经纱数的最小公倍数与排列比之和，其完全组织的循环纬纱数等于基础组织的循环纬纱数的最小公倍数。

图 5-1-11 所示为三重经起花织物（见彩页），由两层花经和一层地经与纬纱交织而成。两层花经在织物正面起花，不起花时沉于织物反面，花型立体感较强。图中，(A) 为三重经起花织物的正面，(B) 为反面。

(A) 正面　　(B) 反面

图 5-1-11　三重经起花织物

二、纬二重组织

本节能力目标

1. 会绘制纬二重组织图；　　2. 会分析纬二重组织面料；
3. 会设计纬二重组织.

任务

分析图 5-1/02 所示面料的组织，画出组织图(见彩页)。

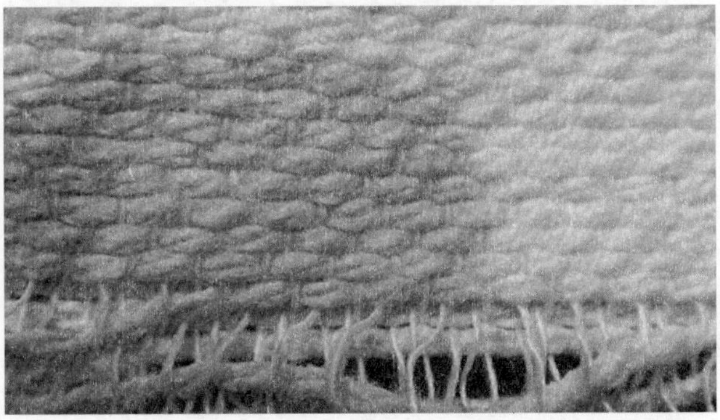

图 5-1/02

任务分解

1. 认识纬二重组织

如图 5-1/02 所示，将上层纬纱剥掉，下面还有一层纬纱，这样的组织称为重纬组织，可由两组纬纱或两组以上的纬纱和一组经纱交织而形成，分别称为纬二重组织和纬多重组织。纬二重组织可在简单组织织物中局部采用，称为纬起花织物。

2. 纬二重组织的基本概念

在重纬组织中，显现在织物表面的纬纱称为表纬，重叠在表纬下面的纬纱称为里纬；表纬与经纱交织而成的组织称为表组织，里纬与同一经纱交织的组织称为里组织，里组织的反面称为反面组织。重叠在一起的表里纬纱称为一个重组。通常将两组纬纱与一组经纱交织而成的重纬组织称为纬二重组织，将三组以上纬纱与一组经纱交织而成的重纬组织称为纬多重组织。纬二重组织与纬多重组织的构成原理、设计原则、绘图方法及上机要点等基本相似，以下仅以纬二重组织为例详细阐述。

3. 纬二重组织的配置原则

(1) 表组织和反面组织均应是纬面组织，这两种组织可相同也可不同；里组织必须是经面组织。

(2) 在组织图中，表纬的纬浮长线必须将里纬的纬浮点遮盖，即里纬的纬浮点的上下一定是表纬的纬浮点，这样才能借助打纬的作用使纬纱产生滚动和滑移，如果里纬的单个纬浮点的上下不是纬浮点，就不能形成重叠效应。

（3）表里纬的排列比为 1∶1、2∶1 或 2∶2。

（4）表组织和里组织的经纬纱循环数必须相等或一个是另一个的整数倍，这样有利于表里组织重叠，并且使纬二重组织的循环不致太大。

4. 绘制纬二重组织图

任务1 已知表面组织为$\frac{1}{3}\nearrow$，反面组织为$\frac{1}{3}\nwarrow$，表里纬纱的排列比为 1∶1，试绘出纬二重组织图。

（1）反面组织为$\frac{1}{3}\nwarrow$，则里组织为$\frac{3}{1}\nearrow$，分别画出表组织和里组织，分别如图 5-1-12(A)(B)所示，表纬用阿拉伯数字表示，里纬排列暂且用“a，b，c，d”表示。

（2）已知表、里纬纱排列比为 1∶1，确定 R_J 和 R_W，得 $R_J=4$，$R_W=R_{W表}+R_{W里}=8$。画出组织图范围，并用阿拉伯数字和罗马数字分别标出表里纬，如图 5-1-12(C)所示。

（3）在表纬与经纱的相交处填绘表组织点，如图 5-1-12(D)所示。

（4）选择里组织起始点。按照“里组织的短纬浮长配置在相邻两纬的长浮线之间”的原则，里组织的纬纱Ⅰ的纬组织点应位于经纱 4 上，所以应选择纬纱 b 为起始纬纱，见图 5-1-12(E)。

（5）根据组织循环原理，里组织的纬纱Ⅱ，Ⅲ，Ⅳ上分别填充纬纱 d，a，c 的组织点，见图 5-1-12(F)。

（6）画纵横截面图，检查表里组织的配合是否正确，见图 5-1-12(G)(H)。

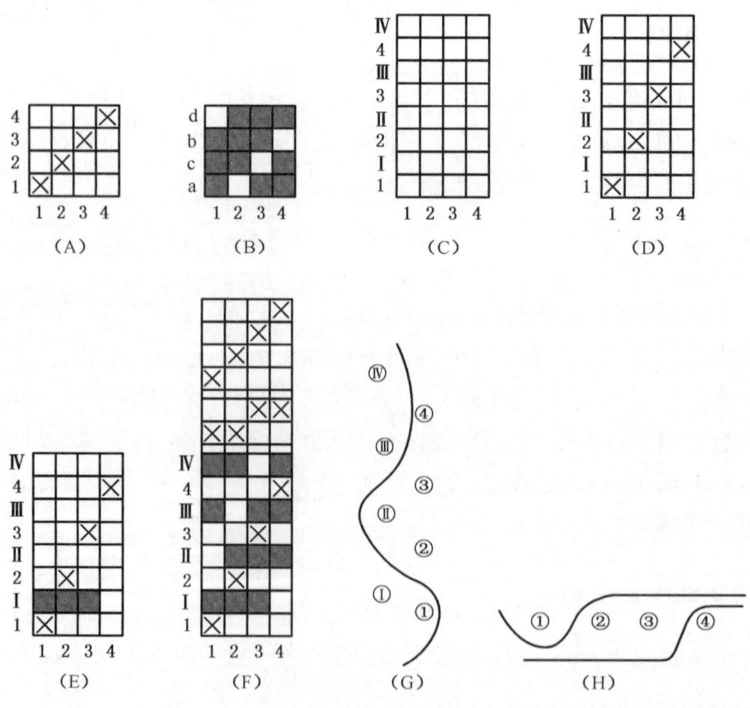

图 5-1-12

5. 分析纬二重组织

任务2 分析图 5-1/02 所示的棉毯织物。

(1) 由图可以看出，此织物为表里纬纱排列比为 1∶1 的纬二重织物。

(2) 利用直接观察法分析得表组织为$\frac{1}{3}$破斜纹，反面组织为$\frac{1}{3}$破斜纹，则里组织为$\frac{3}{1}$破斜纹，画出表组织如图 5-1-13(A)所示和里组织如图 5-1-13(B)所示。

(3) 则纬二重组织的 $R_J=4$，$R_W=8$，在表纬与经纱的相交处填绘表组织，如图5-1-13(C)所示。

(4) 确定里组织的起始纬纱。由图 5-1-13(D)，可知里组织的纬纱Ⅰ的纬组织点应在经纱 3 或 4 上，如选择经纱 3，应选择图 5-1-13(B)中的纬纱Ⅳ作为里组织的纬纱Ⅰ，依次填绘其他纬纱，如图5-1-13(D)所示。

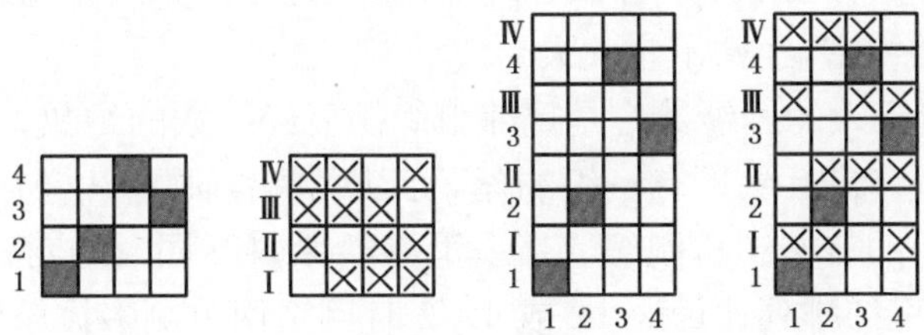

(A) (B) (C) (D)

图 5-1-13

任务3 分析某纬二重织物，织物正面如图 5-1-14(A)所示，织物反面如图 5-1-14(B)所示，绘作此纬二重织物的组织图和经纬向截面图。

(1) 由图 5-1-14(A)可看出织物表组织为$\frac{1}{2}$↗，绘出组织图如图 5-1-14(C)所示。由图 5-1-14(B)可看出织物反面组织为$\frac{1}{2}$↖，则里组织为$\frac{2}{1}$↗，绘出组织图如图 5-1-14(D)所示。

(2) 根据纬二重织物组织图的绘制方法，绘出组织图如图 5-1-14(E)所示。纬向截面图如图5-1-14(F)所示，经向截面图如图 5-1-14(G)所示。

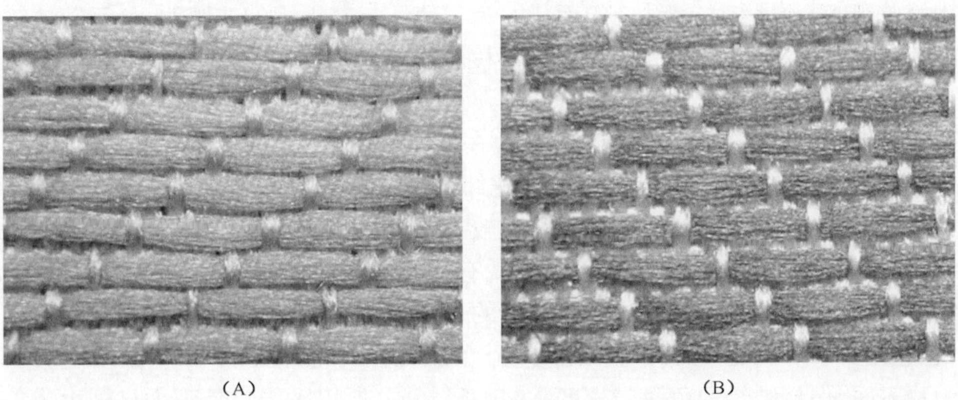
(A) (B)

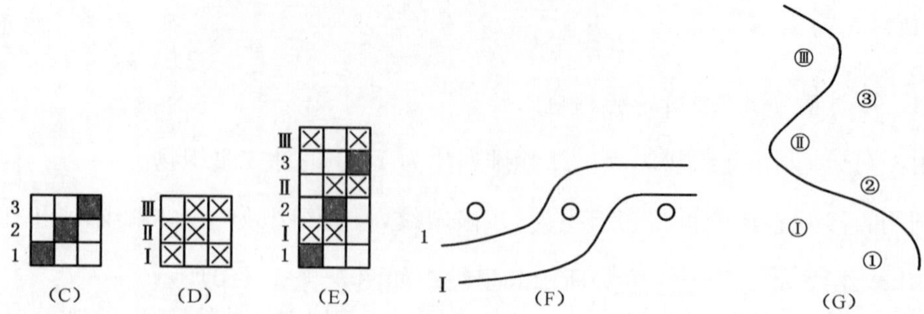

图 5-1-14

6. 纬二重组织上机

(1) 穿综　重纬组织一般采用顺穿法穿综，所需要的综片数等于重纬组织的循环经纱数，因纬二重织物有较大的纬密，经密不宜太大。

(2) 穿筘　每筘齿穿入的经纱数应是重纬组织循环经纱数的约数，一般为 2～4 根。

(3) 织轴与梭箱　重纬组织只有一组经丝，可以用单织轴制织。当表里纬纱为同一种原料时，可采用 1×1 梭箱的有梭织机制织。当表里纬纱原料不同时，应按表里纬排列比决定有梭织机的梭箱装置：表里纬排列比为 2∶2 或 4∶2 时可选用单侧多梭箱织机，表里纬排列比为其他配置时则必须选用双侧多梭箱装置。用新型织机制织重纬织物则不受表里纬排列比的限制。

能力拓展

认识纬起花组织

(1) 认识纬起花面料　纬起花组织是由简单的织物组织加上局部纬二重组织构成的，其特点是按照花纹要求在起花部位起花，起花部位由两个系统的纬纱(即花纬和地纬)与一个系统的经纱交织而形成。起花时，花纬与地纬交织，花纬浮在织物表面，利用花纬浮长构成花纹，如图 5-1-15(A)(C)所示；不起花时，花纬沉于织物反面，正面不显露，图 5-1-15(B)所示为图 5-1-15(A)所示织物的反面，图 5-1-15(D)所示为图 5-1-15(C)所示织物的反面。起花以外的部位为简单组织，由地纬与经纱交织而成。为了使纬起花组织的花纹明显，起花纬纱往往用显著的颜色。当采用一种以上纬纱时，要用多梭箱织机织制。此种组织大多用于织制色织线呢和薄型织物等(见彩页)。

(2) 设计纬起花组织主要原则

① 纬起花部位由花纬与经纱交织而成，花纬的纬浮长线构成花纹，根据花型要求，纬纱浮长一般为 2～5 根。织物表面的起花部位往往较少，当纬起花部位在纬向的间隔距离较长(花纬在织物反面浮长较长)，对织物坚牢度及外观有一定的影响时，则需要每隔四五根经纱安排一根经纱用于接结。接结时，该经纱沉于花纬的下方，称为接结经。

② 地组织多采用平纹，地布平整，花纹突出。接结经与地纬交织时，其接结组织点虽然难免露于织物表面，但接结经的色泽与密度常与地经相同，所以对织物外观无显著影响。

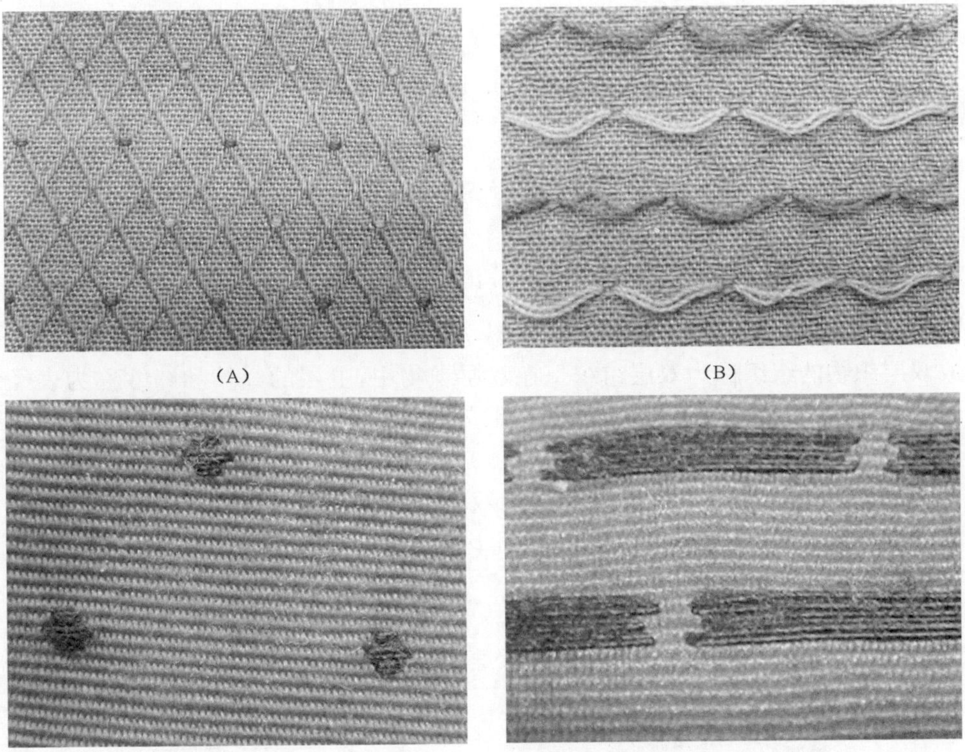

(A)　(B)　(C)　(D)

图 5-1-15

③ 花纬在织物正面起花时，浮长不宜过长，如花型需要浮长较长时，就利用经一根地在织物正面压抑花纬浮长，一般采用接结经旁边的那根地经。常用花纬浮长以三四根为宜。

④ 花纬与地纬的排列比按花型要求、织物品种来定，可采用 2∶2、2∶4、2∶6 等。

⑤ 纬起花组织的组织循环纱线数的确定原则与经起花组织相同。

(3) 纬起花组织上机

① 穿经采用分区穿法，一般地综在前，起花综在后，接结经综在中间。

② 接结经与相邻的经纱穿入同一筘齿。

(4) 纬起花组织应用

经纬起花组织常同时应用于一个品种。

能力拓展

纬三重组织和三重纬起花

纬三重组织和三重纬起花织物主要应用于丝织物，由一组经纱与三组纬纱(表纬、中纬、里纬)重叠交织而成。

织锦缎是典型的三重纬起花织物，为我国传统丝织品，质地紧密厚实，绸身平挺，色彩富丽，是丝绸中的高档产品，主要用作女式服装、被面、高档簿册的装帧封面等。

子项目二 分析与设计双层组织

一、认识双层组织

1. 认识双层组织织物

由两组及以上的各自独立的经纱与两组及以上的各自独立的纬纱交织而成且相互重叠的两层(或称表里两层)织物,称为双层织物,如图 5-2-1(A)所示(见彩页)。

形成双层织物的组织称为双层组织。在双层织物中,上层的经纱和纬纱称为表经、表纬,下层的经纱和纬纱称为里经、里纬;表经与表纬交织的组织称为表组织,里经与里纬交织的组织称为里组织。

图 5-2-1(B)为表里组织均为平纹组织的双层织物示意图(设想下层织物向右、向上移过一段距离),图中表里经排列比与表里纬排列比均为 1∶1。

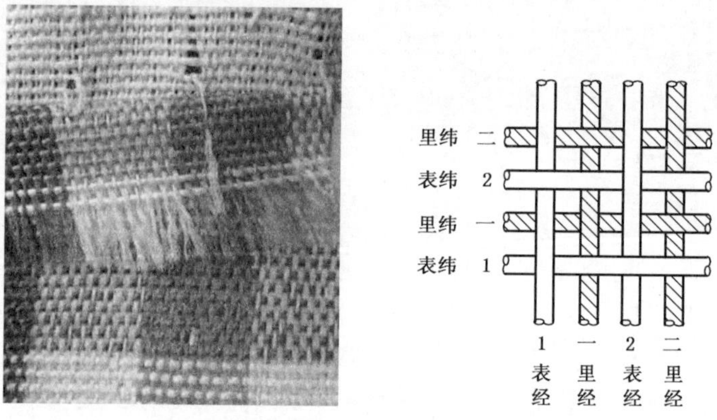

(A)　　(B)

图 5-2-1　双层织物

2. 双层组织分类及应用

根据表里两层的接结方法不同,双层织物(组织)可分为以下几类:

(1) 管状组织　连接表里层的两侧,可构成管状织物,其对应的组织称为管状组织。利用管状组织,可用非圆形织机制织管状织物,如医用的人造血管、消防用的水龙带、工业用的造纸毛毯、圆筒形过滤布及无缝袋子等。

(2) 多幅组织　连接表里层的一侧,可构成双幅织物;分别在两侧将表中层连接在一起,将中里层连接在一起,则可构成三幅织物。双幅或三幅织物所对应的组织称为多幅组织。利用多幅组织,可用狭幅织机制织宽幅织物。

(3) 表里接结组织　用不同的接结方法,将表里两层紧密地接结在一起的组织称为表里接结组织。利用表里接结组织,可制织结实、厚重的过滤锦纶毯、造纸帆布等工业用织物,可制织水利建设用的土工膜袋布,可制织水壶带、背包带等军需品,可制织厚重的双面双色呢、拷花大衣呢、俄罗斯女用大衣呢、俄罗斯男用大衣呢等衣着用织物，可制织色彩丰富的沙发布、窗帘布、床罩等装饰用织物。

(4) 表里换层组织　在所设计的花纹轮廓处，相互交换表里两层，构成表里换层织物，其对应的组织称为表里换层组织。利用表、里换层组织，可制织保暖性能极好的牙签条花呢等衣着用织物，可制织结实厚重的锦新装饰绸等装饰织物。

3. 双层组织的织造原理

织造双层织物时，按表里纬排列比依次制织织物的表层或里层。图 5-2-2 表示制织表、里组织均为平纹，表里纬排列比为 1∶1 的双层织物的提综示意图，表经穿入 1，2 两片综，里经穿入 3，4 两片综。提综情况如下：

织第一纬时：投表纬 1 织表层，1/2 的表经提升，综片 1 提升，如图 5-2-2(A)所示。

织第二纬时：投里纬一织里层，表经全部提升，1/2 的里经提升，综片 1，2，3 提升，如图 5-2-2(B)所示。

织第三纬时：投表纬 2 织表层，另外 1/2 的表经提升，综片 2 提升，如图 5-2-2(C)所示。

织第四纬时：投里纬二织里层，表经全部提升，另外 1/2 的里经提升，综片 1，2，4 提升，如图 5-2-2(D)所示。

由图 5-2-2 可知，织造双层织物时：

① 织上层投表纬时，里经必须全部留在梭口的下层。

② 织下层投里纬时，表经必须全部提升到梭口的上层。

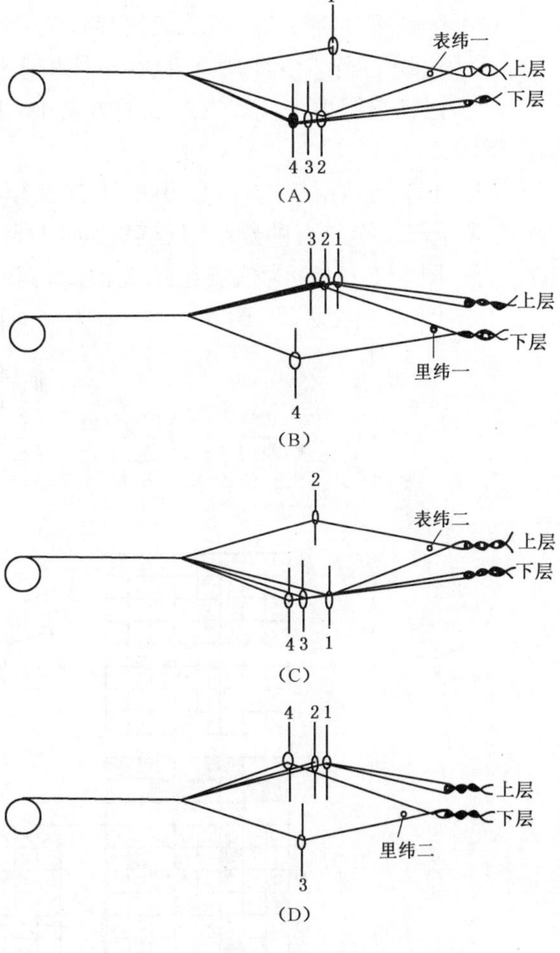

图 5-2-2　双层织物织造提综示意

4. 设计双层组织织物需注意的问题

(1) 表里两层是相互独立的织物，可采用不同的组织，但必须使两种组织的交织次数接近，以免上下两层因缩率不同而影响织物平整。如表组织为 $\frac{2}{2}$ 方平，里组织为 $\frac{2}{2}\nearrow$，其组织性质就比较接近。但是，如表组织为平纹，里组织为缎纹，则织缩不一，织制时就有困难。

(2) 表经与里经的排列比与采用的经纱线密度、织物要求有关。如表经细、里经粗，表里经排列比可采用 2∶1；如表里经细度相同，一般采用 1∶1 或 2∶2；若织物正面要求紧密，反面要求稀疏，表里经线密度相同时，表里经排列比可采用 2∶1。

(3) 同一组的表里经穿入同一筘齿，以便表里经上下重叠。

(4) 表里纬的投纬比与纬纱的线密度、色泽和所用织机有关。如表里纬不同且采用单侧多梭箱织机，投纬比必须是偶数，即二表二里，或以其他偶数比间隔投梭；如采用双侧多梭箱织机，表里纬投纬比可不受限制。

5. 未接结双层组织绘作方法

任务1 表组织和里组织都是平纹，表里经排列比为 1∶1，表里纬投纬比为 1∶1，绘作双层组织图。

(1) 分别画出表组织、里组织的组织图，并用阿拉伯数字标注表组织的经纬纱，用罗马数字标注里组织的经纬纱，如图 5-2-3(A)(B)所示。

(2) 按表里经排列比 1∶1，表里纬排列比 1∶1，画出双层组织的组织图范围，用阿拉伯数字标注表组织的经纬纱，用罗马数字标注里组织的经纬纱，如图 5-2-3(C)所示。

(3) 把表组织填入代表表组织的方格中，把里组织填入代表里组织的方格中，如图 5-2-3(D)所示。

(4) 由于为双层织造，所以织里纬时表经必须全部提起，因此在表经与里纬交织的方格中，必须全部加上特有的经组织点符号，即提综符号"回"，这些经组织点是双层织物组织结构的需要。图 5-2-3(E)为双层组织上机图，穿综采用分区穿法，表经穿前区，里经穿后区。图 5-2-3(F)为纵向截面图，图 5-2-3(G)为横向截面图。

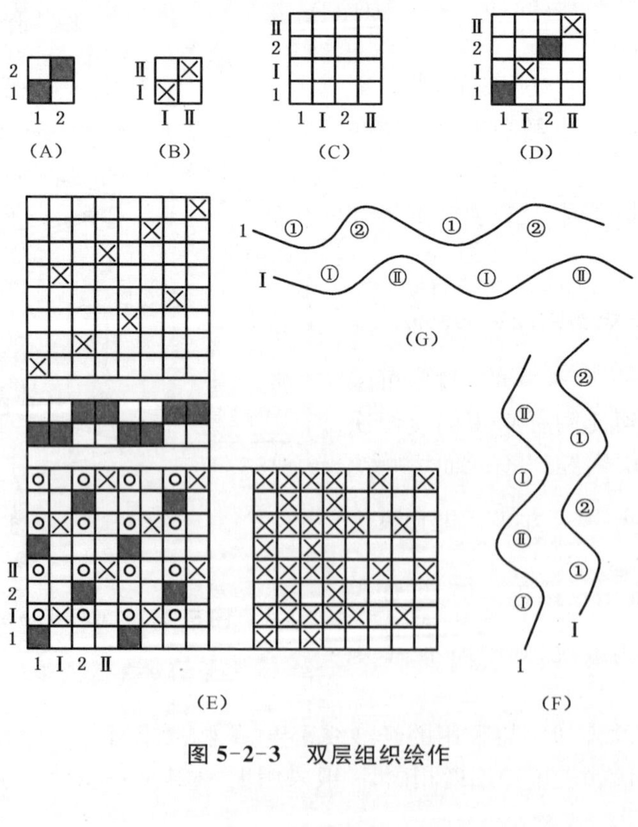

图 5-2-3 双层组织绘作

二、表里交换双层组织

本节能力目标 1. 会画表里交换双层组织图； 2. 会分析表里交换双层组织面料；
3. 会设计表里交换双层组织.

任务

分析图 5-2/01(A)所示的表里交换双层组织织物(见彩页)。

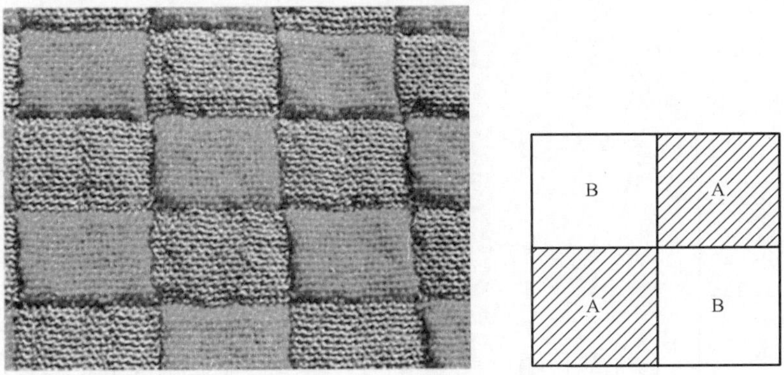

(A) (B)

图 5-2/01

任务分解

1. 认识表里交换双层组织

如图 5-2/01(A)所示，表里交换双层组织就是利用不同颜色的经纬纱，将双层织物的表、里两层沿织物的花纹轮廓交换位置，利用色纱交替形成花纹，同时将双层织物连成一个整体。在某处的表经和表纬，在另一处则变为里经和里纬，因此应以甲经、乙经(或纬)区分，而不以表经、里经(或纬)来区分。表里换层组织纹样如图 5-2/01(B)所示：A 区显甲色，由甲纬和甲经交织形成表层组织，乙纬和乙经交织形成里组织；B 区显乙色，由乙纬和乙经交织形成表组织，甲纬和甲经交织形成里组织。

表里交换双层组织所用的原料、线密度、颜色均可不同。为了减少用综，便于上机，常用简单组织作为基础组织，如平纹、$\frac{2}{2}$斜纹、$\frac{2}{2}$方平等。

2. 绘制表里交换双层组织

任务 1 已知表组织和里组织为平纹，甲经：甲纬＝1：1，乙经：乙纬＝1：1，其纹样如图 5-2-4(A)，其中 A 区为 8 根经纱和 8 根纬纱，B 区为 8 根经纱和 8 根纬纱，请填绘组织图，画出纵横向截面图。

(1) 计算一个组织循环的经纬纱根数，得 $R_J=16$，$R_W=16$，其中 A 区 4 根甲经、4 根甲纬，

B 区 4 根甲经、4 根甲纬。

(2) 画出组织图范围,用阿拉伯数字表示甲经、甲纬,用罗马数字表示乙经、乙纬,甲乙经及甲乙纬的排列比为 1∶1,在表里交换的位置注上标志,如图 5-2-4(D)所示。

(3) 表组织的经浮点用"■"表示,里组织的经浮点用"×"表示,如图 5-2-4(B)(C)所示。填绘组织图,注意在标志两侧将表经、表纬换成里经、里纬,里经、里纬则换成表经、表纬,如图 5-2-4(E)所示。

(4) 在投入里纬时表经提起的地方填充"○",并画出纵横向截面图,如图 5-2-4(F)所示。

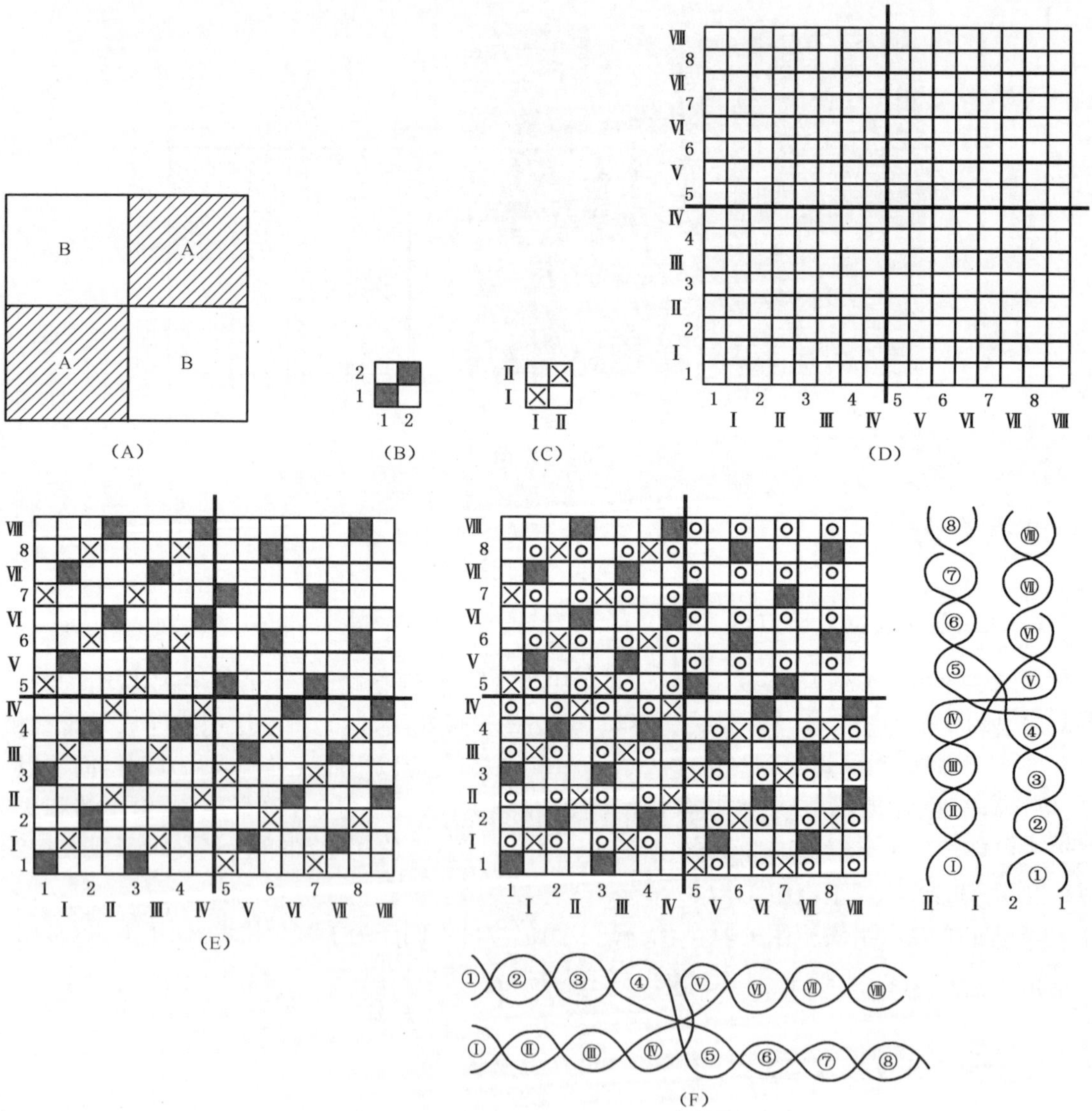

图 5-2-4 表里交换双层组织绘作

图 5-2-5(A)为某表里换层织物纹样,各部分所呈现的颜色如图中所注,其色经排列为灰 16,然后灰 2 白 2 相间(重复 3 次);色纬排列为灰 16,然后灰 2 白 2 相间(重复 2 次)。图

5-2-5(B)为相应的组织图。

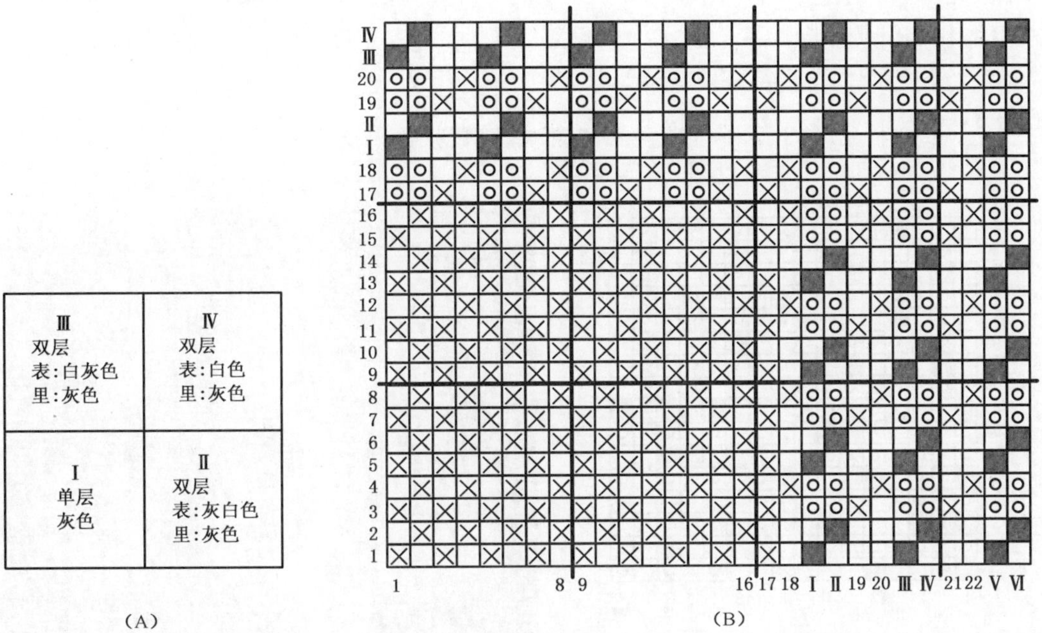

图 5-2-5 表里换层织物纹样

第Ⅰ部分:灰经、灰纬形成单层平纹组织。

第Ⅱ部分:白经、灰纬作表层组织,织物正面呈灰白色;灰经、灰纬作里层组织,织物反面呈灰色。

第Ⅲ部分:灰经、白纬作表层组织,织物正面呈灰白色;灰经、灰纬作里层组织,织物反面呈灰色。

第Ⅳ部分:白经、白纬作表层组织,织物正面呈白色;灰经、灰纬作里层组织,织物反面呈灰色。

3. 表里交换双层组织分析

任务 2 分析图 5-2/01 所示的表里交换双层组织。

(1) 分析表里组织 如图 5-2/01 所示,红色甲组织和褐色乙组织均为平纹。

(2) 分析甲乙经和甲乙纬的排列比 在接近表里交换的交界处进行拆纱,得出甲乙经和甲乙纬的排列比均为 1∶1。

(3) 分析组织循环经纬纱线数

$$R_J = \text{各条纹样的经纱数之和} = P_{J1} \times x_{J1} + P_{J2} \times x_{J2} + P_{J3} \times x_{J3} + \cdots$$

式中:P_{J1},P_{J2},P_{J3}为各条纹样的经密;x_{J1},x_{J2},x_{J3}为各条纹样的经向宽度。

图 5-2/01 中,$R_J = P_{J1} \times x_{J1} + P_{J2} \times x_{J2} = 112$,其中 A 区 28 根甲经和 28 根乙经,B 区 28 根甲经和 28 根乙经。

$$R_W = \text{各条纹样的纬纱数之和} = P_{W1} \times x_{W1} + P_{W2} \times x_{W2} + P_{W3} \times x_{W3} + \cdots$$

式中：P_{W1}，P_{W2}，P_{W3}为各条纹样的纬密；x_{W1}，x_{W2}，x_{W3}为各条纹样的纬向宽度。

图 5-2/01 中，$R_W = P_{W1} \times x_{W1} + P_{W2} \times x_{W2} = 112$，其中 A 区 28 根甲纬和 28 根乙纬，B 区 28 根甲纬和 28 根乙纬。

最后绘出组织图如图 5-2-6 所示。

任务3 分析图 5-2-7 所示的表里交换双层织物(见彩页)。

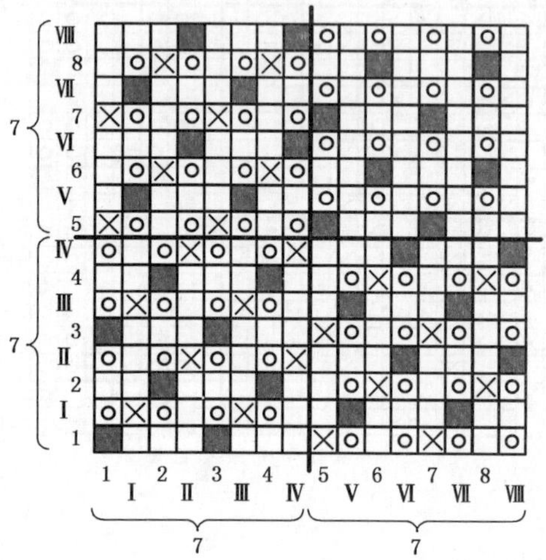

图 5-2-6

图 5-2-7 表里交换双层织物

(1) 在接近表里交换处进行拆纱分析，得出甲乙经排列比为1∶1，甲乙纬排列比为 2∶2。

(2) 分析双层组织经纬纱循环数，数出 A 区甲经为 4 根、乙经为 4 根，B 区甲经为 9 根、乙区为 9 根，则 $R_J = 26$；数出 A 区甲纬为 4 根、乙纬为 4 根，B 区甲纬为 10 根、乙纬为 10 根，则 $R_W = 28$。

(3) 画出组织图如图 5-2-8 所示。

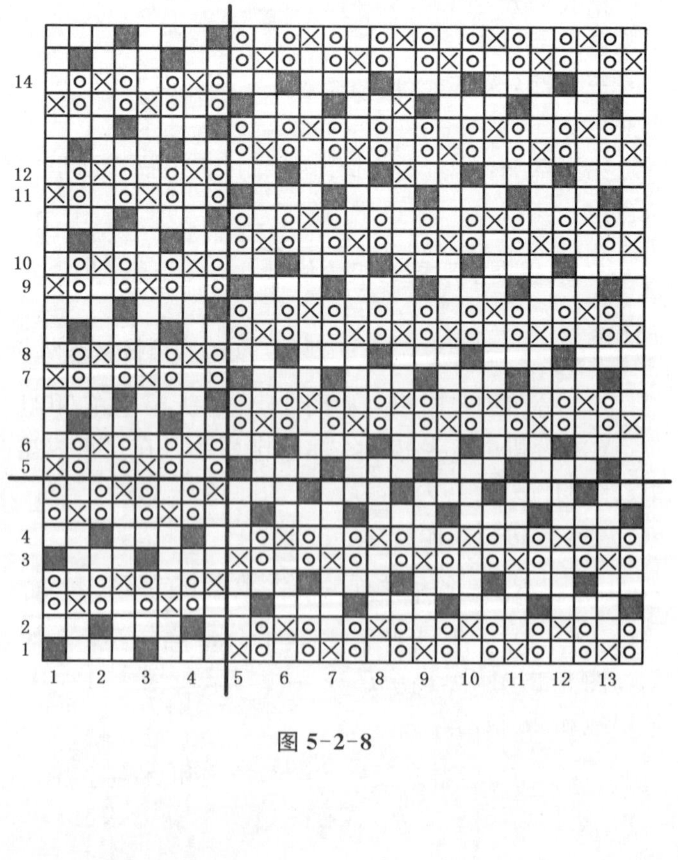

图 5-2-8

4. 表里换层组织设计要点

(1) 基础组织的选择 一般采用简单组织作为表里层的基础组织。由于表里两层是各自独立的，所以表里组织可以相同，也可以不同，并且对表里层组织的起始点位置无任何要求。常采用的基础组织有平纹、$\frac{2}{2}$方平、$\frac{2}{2}$斜纹等，其中平纹组织的应用为最多。

(2) 经纬纱原料的选择　甲乙经(或纬)纱的线密度、色彩、种类可以相同，也可以不同，各种因素如配合得当，可织出绚丽多彩的衣着用或装饰用织物。

(3) 排列比的确定　甲乙经(或纬)的排列比应根据纱线线密度和设计意图而定，常采用1∶1、2∶2、2∶1等。

(4) 纹样的设计　表里换层织物按花纹轮廓调换甲乙经(或纬)在表里层的位置，主要靠花纹来表现织物的外观风格，所以纹样设计是素织物设计中表里换层组织所独有的一项工作。表里换层素织物，因受织造综片数的限制，其纹样比较简单，大多为规则的几何图形。

5. 表里换层组织上机

采用分区间断穿法，表里经纱各穿一区。穿筘时，同一组表里经穿入同一筘齿。纹板数等于一个花纹中的纬纱循环数。

三、表里接结双层组织

本节能力目标

1. 会画"下接上""上接下""接结经""接结纬"接结双层组织的组织图；
2. 会分析接结双层组织的接结类型，画出组织图；
3. 会设计接结双层组织.

任务

分析图5-2/02所示面料的组织，画出组织图。

任务分解

1. 认识接结双层组织织物

将双层组织的表里两层紧密地连接在一起而形成的织物称为接结双层织物，其组织称为接结双层组织。图5-2/02所示即为接结双层组织织物。

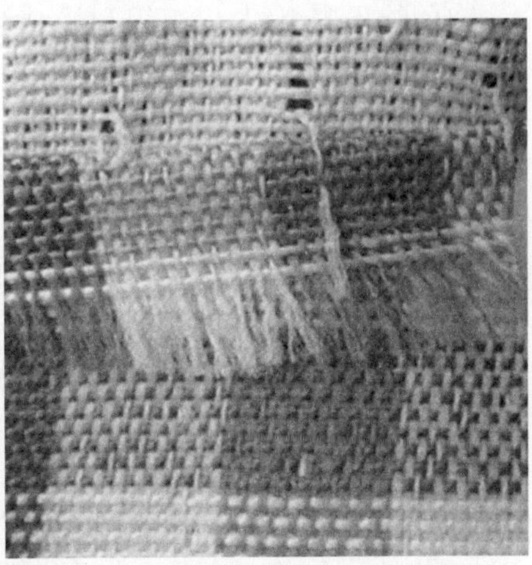

图 5-2/02

这种组织在棉、毛织物中应用较广，一般常用于织制厚重的精梳毛织物、家居织物以及鞋面布等。

2. 认识接结双层组织表里两层的接结方法

(1) 里经接结法　织表层时里经提起与表纬交织构成接结。这种接结方法称为里经接结法，或称"下接上"接结法，如图5-2-9(A)所示。

(2) 表经接结法　织里层时表经下降与里纬交织构成接结。这种接结方法称为表经接结法，或称"上接下"接结法，如图5-2-9(B)所示。

(3) 联合接结法　织表纬时里经提起与表纬交织，

织里纬时表经下降与里纬交织，共同构成接结。这种接结方法称为联合接结法，如图 5-2-9(C)所示。

(4) 接结经接结法　采用附加的接结经与表里纬交织，把两层织物连接起来。这种接结方法称为接结经接结法，如图 5-2-9(D)所示。

(5) 接结纬接结法　采用附加的接结纬与表里经纱交织，把两层织物连接起来。这种接结方法称为接结纬接结法，如图 5-2-9(E)所示。

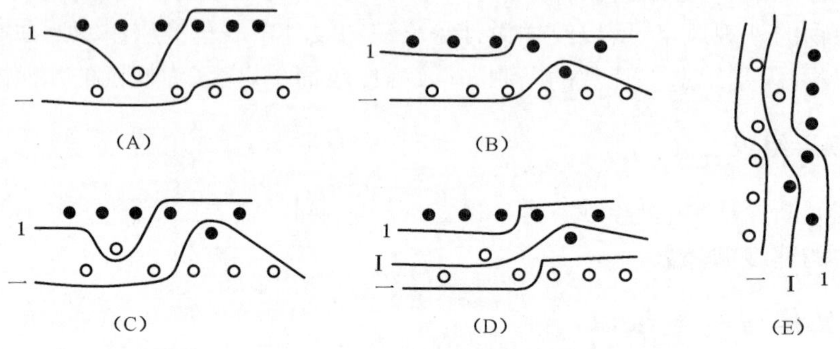

图 5-2-9　接结方法

上述五种接结方法中，前三种为自身接结法，后两种为附加线接结法。采用后两种方法会使上机工作复杂，采用接结经接结法时，由于接结经的织缩较大，必须采用双织轴；而采用接结纬接结法时，必须使用 3×3 梭箱的织机制织。所以这两种方法应用较少。目前生产中多数采用“下接上”接结法。

3. “下接上”接结双层组织

(1) 绘制“下接上”接结双层组织

任务 1

双层交织鞋面布，表组织为方平，里组织为$\frac{2}{2}$↖，表里经纱排列比为 1∶1，投纬次序为里 1 表 2 里 1，绘出“下接上”接结双层组织。

① 绘出表组织、里组织和接结组织。“下接上”接结组织为里经提起与表纬交织形成接结。为使织物表层不暴露里经，织物反面不暴露表纬，各组织有如下要求：表组织应有一定长度的经浮长遮盖里经接结点，里组织反面应有一定长度的纬浮长遮盖表纬接结点，接结组织的接结点要配置在表经浮长线的中央。据此可绘出表组织、里组织和接结组织的组织图，如图 5-2-10(A)(B)(D)所示。

② 根据表里基础组织及表里的经纬纱排列比，求得双层组织的 $R_J = R_W = 8$，绘出组织图范围，并用阿拉伯数字标注表经、表纬，罗马数字标注里经、里纬，如图 5-2-10(C)所示。

③ 在表经、表纬的交织处填入表组织符号“■”，在里经、里纬的交织处填入里组织符号“☒”。填入接结符号“◬”，表示投入表纬时里经提起，即表纬与里经交织，将两层织物连接，如图 5-2-10(E)所示。

④ 投入里纬时所有表经提起，填入提综符号“▣”，如图 5-2-10(F)所示。

⑤ 图 5-2-10(G)所示为经向截面图，图 5-2-10(H)所示为纬向截面图。

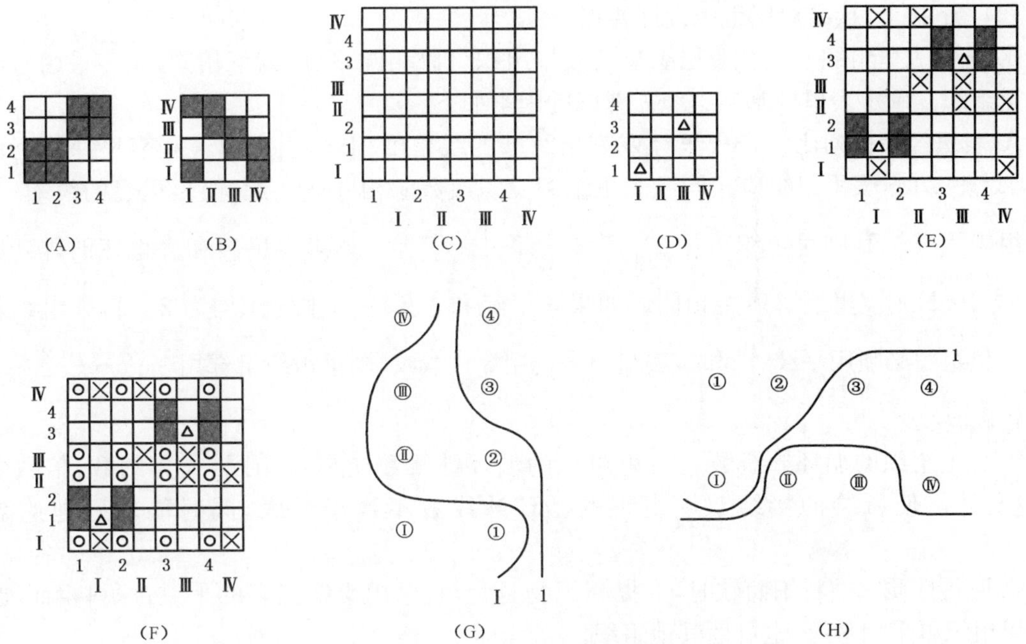

图 5-2-10 “下接上”接结双层组织

任务2 采用“下接上”接结的双层毛呢组织，表组织为$\frac{2}{1}\nearrow$，里组织为$\frac{1}{2}\nearrow$，绘出组织图。

图 5-2-11 中，(A)为表组织图，(B)为里组织图，(C)为绘出的接结组织图，(D)为“下接上”法接结双层组织，(E)为经向截面图，(F)为纬向截面图。

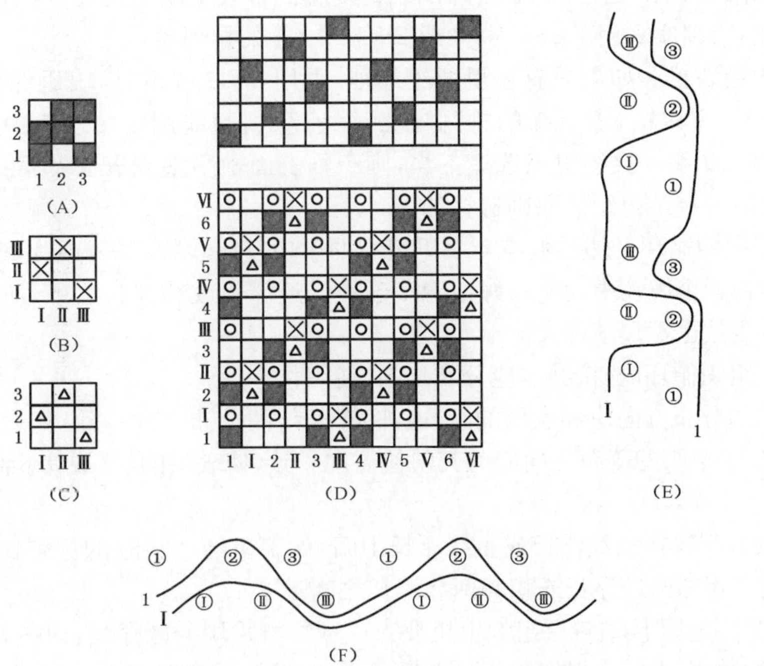

图 5-2-11 “下接上”接结双层组织

(2)"下接上"接结双层组织设计要点

① 选择表里组织 接结双层织物的表里组织可以相同,也可以不相同,大多采用原组织和变化组织。确定表里层基础组织需考虑的因素如下:

A. 表里经纬排列比 若表里经或表里纬纱的线密度相同,当表里经和表里纬排列比为1∶1或2∶2时,表里组织应相同或表里组织交织次数应相同或接近,使表里经的织缩一致。如表组织用$\frac{3}{1}\nearrow$,则里组织可用$\frac{3}{1}\nearrow$、$\frac{2}{2}\nearrow$、$\frac{1}{3}\nearrow$等。如果表里经和表里纬的排列比为2∶1或3∶1,则表里组织不能相同。如果表里经和表里纬的排列比均为2∶1,表组织若用$\frac{1}{3}\nearrow$,里组织必须用平纹。同时,表组织若选用8枚缎纹,则里组织可选用$\frac{3}{1}$、$\frac{1}{2}$、$\frac{2}{2}$斜纹或4枚破斜纹。

B. 表里组织的循环纱线数 表里组织的循环纱线数应尽量相同,或为约数、倍数的关系,这样才能使所绘的接结双层组织的循环纱线数不致于过大,同时能较好地遮盖接结点。

C. 原料性质 原料细而软时,为提高织物身骨,宜采用交织点多的平纹;原料粗而硬时,其表里组织可采用平纹,也可用其他组织。

② 选择表里经及表里纬的排列比 排列比的确定直接关系到织物的外观效应。为使织物结构紧密,外观细腻,具有身骨,且生产方便,正确选择排列比是十分重要的。确定表里经或表里纬的排列比时,应考虑织物用途以及表里组织和经纬纱线密度及上机条件等因素。

A. 纱线线密度 当表里经(或纬)纱的线密度相同时,可选用1∶1或2∶2的排列比。若表里经(或纬)纱的线密度不同,通常采用细表粗里,为使表经、表纬能很好地遮盖里经、里纬,可采用2∶1或3∶1的排列比。

B. 组织结构 如果表里经和表里纬的线密度相同且表里组织的交织次数相同时,可选用1∶1的排列比,否则应采用1∶2、1∶3或2∶1、3∶1的排列比。

C. 织机梭箱装置 如果只有表里两组纬纱,采用2×2梭箱时,表里纬的排列比可任意确定;若采用1×2梭箱,表里纬的排列比必须为偶数,只能用2∶2或4∶2的排列比。

③ 选择接结组织 接结组织选择不当,则织物表面不平整或表面暴露接结点,直接影响织物的外观效应。接结组织的原则选择如下:

A. 接结组织的循环经纬纱数应与表里组织的循环经纬纱数相等,或为其约数或倍数。这样可使接结点在整个织物中均能较好地隐藏于表层经浮长或纬浮长之下,所绘制的表里接结组织的循环纱线数也不致于过大。

B. 在一个组织循环内,接结点应分布均匀,使织物平整。

C. 接结点的分布方向应和表层的经(或纬)浮长线的分布方向一致,如表组织为斜纹类有方向性的组织,表组织的分布方向应与其斜纹方向一致,使表层的经(或纬)浮长能较好地遮盖接结点。

D. 接结点应配置在表经浮长或表纬浮长中间,如表里经(或纬)的排列比为2∶1,则接结点应配置在表层相邻两经浮长或相邻两纬浮长之间。

(3) 认识"下接上"接结双层组织上机要点 穿综可采用分区穿法,如图5-2-11(D)所示。穿筘时每一筘齿的穿入数应根据织物的性质不同而不同,一般采用2~10根。

4. 绘作“上接下”接结双层组织

任务3 表组织为$\frac{2}{2}\nearrow$，里组织为$\frac{2}{2}\nearrow$，表里经的排列比为 1：1，表里纬的排列比为 1：1，用“上接下”法绘作表里接结双层组织。

图 5-2-12 中，(A)为表组织；(B)为里组织；(C)为接结组织，图中符号“▣”表示投入里纬时表经不提起，即表示表经的取消点，故纹板图中未填绘此种组织点；(E)为该组织的经向截面图；(F)为该组织的纬向截面图。

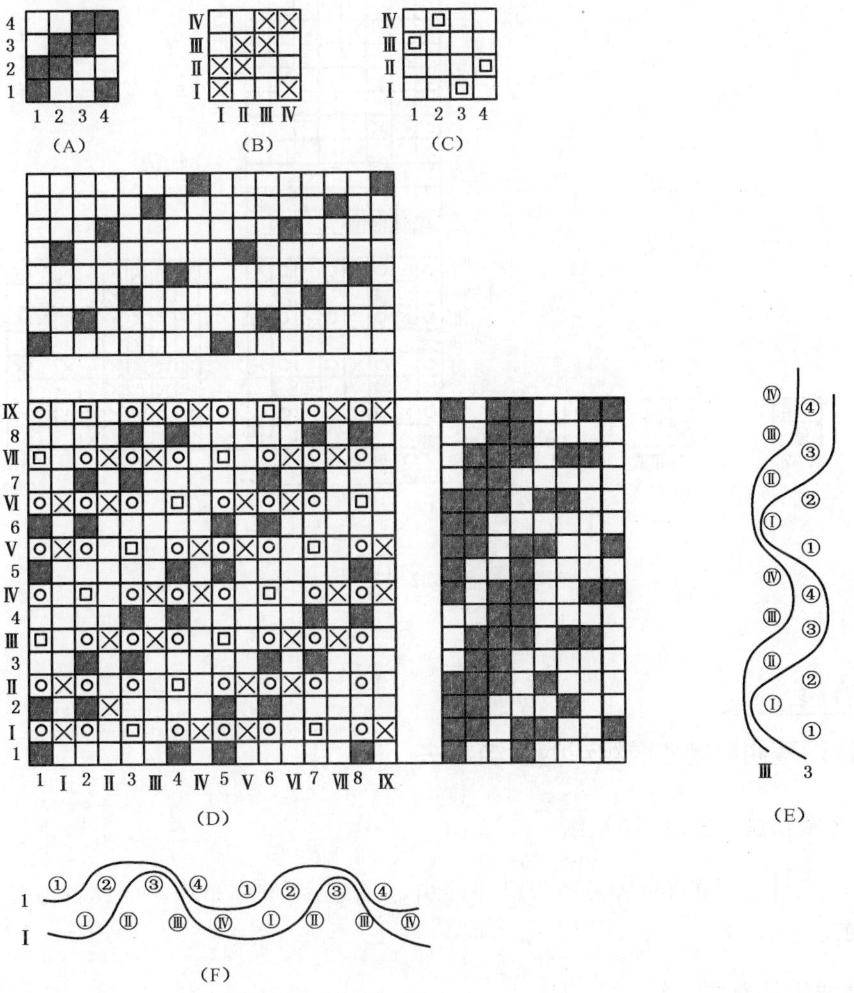

图 5-2-12 “上接下”双层组织

5. 分析图 5-2/02 所示织物的接结类型并画出组织图

(1) 分清织物的经纬向和正反面，双层织物的正面一般具有较大的密度，或正面的原料较佳、色泽鲜艳。

(2) 分析织物的接结方法，接结点处的纬纱在上层织物中，则为“下接上”接结双层组织，即里经提起与表纬交织。

(3) 分析得表里组织均为平纹。

(4) 分析表里经和表里纬的排列比。由于表里经和表里纬的线密度相近，则表里经和表里纬的排列比均为 1∶1。

(5) 图 5-2-13 中，(A)为表组织的组织图，(B)为里组织的组织图，(C)为"下接上"接结点。由于表里两层都是平纹组织，所以接结点暴露于织物表面。接结点比较稀疏，每隔 20 根表经和里经配置一个接结点，所绘制的组织图和上机图如图 5-2-13(D)所示。

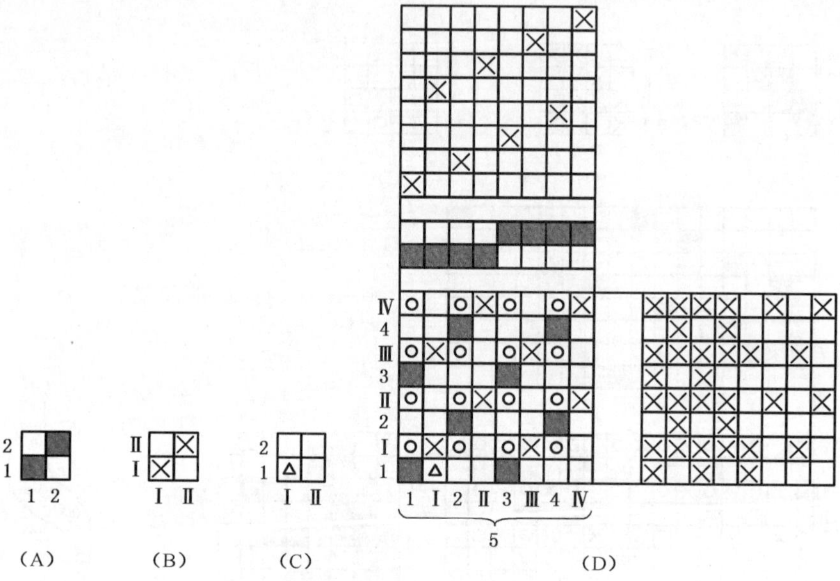

图 5-2-13

能力拓展

认识其他接结双层组织的接结方法

6. "联合接结法"表里接结组织

即里经与表纬接结的同时，表经与里纬接结，接结点要求分布均匀。此种方法目前应用不多，不再赘述。

7. 接结线接结双层组织

采用接结线的接结双层组织要求接结经或接结纬在一个组织循环中与上下两层纬(经)纱交织，将两层连接在一起，不显露在织物的正、反面。一个组织循环中，接结经(或纬)的根数至少比表里经纱少一半。一般采用接结经接结法。

(1) 接结经接结法　由接结经接结法形成的双层织物采用三组经纱与两组纬纱交织而成。表经和表纬交织成表层；里经与里纬交织成里层；接结经既与表纬交织，又与里纬交织，从而将表里两层连接在一起。

任务3 表组织为$\frac{2}{2}\nearrow$，里组织为$\frac{1}{3}\nearrow$，经纱排列顺序为“1表1里1接结经”，纬纱排列顺序为“1表1里”，绘作接结经接结双层组织。

图5-2-14中，(A)为表组织，(B)为里组织，(C)为接结经与表纬交织，(D)为接结经与里纬交织，(E)为所求双层组织上机图，(F)为该组织的经向截面图。

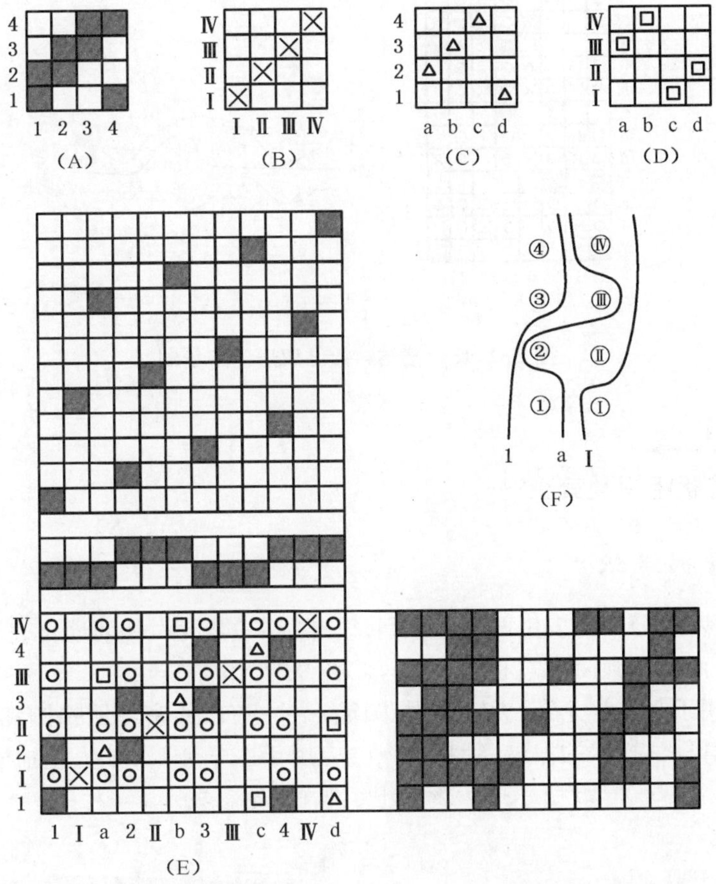

图 5-2-14 接结经接结双层组织绘制

(2) 接结纬接结法 由接结纬接结法形成的双层织物采用两组经纱与三组纬纱交织而成。表经和表纬交织成表层；里经与里纬交织成里层；接结纬既与表经交织，又与里经交织，从而将表里两层连接在一起。

任务4 表组织为$\frac{2}{2}\nearrow$，里组织为$\frac{3}{1}\nearrow$，经纱排列顺序为“1表1里”，纬纱排列顺序为“1表1里1接结纬”，绘作接结纬接结双层组织。

图5-2-15中，(A)为表组织，(B)为里组织，(C)为接结纬与表经交织，(D)为接结纬与里经交织，(E)为所求双层组织上机图，(F)为该组织的纬向截面图。

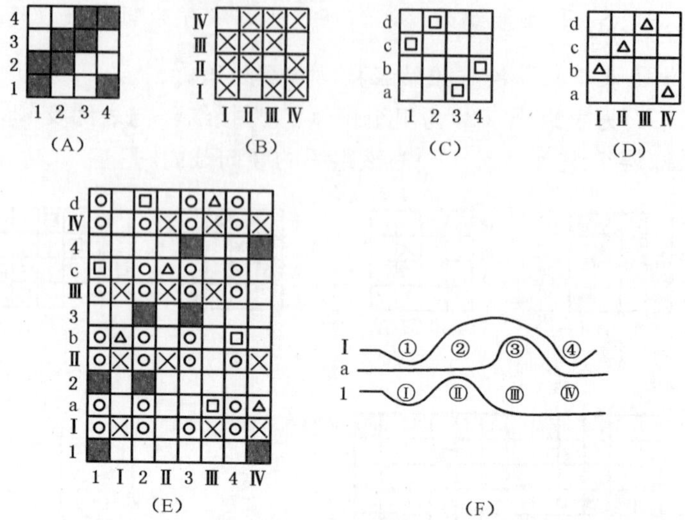

图 5-2-15　接结纬接结双层组织绘制

能力拓展 1

认识管状组织及其织物

一、认识管状组织

利用一组纬纱，在分开的表里两层经纱间，以螺旋形的顺序，相间地自表层投入里层，再自里层投入表层，从而形成圆筒形空心袋组织，称为管状组织。

管状组织可用于制作水龙带、无缝烘呢、圆筒形过滤布、紧密纺网格圈和无缝袋子等特殊的工业用品。随着科学技术的发展，管状组织已应用于医学领域，如人造血管，今后将得到越来越广泛的应用。图 5-2-16 所示即为管状组织织物(见彩页)。

(A)　　(B)

图 5-2-16　管状组织织物

二、管状组织的形成原理

(1) 管状组织由两组经纱和一组纬纱交织而成，这组纬纱既作表纬又作里纬，起着两组纬纱的作用，往复循环于表里层之间。

(2) 管状组织的表里层仅在两侧边缘相连接，中间则截然分离。

(3) 表里层的经纱为平行排列，而纬纱呈螺旋形状态。

三、管状组织设计方法

1. 确定基础组织

管状织物应选用同一组织的正反面分别作为表里层的基础组织。在满足织物要求的前提下，为简化上机工艺，基础组织应尽可能选用简单组织，如要求织物组织处处连续，应采用纬向飞数 S_W 为常数的组织作为基础组织，如平纹、纬重平、斜纹、缎纹等；若不要求织物组织处处连续，则可采用各类简单组织作为基础组织，如平纹、$\frac{2}{2}$方平、4 枚破斜纹、加强缎纹等。

2. 确定总经纱数

制织管状组织时，织物的表层和里层的连接处一般应保持其组织的连续性，因此总经纱数的确定非常重要，不能随意增加或减少。

首先，根据管状织物的用途和要求确定管状织物的半径 r，再根据半径计算管幅 W，然后根据单层的经密 P_J 确定表里两层的总经纱数 M_J。

$$W = 2\pi r/2 = \pi r \qquad M_J = 2WP_J$$

为确保织物折幅处连续，计算总经纱数后，必须按下列公式进行修正：

$$M_J = R_J Z \pm S_W$$

式中：R_J 为基础组织的经纱循环数；Z 为表里层基础组织的总计循环个数；S_W 为基础组织的纬向飞数(为常数。当投纬方向为从右向左投第一纬时，取 $+S_W$；从左向右投第一纬时，取 $-S_W$)。

3. 纬纱循环数

当表里纬的排列比为 1∶1 时，管状组织的纬纱循环数为基础组织纬纱循环数的两倍。

4. 作图步骤

图 5-2-17 所示管状组织，其基础组织为平纹，$R_J=2$，$Z=5$，$S_W=1$，从左向右投第一纬，$M_J=9$。具体作图步骤如下：

① 根据修正后的总经纱数画管状组织的纬向剖面图，如图中(A)所示。

② 分别绘出表里层的基础组织图，如图中(B)(C)所示。

③ 将表里层的经纬纱按比例间隔排列，在意匠纸上划定纵横格，并用不同符号(阿拉伯数字和罗马数字)表示其序号，如图中(D)所示。

④ 将表里层的基础组织分别用不同符号或色彩填入意匠纸相应的方格内，如图中(E)所示。

⑤ 在表经与里纬相交的方格内填入符号"回"，表示里纬织入时表经提升，如图中(F)所示，即为管状组织的组织图。

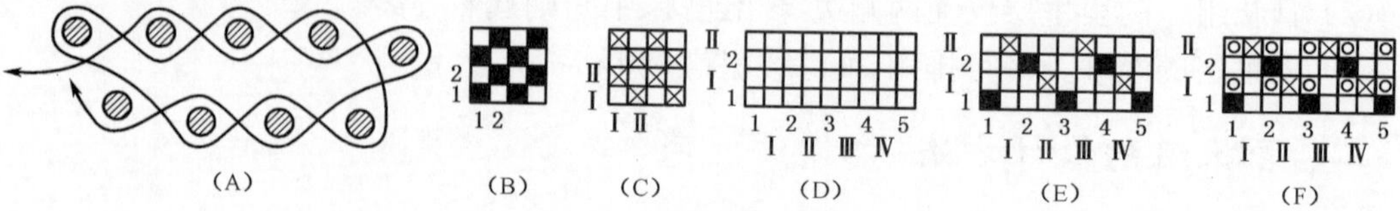

图 5-2-17　管状组织绘制

图 5-2-18 所示管状组织，其基础组织为 5 枚经面缎纹，$R_J=5$，$Z=5$，$S_W=3$，从左向右投第一纬，$M_J=22$。当基础组织为循环纱线数比较大的缎纹组织时，剖面图中可画 2 根表纬、2 根里纬，表里层的第一纬决定组织起始点，第一纬与第二纬之间的组织点表示纬向飞数，有了起始点与飞数，就能画出表里层的基础组织。图中，(A)为纬向剖面图，(B)(C)为表里层基础组织，(D)为上机图。

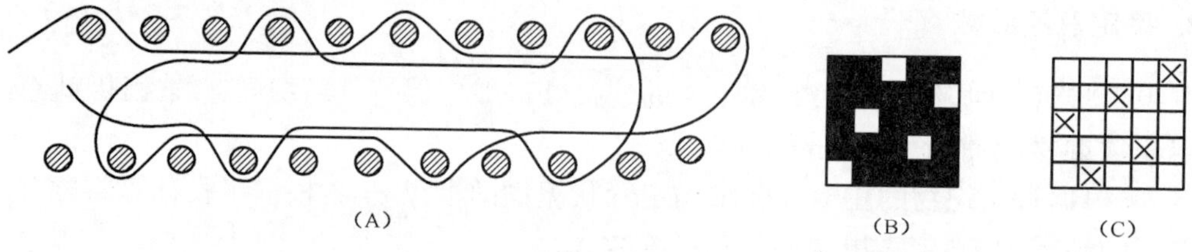

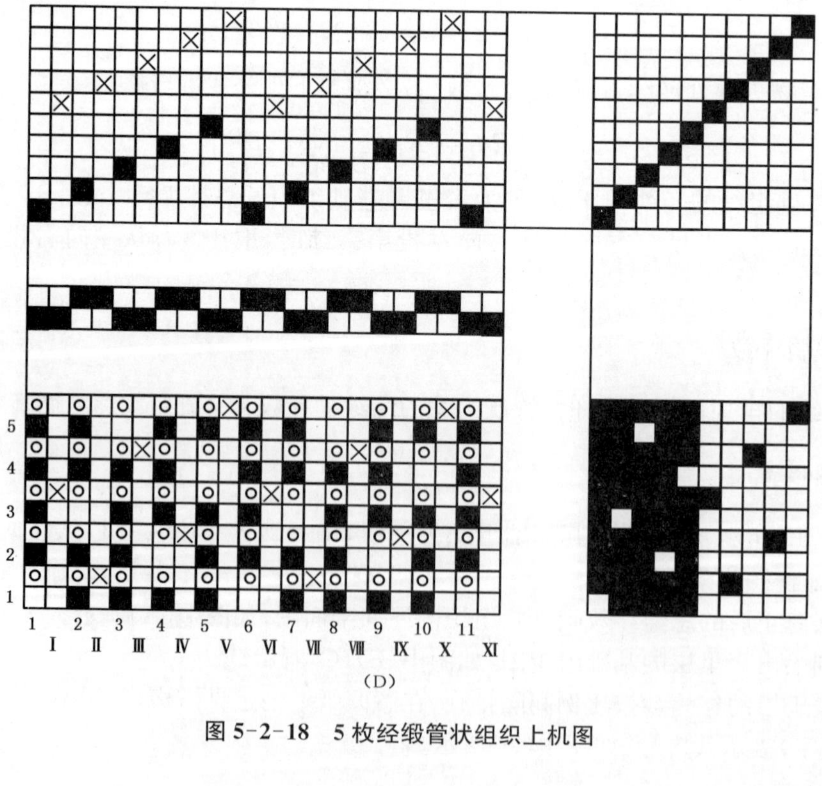

图 5-2-18　5 枚经缎管状组织上机图

四、管状组织上机

1. 穿综

管状组织的综片数等于表里层基础组织所需综片数之和，穿综常采用分区穿法和顺穿法。

2. 穿筘

每组表里经纱应穿入同一筘齿。制织时为防止两边缘处因纬纱收缩而导致经密偏大，可采用下列措施：

(1) 对轻薄型管状织物，可逐渐减少边部的每筘穿入数。若中间经纱的穿入数为 4 根/筘，则边部经纱应采用 3 根/筘、2 根/筘甚至 1 根/筘，尽可能保持织物中间和边缘的密度一致，如图 5-2-19 所示。

(2) 对于中厚型管状织物，则在管状组织边缘的两内侧各采用一根较粗且张力较大的特经线，另用一片综控制其升降。特经线不织入表里层组织，不与表里纬纱交织，织造后可从织物中抽除。因此，特经线仅起控制纬纱收缩以防止边密偏大的作用，如图 5-2-20 所示。此外，可使用内撑幅器来控制边经密。

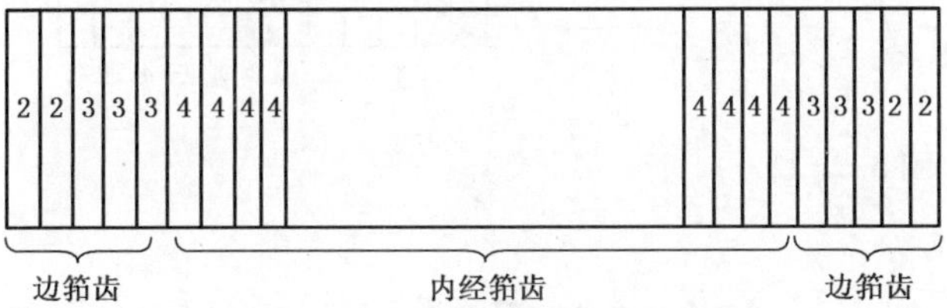

图 5-2-19 管状织物穿筘示意图

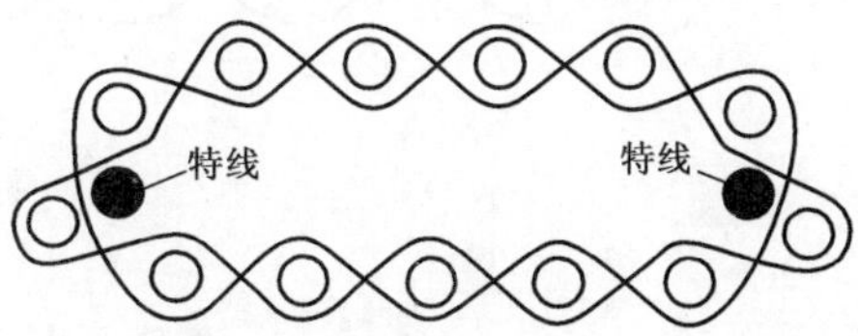

图 5-2-20 管状组织纬向剖面图

3. 经轴与梭箱

管状组织中，表里经纱的屈曲情况相同，因而可卷绕在同一个织轴上，其表里纬纱也相同，故只需要一把梭子。但是，若应用纬二重作基础组织或采用两种原料作纬纱，则必须采用两把梭子。

能力拓展 2

认识双幅或多幅组织及其织物

在表里两层组织之间，如果只连接表里两层的一侧，保证边缘组织连续，可形成双幅或多幅组织织物。此时，为了保证织物的一侧边缘连续以及两边为光边，对于双幅组织，其投梭顺序为：第 1 梭织表层组织，第 2，3 梭织里层组织，第 4 梭织表层组织；对于三幅组织，投梭顺序为：第 1 梭织表层组织，第 2 梭织中层组织，第 3，4 梭织里层组织，第 5 梭织中层组织，第 6 梭织表层组织。依此类推，可形成各种多幅织物。

图 5-2-21 所示是以平纹为基础组织的双幅织物组织图，图 5-2-22 所示是以平纹为基础组织的三幅织物组织图，其中(A)为纬向剖面图，(B)为组织图，组织图中的箭头表示第一纬的

投纬方向。

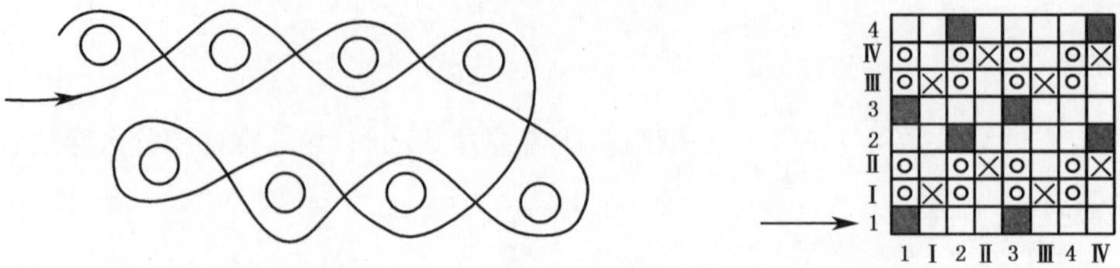

（A）　　　　　　　　　　　　　　　　　　　　（B）

图 5-2-21

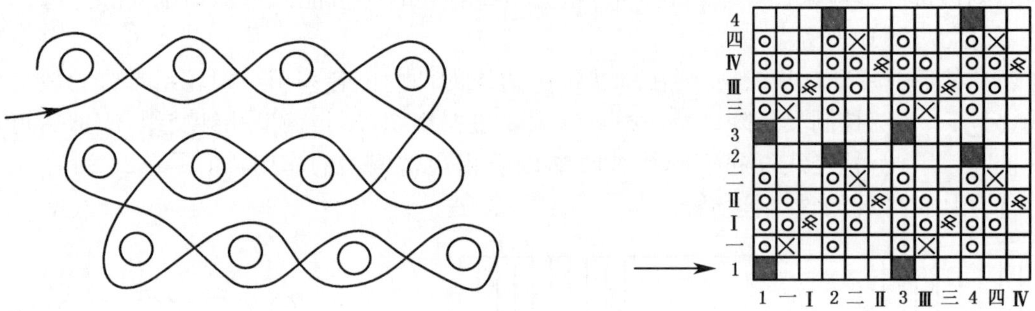

图 5-2-22

子项目三 分析与设计起绒(起毛)组织

能在织物表面形成毛绒的组织，称为起绒(起毛)组织。起绒(起毛)组织具有几个系统的纱线，其中一个系统的纱线在织物表面形成长浮线，将此长浮线割断，即可在织物表面形成毛绒。若起绒(起毛)纱线为经纱，称为经起绒(起毛)组织；若起绒(起毛)纱线为纬纱，则称为纬起绒(起毛)组织。

一、纬起绒组织

本节能力目标

1. 认识灯芯绒组织和纬平绒组织面料；
2. 会分析灯芯绒组织坯布；
3. 会设计灯芯绒面料.

任务

命名图 5-3/01 所示面料的组织(见彩页)。

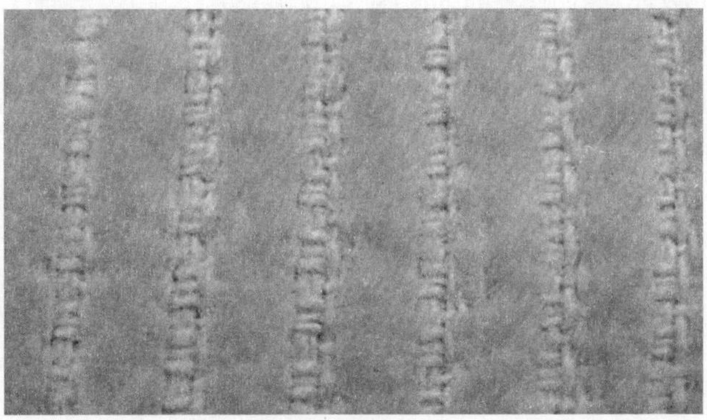

图 5-3/01

任务分解

纬起绒(起毛)组织由一个系统的经纱和两个系统的纬纱交织而成。其中,一个系统的纬纱与经纱交织形成地组织,起固结毛绒的作用,这个系统的纬纱称为地纬,如图 5-3-1 中的纬纱 1 和 2;另一系统的纬纱与经纱交织形成纬浮长线,织成织物后,将纬浮长线割断,形成毛绒,这一系统的纬纱称为绒纬(毛纬),如图 5-3-1 中的纬纱 a 和 b。

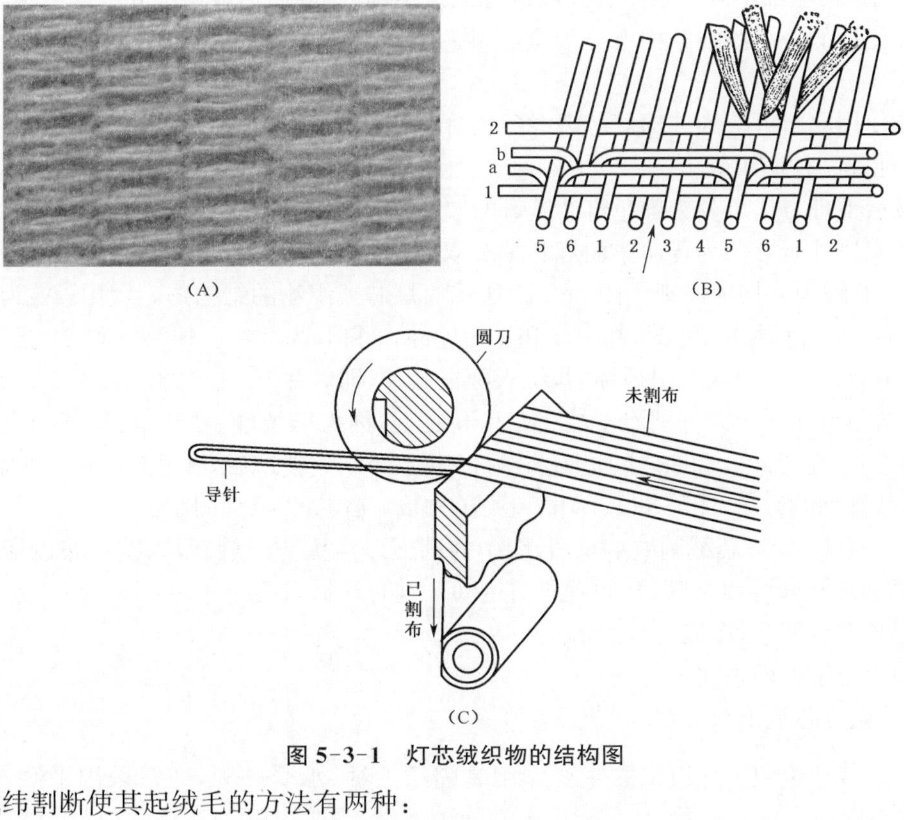

图 5-3-1　灯芯绒织物的结构图

将绒纬割断使其起绒毛的方法有两种:

(1) 开毛法　即利用割绒机将纬浮长线割断。灯芯绒、纬平绒织物均采用此法。

(2) 拉绒法　使绒坯与拉毛滚筒做相对运动，将绒纬中的纤维逐渐拉出，直至绒纬被拉断。拷花呢织物采用拉绒法。

纬起绒组织织物按照其外观和起绒方法不同，通常有三种：

(1) 灯芯绒织物　此类组织的纬浮长线被割开后，织物表面呈现一条条纵向绒条，又称条绒。图 5-3/01 所示即为灯芯绒正面实物图。

(2) 纬平绒织物　纬浮长线被割开后，整个织物表面被一层短而均匀平齐的绒毛覆盖的织物。

(3) 拷花呢织物　是一种高级粗纺毛织物，纬浮长线被割断后，再经整理加工，从而使织物表面的毛绒形成美观的花纹。

1. 灯芯绒

(1) 认识灯芯绒织物　灯芯绒又称条绒，是棉型织物的一种，具有手感柔软、绒条圆润清晰、绒毛丰满、光泽柔和、外型美观大方等特点，广泛用于制作服装及装饰织物，图 5-3-1 所示即为服装面料。灯芯绒织物的分类如下：

① 灯芯绒织物的绒条有阔有窄，按其宽窄不同，可分为特细条、细条、中条、粗条及粗细混合、间隔条等类别。以 2.5 cm 内的绒条数进行划分，20 条以上为特细条，16～19 条为细条，12～15 条为中细条，9～11 条为中条，6～8 条为粗条，3～5 条为阔条，3 条以下为特阔条。间隔条灯芯绒是指粗细不同的条型合并或部分绒条不割、偏割而形成粗细间隔的绒条。

② 按使用的经纬纱线结构可分为全纱灯芯绒、半线灯芯绒(经纱为线，纬纱为纱)及全线灯芯绒。

③ 按使用原料可分为纯棉灯芯绒、涤/棉灯芯绒、维/棉灯芯绒、富纤灯芯绒及氨纶弹力灯芯绒等。纯棉品种应用较多。

④ 按后整理方法可分为染色灯芯绒、印花灯芯绒及烂花灯芯绒等。

⑤ 按织物外观可分为普通单面灯芯绒及双面灯芯绒、小花纹灯芯绒、提花灯芯绒等。

(2) 灯芯绒织物构成原理　图 5-3-1 所示为灯芯绒织物的结构图。图中(A)为割绒前的灯芯绒坯布，(B)为割绒示意图，其中 1 和 2 为地纬，a 和 b 为绒纬。地纬 1 和 2 与经纱以平纹组织交织形成地布。织入一根地纬后，织入两根绒纬，即 a 和 b，绒纬的浮长为 5 个经组织点。经纱 5 和 6 与绒纬交织并分别浮于绒纬 a 和 b 之上，称为压绒经。绒纬与压绒经交织处称为绒根。割绒时，在经纱 2 和 3 之间进刀将绒纬割断，经刷绒整理后，绒毛耸立成中央高、两侧低并呈圆弧状排列的绒条，图5-3-1(B)中，毛绒的固结方式为“V”型固结。

图 5-3-1(C)为灯芯绒割绒示意图，图中的圆刀以箭头方向旋转，未割坯布以箭头方向前行，导针插入坯布长浮线之间，并间歇向前运动。这时导针有两个作用：

① 把长浮线绷紧，形成割绒刀槽。

② 使刀处于刀槽中间。

(3) 认识灯芯绒组织参数

① 灯芯绒地组织　地组织的主要作用是固结毛绒、承受外力，通常采用平纹、$\frac{2}{1}$斜纹、$\frac{2}{2}$斜纹、$\frac{2}{2}$纬重平、$\frac{2}{2}$经重平及平纹变化(双经保护组织)等组织。

② 绒根固结方式　指绒纬与绒经的交织规律，有 V 型和 W 型固结两种。V 型固结法又叫松毛固结法，如图 5-3-2(A)所示，绒纬在一个完全组织中，除浮长外，仅与 1 根压绒经交织，割绒后绒束仅固结在 1 根绒经上，呈“V”字形。W 型固结法又叫紧毛固结法，如图 5-3-2(B)所示，绒纬除浮长外，与 3 根以上的压绒经交织，割绒后绒束固结在 3 根绒经上，呈“W”字形。

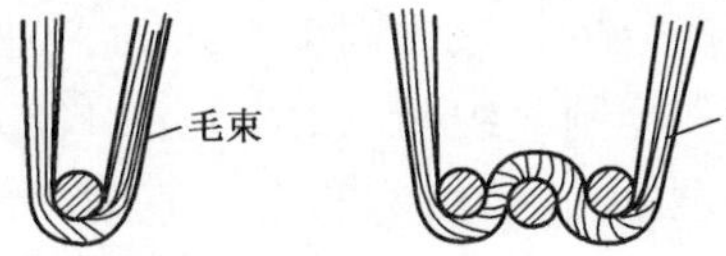

(A) V 型固结　(B) W 型固结

图 5-3-2　绒纬的固结方式

③ 地纬与绒纬的排列比以 1∶2 和 1∶3 为最多。

④ 地经与绒经的根数。

(4) 绘作灯芯绒组织

任务 1　以平纹为地组织，V 型固结，地纬与绒纬的排列比为 1∶2，地经为 6 根，其中 2 根压绒经，绘作灯芯绒组织图。

① 按已知条件绘出组织图范围，用阿拉伯数字表示地经、地纬，用英文字母表示绒纬，如图 5-3-3(A)所示。

② 在地经与地纬交织处填入地组织符号“☒”，如图 5-3-3(B)所示。

③ 在压绒经与地纬交织处填充符号“■”，如图 5-3-3(C)所示。

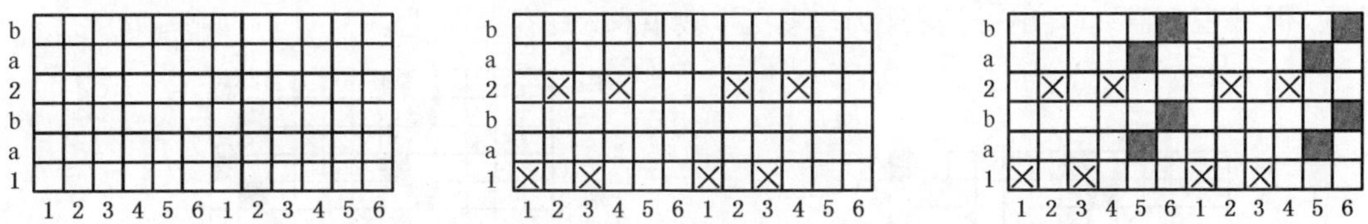

(A)　(B)　(C)

图 5-3-3　灯芯绒组织

(5) 分析灯芯绒组织

任务 2　分析图 5-3-4(A)所示未割绒的灯芯绒坯布，绘作组织图。

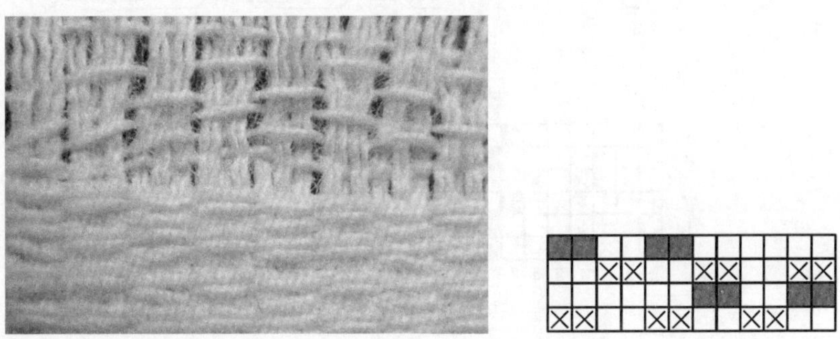

(A)　(B)

图 5-3-4

① 分析得地纬与绒纬的排列比为 1∶2。

② 分析得地组织为$\frac{2}{2}$变化纬重平组织。

③ 分析 R_J 和 R_W，R_J 为两根绒条的经纱数即 12，$R_W=4$。

④ 分析得绒纬固结方式为 W 型固结。

⑤ 绘制组织图，如图 5-3-4(B)所示。

(6) 灯芯绒织物的设计原则

① 确定经纬纱特数及密度　灯芯绒为纬起毛织物，为使绒条稠密，其纬密比经密大得多，因此打纬阻力很大，经纱所承受的张力和摩擦力也很大。为了减少断头率，经纱常用股线或捻系数较大、强力较高的单纱。纬纱特数与织物密度有关，为便于起绒，一般采用中特纱，如纬纱特数较小时，应相应增加纬密，以保证织物毛绒稠密，固结牢固。灯芯绒织物的经、纬密度必须配合适当，否则会影响毛绒稠密度及绒毛固结的坚牢程度。一般灯芯绒织物的经向紧度为 50%～60%，纬向紧度为 140%～180%，经向紧度约为纬向紧度的三分之一。在组织相同的条件下，经密增加，则毛绒短而固结坚牢，织物手感较硬；反之，经密小时，则毛绒长而松散，坚牢度差，手感较软。

② 确定地组织　地组织的主要作用是固结毛绒、承受外力，同时影响织物的手感、纬密大小及割绒的难易程度。地组织不同，则绒根露出部位不同，对毛绒固结程度有显著影响。

采用平纹地、V 型固结的灯芯绒组织，如图 5-3-5(A)所示，(a)为组织图，(b)为横截面图。绒条抱合紧密，绒条外观圆润，底布平整，正面的耐磨性好，交织点多，纬纱密度受限制，手感较硬；但绒根在背部突出，经受外力摩擦后，绒束移动，容易脱毛。

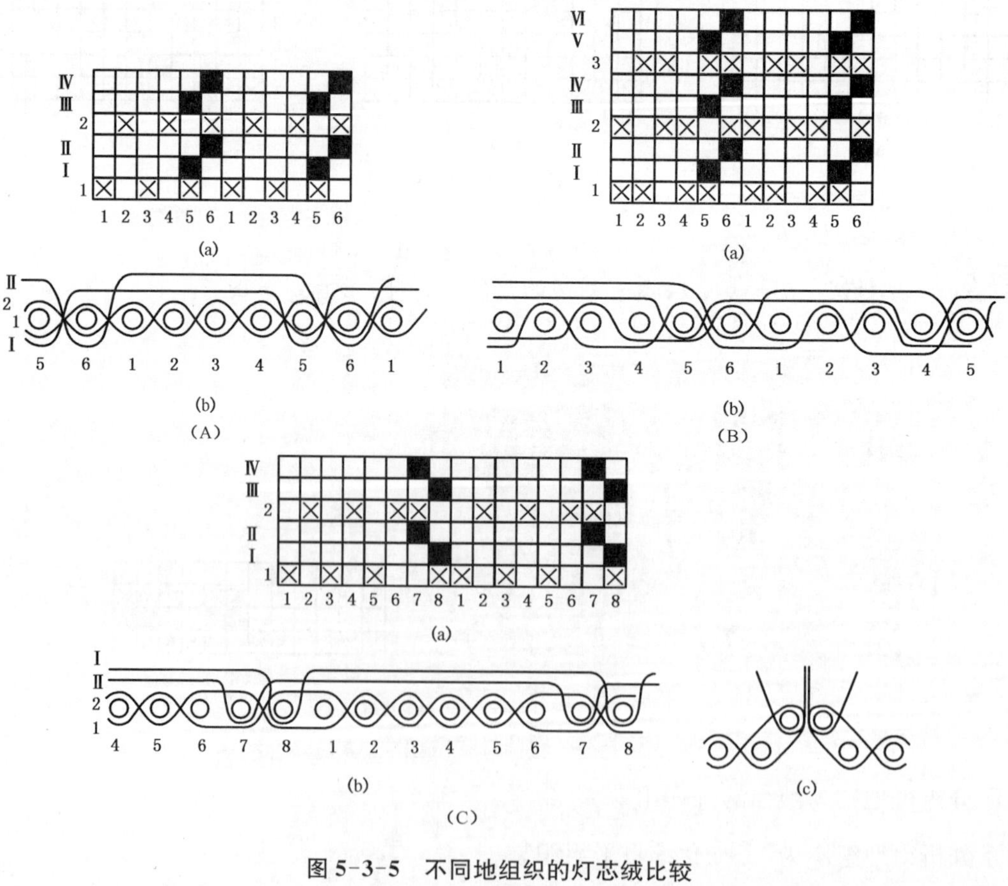

图 5-3-5　不同地组织的灯芯绒比较

采用$\frac{2}{1}$斜纹地、V型固结的灯芯绒组织如图5-3-5(B)所示。斜纹的交织点少，纬纱容易打紧，故绒条稠密，织物手感柔软，绒根背部有地纬浮长线对其起保护作用，如横截面图(b)，可以减少绒根背部的摩擦，从而改善背部脱毛；但底布不如平纹地平整紧密，割绒加工不如平纹地方便，正面的耐磨性不如平纹地。

图5-3-5(C)所示为采用平纹变化地的灯芯绒组织。这种地组织兼有平纹地与斜纹地的优点，在压绒经7和8附近为纬重平，则其余为平纹。绒根在纬重平的挤压作用下内陷而被压紧，如图(c)。由于绒根背部有地纬浮长线保护，减少了对绒根背部的摩擦，改善了背部脱毛，绒根两侧又分别受地经6和1保护，即绒根受到纬重平的双经保护，所以又称双经保护地。由于其他位置仍为平纹地，所以割绒进刀方便，正面的耐磨性也得到改善。

③ 选择绒纬组织　绒纬组织由绒纬浮长线及绒根所组成，其选择需考虑三个因素：绒根固结方式、绒纬浮长、绒根分布。

A. 绒根固结方式　V型固结时绒纬与绒经的交织点少，纬纱容易打紧，织物纬密可以提高，因此绒毛稠密，绒条抱合良好，但绒根固结不牢，受到强烈摩擦后容易脱毛，适用于制织绒毛较短、纬密较大的中细条灯芯绒。W型固结时绒纬与绒经的交织点多，毛绒固结牢固，但纬纱不易打紧，使纬密增大受到限制，毛绒抱合差，绒毛稠密度较小。细条灯芯绒要求绒纬固结牢固，但对绒毛密度的要求不高，所以可采用W型固结。V型与W型两种固结方式混合使用，可以取长补短，有利于改善毛绒的抱合性，减少脱毛，常用于阔条灯芯绒。

B. 绒根分布情况　绒纬与压绒经的交织点即为绒根，其分布影响绒条外观。设计阔条灯芯绒时，在同一地组织条件下增加绒纬浮长线，不能达到阔条绒毛的目的，因为浮长线过长将导致绒毛不能竖立而形成露底现象，所以必须增加绒根分布宽度，合理安排绒根分布位置，如图5-3-6所示，其中(A)采用绒根散开布置，较适宜阔条灯芯绒，每束绒毛长度差异小，绒根分布比较均匀，绒条平坦；(B)采用中间多、两边少的绒根分布，各束绒毛长短不一，形成绒条的绒毛中间高、两侧矮。

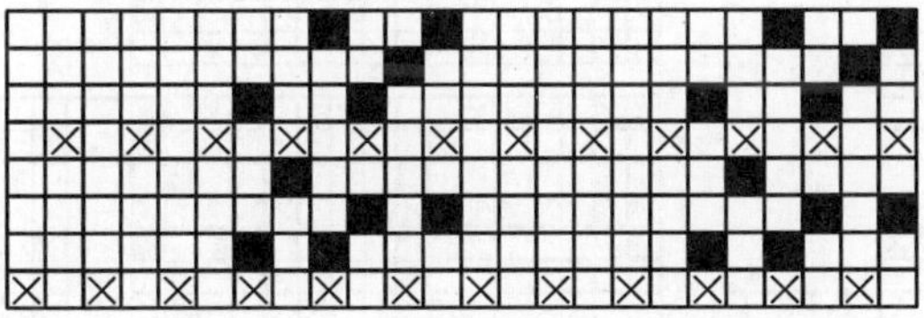
(A)

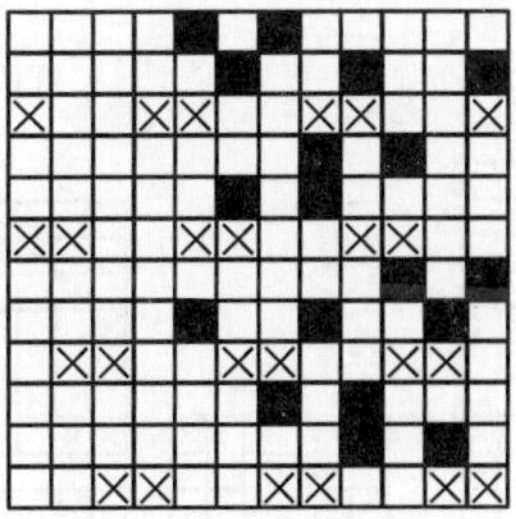
(B)

图5-3-6　绒根分布

C. 绒纬浮长　在经密一定的情况下，绒纬浮长决定了绒毛的高度和绒条的宽窄。绒纬浮长越长，绒条就越阔，毛绒也越高。但绒纬浮长过长时，割绒后容易露底。因此，设计粗阔条灯芯绒时不能单纯增加绒纬浮长，同时需要合理安排绒根分布。

当割绒进刀部位在绒纬浮长线的中央时，毛绒高度可按下式计算：

$$H(\text{mm}) = \frac{C}{2 \times \frac{P_J}{10}} \times 10 = \frac{50C}{P_J}$$

式中：H 为毛绒高度(mm)；P_J 为经纱密度(根/10 cm)；C 为绒纬浮长所覆盖的经纱数(根)。

④ 确定地纬与绒纬的排列比　地纬与绒纬的排列比有多种，一般有 1∶2、1∶3、1∶4、1∶5 等。在原料、密度、组织相同的条件下，排列比直接影响绒毛的稠密度、织物外观、底布松紧和绒毛固结牢度。当绒纬排列根数增加时，织物的绒毛密度相应增加，织物的柔软性和保温性得到改善，但织物的坚牢度会降低。这是由于绒毛固结不牢，绒毛易被拉出所致。因此，排列比的确定应取决于织物的要求。常用的排列比为 1∶2 或 1∶3，形成的织物绒毛比较丰满，外观好。

能力拓展 1

认识几种典型的灯芯绒组织

(1) 特细条灯芯绒　如图 5-3-7(A)所示，地绒纬之比为 1∶3，绒毛采用复式 W 型固结(箭头所指为割绒位置)，地组织为平纹，经纬纱线密度均为 18 tex，织物经密为 315 根/10 cm，纬密为 843 根/10 cm。

(2) 中条灯芯绒　如图 5-3-7(B)所示，地绒纬之比为 1∶2，绒毛采用 V 型固结，地组织为平纹，经纱线密度为 14×2 tex，纬纱线密度为 28 tex，织物经密为 228 根/10 cm，纬密为 669 根/10 cm。

(3) 阔条灯芯绒　如图 5-3-7(C)所示，地绒纬之比为 1∶2，绒毛采用 V 型固结，地组织为$\frac{2}{2}$斜纹，经纱线密度为 14×2 tex，纬纱线密度为 28 tex，经密为 161 根/10 cm，纬密为 1 133.5根/10 cm。

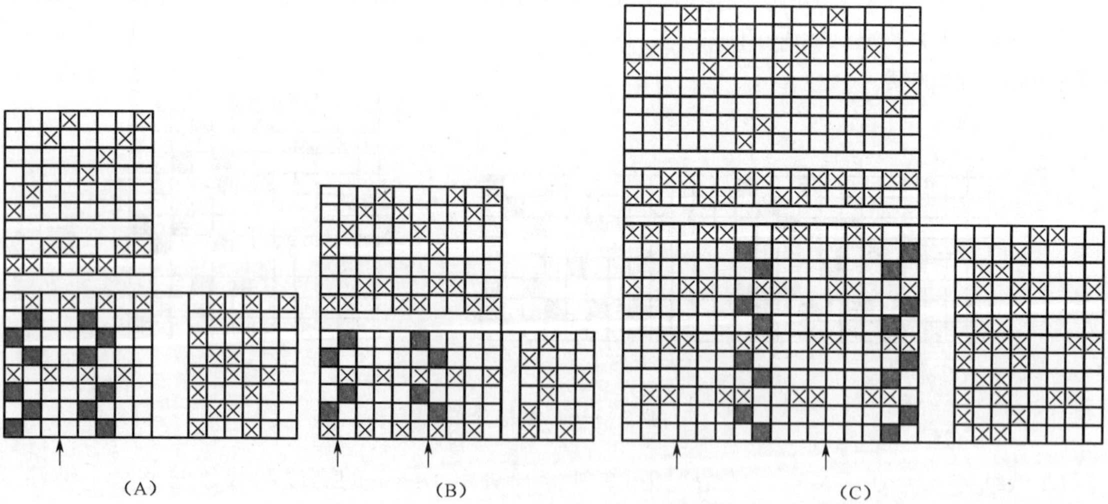

图 5-3-7　几种典型的灯芯绒组织

(4) 偏割灯芯绒　图 5-3-8 所示为由割绒刀偏割形成的灯芯绒组织，绒条粗细不一致(见彩页)。

图 5-3-8　偏割灯芯绒

图 5-3-9　花式灯芯绒

能力拓展 2

认识花式灯芯绒织物

图 5-3-9 所示即为花式灯芯绒织物（见彩页），在一般灯芯绒的基础上进行变化而得，织物外观的绒毛凹凸不平、立体感强，但割绒刀仍保持直线进刀。形成花式灯芯绒的方法如下：

（1）改变绒根分布　图 5-3-10(A)所示的绒根分布不成直线，使绒纬的浮长线长短不一，经割绒、刷绒后，绒毛呈现高低不平的各种花型，其中长绒毛覆盖短绒毛，使花型产生多种变化。

（2）织入法　利用底布和绒毛的不同配合，使织物表面局部起绒、局部不起绒而形成凹凸感的各种花型。如图 5-3-10(B)所示，局部起绒处利用绒纬的浮长线，而在局部不起绒处用织入法，将绒纬浮长处用经重平组织代替，由于绒纬和地经的交织点增加，因此割绒时导针越过该部分，使该部分不起绒。设计时需注意不起绒部分的纵向不得超过 7 mm，会否则引起割绒时的跳刀、戳洞现象。不起绒与起绒部位的比例宜掌握在 1∶2，以起绒为主，否则不能体现灯芯绒组织的特点。

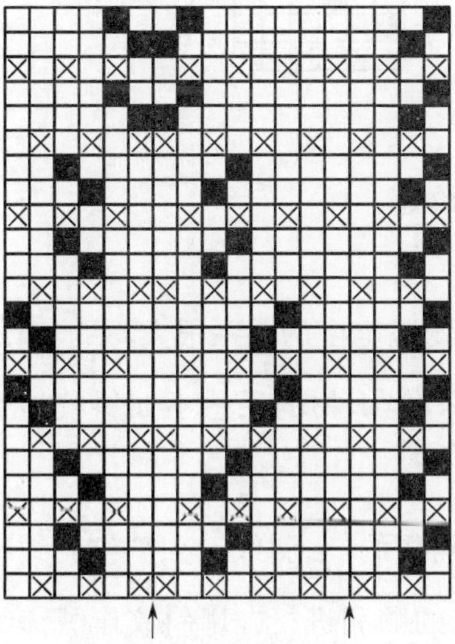

(A) 改变绒根分布法

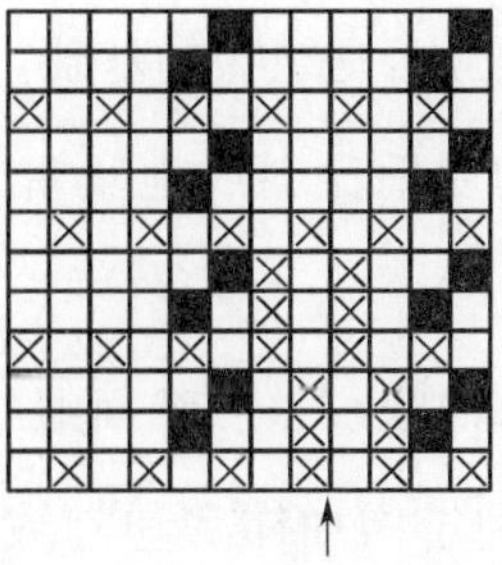

(B) 织入法

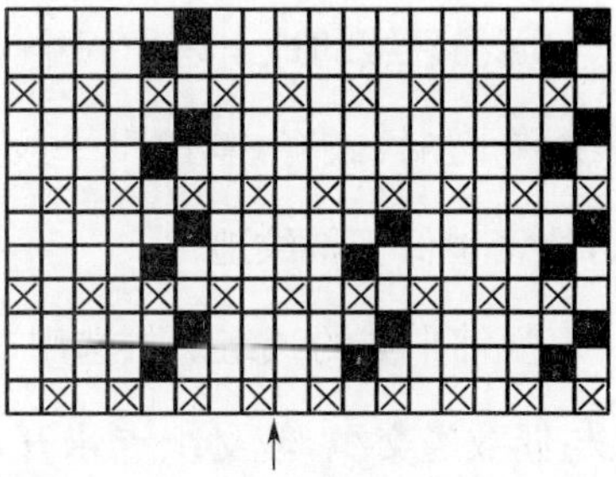

(C) 飞毛法

图 5-3-10

(3) 飞毛法　如图 5-3-10(C)所示，在原灯芯绒组织图中，去除局部绒纬的固结点，使这部分绒纬的浮长线横跨两个组织循环，因此割绒时将这些纬浮长线的左右两端割断，中间的浮长线则掉下，由吸绒装置吸除而露出底布，此方法称为飞毛法。采用这种方法形成的花纹凹凸分明，立体感强。上机时通常采用顺穿法或照图穿法，考虑到灯芯绒织物的纬密较高，为了使纬纱易于打紧，经密以稀为宜，一般每筘齿穿 2 根。

2. 纬平绒

能力拓展 3

认识纬平绒

纬平绒是平绒织物的一种，织物表面为短而耸立的茸毛所覆盖，形成均匀平整的绒面。有两种类型：织物表面的绒毛由纬纱形成，称为纬平绒；绒毛由经纱形成，称为经平绒。

(1) 纬平绒的构成原理　纬平绒的构成原理与灯芯绒相同，也是由一个系统的经纱和两个系统的纬纱(地纬和绒纬)交织而成。图 5-3-11(A)所示为纬平绒的构造原理图，经纱与地纬 1 和 2 交织形成地组织，图中为平纹；经纱与绒纬 a，b，c 交织形成绒纬组织，图中为$\frac{1}{2}\nearrow$。地纬与绒纬的排列比为 1∶3，绒根采用 V 型固结，图中箭头所指为割绒进刀位置。图 5-3-11(B)所示为纬平绒的组织图。由图中可以看出，纬平绒的绒根组织点彼此错开，均匀散布于整个完全组织中，这是纬平绒与灯芯绒的一个显著区别。因此，将绒纬浮长割开后，一束束绒毛就均匀地散布于整个织物表面。

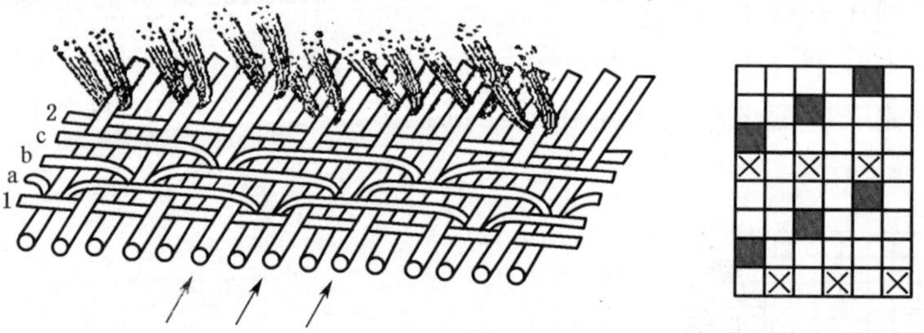

(A)　　　　(B)

图 5-3-11　纬平绒织物的构造图与组织图

(2) 设计纬平绒组织的要点

① 纬平绒的地组织作固结毛绒之用，是织物的基础，与织物坚牢度的关系很大，一般采用平纹、$\frac{2}{1}$斜纹或$\frac{2}{2}$斜纹。平纹地的质地比斜纹地紧密、坚牢，但织物的手感不如斜纹地柔软，纬密也低于斜纹地。

② 纬平绒的绒组织可选用$\frac{5}{2}$纬面缎纹、$\frac{5}{3}$纬面缎纹或隔经的$\frac{1}{2}$斜纹、$\frac{1}{3}$斜纹。绒纬只与偶数经交织，使交织点错开，有利于增加纬密和割绒工艺的顺利进行。用斜纹作绒纬组织，割绒时可以沿组织点逐一进刀，比较方便，割绒后各绒纬左右长短相等，所以应用较多；采用缎纹时，绒毛长短不一，所以较少采用。

3. 拷花呢

能力拓展 4

认识拷花呢织物

拷花呢织物是一种高级粗纺毛织物，由地布和长浮的毛纬线组成，毛纬按一定规律分布在织物表面，经缩呢拉绒，将表层的纬浮长线松解成纤维束，再经剪毛和搓花，使绒毛凸起，形成花纹效应，花纹随绒根分布而变，外观好似经压拷而成，故称拷花呢，其特点是手感柔软，耐磨性好。

拷花呢的底布组织根据用途可采用单层组织、重经组织和双层组织。不论哪一种底布，绒纬仅与表经交织，并分布在表经上。

根据绒纬与底布固结方式的不同，选择拷花呢组织。绒纬与底布的固结方式有 V 型、W 型、V 型和 W 型混合三种。用 V 型固结时，绒纬固结较松弛，故地组织宜选择重经组织或双层组织，利用里组织对绒纬的阻力，减少绒毛在整理和服用过程中脱出。用 W 型固结时，绒纬较坚牢地固结在底布中，地组织适合选单层组织。

绒根分布实际上就是选择绒纬组织，一般有三种形成方法：

(1) 第一种是在简单组织基础上绘作绒纬组织。常采用缎纹方式安排绒根分布，织物外观无花纹呈现，绒毛分布均匀，底布完全被绒毛覆盖，如图 5-3-12 所示。图中，(A)为轻型

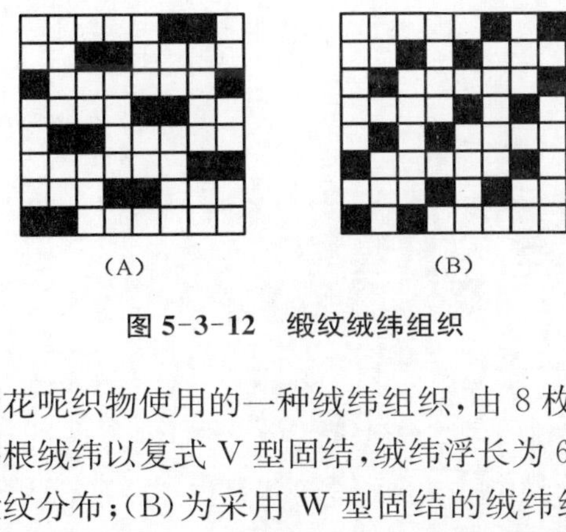

(A)　(B)

图 5-3-12　缎纹绒纬组织

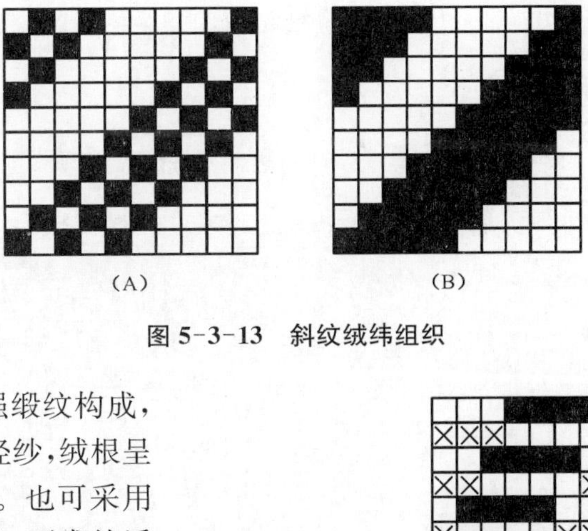

(A)　(B)

图 5-3-13　斜纹绒纬组织

拷花呢织物使用的一种绒纬组织，由 8 枚加强缎纹构成，每根绒纬以复式 V 型固结，绒纬浮长为 6 根经纱，绒根呈缎纹分布；(B)为采用 W 型固结的绒纬组织。也可采用各种斜纹作为绒纬组织，使织物具有斜线凸纹，要求纬浮点多于经浮点，否则，不是毛绒覆盖不足，就是毛纬与经纱的固结点太长而出现露底现象。图 5-3-13 中，(A)一般用于构作单层或双层底布，(B)用于构作重经组织或双层组织的底布。

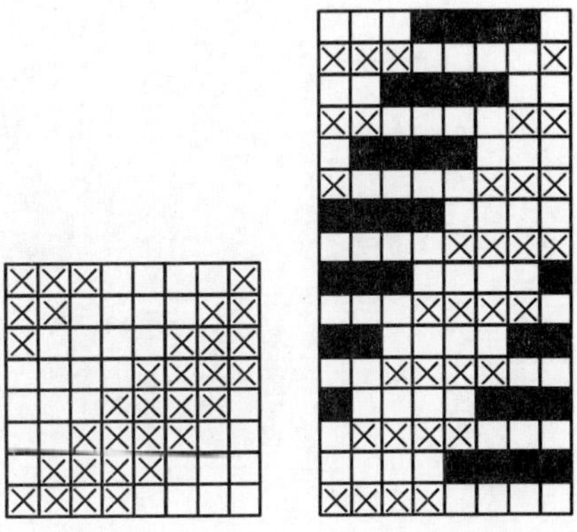

(A)　(B)

图 5-3-14　带反面组织的绒纬组织

(2) 第二种是绘出具有反面组织的绒纬组织。如图 5-3-14(A)所示，以斜纹为基础，每根纬纱附加一根纬纱，形成一个新组织，其 $R_J=8$，$R_W=16$。若该纬纱某处为经组织点，则附加的纬纱相对应的组织点为纬组织点，

若该纬纱某处为纬组织点，则附加的纬纱相对应的组织点为经组织点，如图 5-3-14(B)所示。

(3) 第三种是在花纹基础上绘作绒纬组织，如图 5-3-15 所示。一般先在方格纸上绘出设计花纹，如图中(A)，再在此图中用符号“■”绘作绒纬组织，如图中(B)。

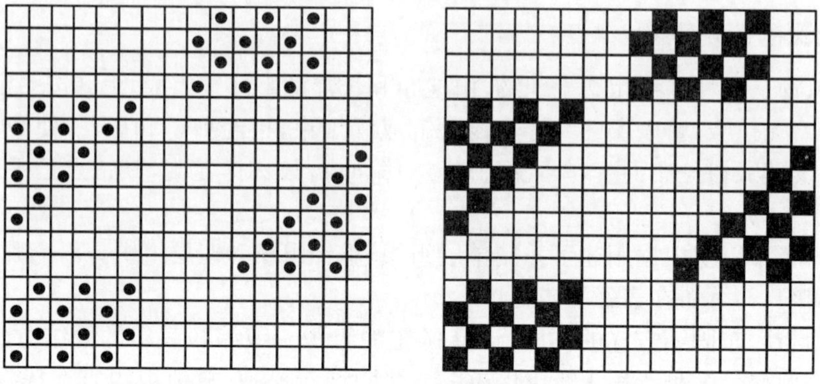

(A)　　(B)

图 5-3-15　绒纬花纹图

二、经起绒组织

本节能力目标

1. 认识经起绒组织及面料；
2. 会绘制双层经起绒组织图；
3. 会分析经起绒面料；
4. 会设计棉织经起绒面料.

任务

分析并命名图 5-3/02 所示面料(见彩页)。

图 5-3/02

任务分解

1. 认识经起绒组织和织物

经起绒(起毛)组织由两个系统的经纱(地经与毛经)与一个系统的纬纱交织而成,其中,一组经纱为地经,一组为绒经,地经与纬纱交织成地布,绒经与纬纱交织并起绒。

经起绒织物按表面毛绒的长短可分为短毛绒织物和长毛绒织物两大类:

(1) 短毛绒织物　这种织物的毛绒较短,一般在 2 mm 左右,毛绒的密度大,耸立度好。经平绒即为短毛绒。

(2) 长毛绒织物　这种织物的毛绒较长,一般为 7.5～10 mm。仿毛皮的长毛绒,其毛绒高度更高,可达 20 mm。这类织物的毛绒稍带倾斜地覆盖在地组织上。

经起绒(起毛)织物表面的绒毛状态有多种,有绒毛耸立的立绒,有向一个方向倾斜或倒伏的顺毛,还有用不同方法使绒毛显现花纹的提花绒、拷花绒、轧花绒、烂花绒等。

棉织经起毛织物多为短毛绒织物,即经平绒。其毛绒耸立,高度约为 1.2 mm,随织物用途而不同,适宜制作女式、儿童秋冬季服装以及鞋、帽料等,还可用作幕布、坐垫及精美包装盒的盒里和工业用织物。图 5-3/02 所示即为棉织经平绒。

毛织经起绒(起毛)织物多为长毛绒织物,绒毛高度一般为 7.5～10 mm。有些产品,如仿兽皮长毛绒,绒毛高度可达 15～20 mm。长毛绒织物的种类与用途很多,如平素长毛绒、提花长毛绒、人造毛皮等,可用作长毛大衣呢、童装、冬季服装衬里等。

丝织经起绒(起毛)织物也多为短毛绒织物,产品有乔其绒、利亚绒、天鹅绒等,常用作高档女式服装以及帷幕、挂屏、沙发套垫和贵重首饰盒垫等高级装饰织物。

2. 认识经起绒织物形成毛绒的方法

(1) 单层起毛杆制织法　杆织法经起毛组织有地经与绒经两个系统的经纱,在织造过程中,每隔几纬织入一根起毛杆,使毛经浮在起毛杆上而形成毛圈,切开毛圈,取出起毛杆,织物表面即形成毛绒;如果不切开毛圈,抽出起绒杆后,则在织物表面形成毛圈。采用杆织法,可使所有绒经浮在起绒杆上,使整个织物表面都有毛绒;也可使部分绒经浮在起绒杆上,形成某种毛绒花纹。

杆织法所用的起毛杆为圆形或椭圆型开槽细杆,其材料有钢、竹子、木头等,表面很光滑。起毛杆的粗细决定了织物绒毛的高度,织造时应根据绒毛的高度要求选择起毛杆的号数;起毛杆的长度则根据织物的幅宽决定。

杆织法经起毛组织常用的地组织有平纹、$\frac{1}{2}$经重平、$\frac{2}{2}$经重平等。绒经的固结方式可以用 V 型、U 型(双经固结)和 W 型。地经与绒经的排列比可用 1∶1 或 2∶1。地纬与起毛杆的排列比,用 V 型、U 型固结时,用 2∶1,采用 W 型固结时,为 3∶1 或 4∶1。图 5-3-14 所示为杆织法经起毛组织的一例,(A)为上机图,1,2,3,4 为地经与地纬,一、二为绒经,三角符号所指为起毛杆,地组织为平纹,地经与绒经的排列比为 2∶1,地纬与起毛杆的排列比为 2∶1,绒经的固结方式为 V 型固结;(B)为截面割绒示意图。

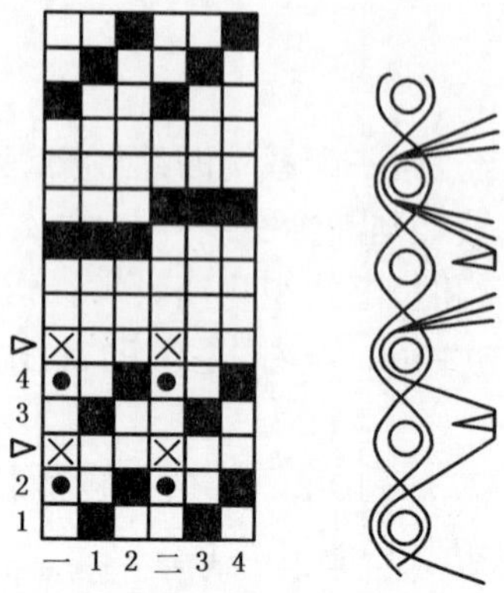

(A)　(B)

图 5-3-14　杆织法经起毛组织

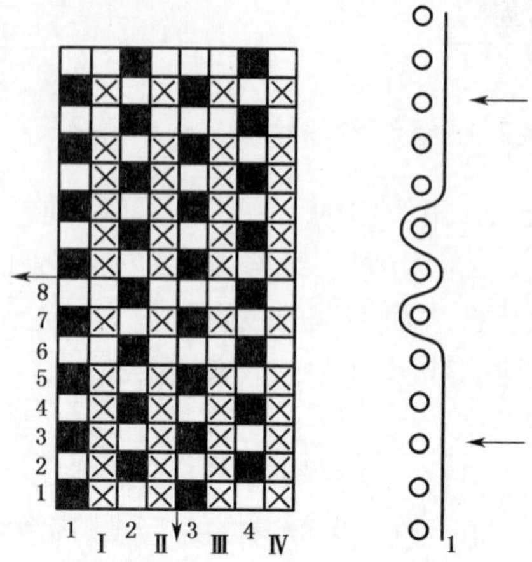

(A)　(B)

图 5-3-15　浮长通割法经起毛组织

我国传统丝绒织物漳绒、漳缎就是用这种方法织制的，因起源于福建漳州而得名。一直由手工织制，劳动强度大，生产效率低，所以应用较少，只用于制织名贵产品。

(2) 浮长通割法　浮长通割法经起绒组织由两个系统的经纱与一个系统的纬纱交织而成。地经与纬纱交织成地组织，毛经与纬纱交织成固结组织并以一定的浮长浮在若干根纬纱之上，织成后将经浮长线割开便形成毛绒。

浮长通割法经起绒组织的构成原理与纬起绒组织基本相同，其割绒沿幅宽方向进行。图5-3-15中，(A)为浮长通割法经起绒组织图，地组织为平纹，1，2，3，4为地经，Ⅰ，Ⅱ，Ⅲ，Ⅳ为绒经，地经与绒经的排列比为1∶1，绒经浮长为5个组织点，绒经采用W型固结，$R_J=4$，$R_W=8$；(B)为绒经的纵向截面图，箭头表示绒经割断处。

(3) 双层织制法　双层织制法是目前应用最广的一种经起绒方法，在棉、毛、丝织生产中，无论毛绒长短，大都采用这种方法。起绒示意图如图5-3-16。其地经分成上下两部分，分别形成上下两层经纱的梭口，纬纱与上层经纱交织形成上层地布，与下层经纱交织形成下层地布，两层地布间隔一定距离；绒经位于两层地布中间，交替与上下层纬纱交织。织物织成后，经割绒工序，将连接两层的绒经割断，如图中箭头所示，形成两幅独立的经起绒织物。

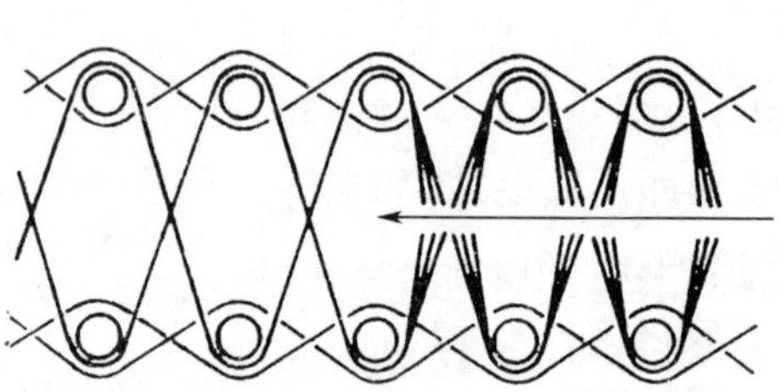

图 5-3-16　双层法经起绒织物示意图

双层织制法经起绒织物根据开口和投纬方式，分为单梭口织造法和双梭口织造法两种。单梭口织造法，织机曲轴每回转一转形成一个梭口，投入一根纬纱；双梭口织造法，曲轴每回转一转同时形成两个梭口，同时投入两根纬纱。目前，单梭口织造法应用较多。

3. 绘制单梭口双层经起绒组织

(1) 认识单梭口双层织制法经起毛组织的结构参数

① 地组织　可以采用平纹、$\frac{2}{1}$经重平、$\frac{2}{2}$经重平、$\frac{2}{2}$纬重平、$\frac{3}{1}$斜纹等组织，以平纹居多。

② 绒经组织　对于双层织制法经起毛织物，其绒经组织主要是确定绒根的固结方式和绒经的配置方式。

双层织制法常用的绒根固结方式如图 5-3-17 所示。图中，(A)为 V 型固结，可以获得最大的绒毛密度，织物的绒面丰满，在经纬密度较大的情况下，可以牢固地固结绒毛；(B)为双纬 U 型固结；(C)(D)(E)为 W 型三纬与四纬固结，在长毛绒织物中应用较多，毛绒短而密的产品用三纬固结，毛绒耸立而丰满的用四纬固结。

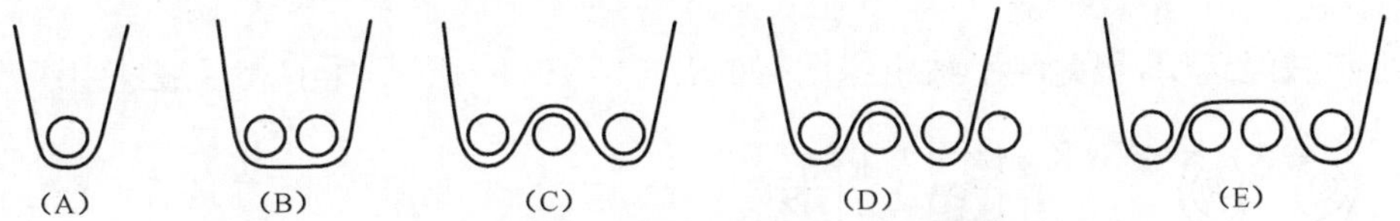

图 5-3-17　双层织制法经起绒组织的绒根固结方式

双层织制法，绒经在上下两层间的配置方式如图 5-3-18 所示。图中(A)和(B)，每根绒经与上下两层中的每根纬纱交织，称为全起毛配置，其绒毛紧密，其中(A)为 V 型单纬固结，绒毛密度最大，(B)为 W 型固结；(C)和(D)以绒经总数的一半与上下两层的纬纱间隔交织，称为半起毛配置，其绒毛密度为全起毛配置的一半，其中(C)为 V 型固结，(D)为三纬 W 型固结。目前，棉织生产多采用 V 型固结的半起毛配置，只要适当安排经纬密度和地绒经排列比，仍能达到适当的绒毛密度。

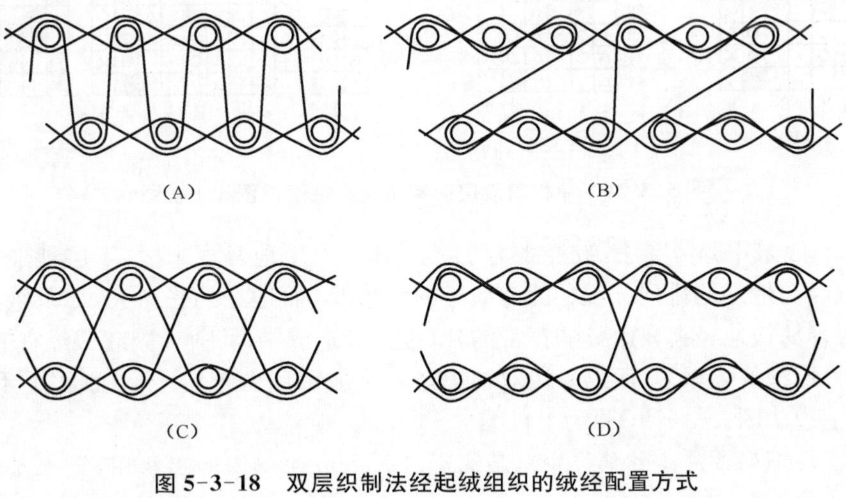

图 5-3-18　双层织制法经起绒组织的绒经配置方式

③ 地经与绒经的排列比　有 1∶1、2∶1 和 4∶1 等，以采用 2∶1 为多，即 1 根下层地经、1 根上层地经和 1 根绒经依次排列。

④ 投纬比　投纬比与绒经的固结方式有关，常用的有：V 型固结为 1∶1 或 2∶2，W 型固结为 3∶3 或 4∶4。

(2) 绘作单梭口双层织制法经平绒组织图和上机图

任务1 按下列条件绘作单梭口双层织制法经平绒组织图和上机图：①上层地组织和下层地组织都是平纹；②绒经为V型固结、半起毛配置，经纱排列比为“1绒1上地1下地”；③投纬比为“1上2下1上”。

① 绘制纵向截面图，如图5-3-19(A)所示，箭矢方向为视线方向，阿拉伯数字表示上层的经纬纱，罗马数字表示下层的经纬纱，a，b表示绒经。

② 按箭矢所示方向，分别绘制上层地组织和下层地组织，如图5-3-19(B)(C)所示，上层地组织用“■”表示，下层地组织用“⊠”表示。

③ 绘制完全组织大小，如图5-3-19(D)所示。

④ 绘制上层地组织、下层地组织和上层经纱的提综符号，如图5-3-19(E)所示，提综符号用“回”表示。

⑤ 绘制绒经组织，得此经平绒组织图，如图5-3-19(F)所示，“△”表示绒经组织点。

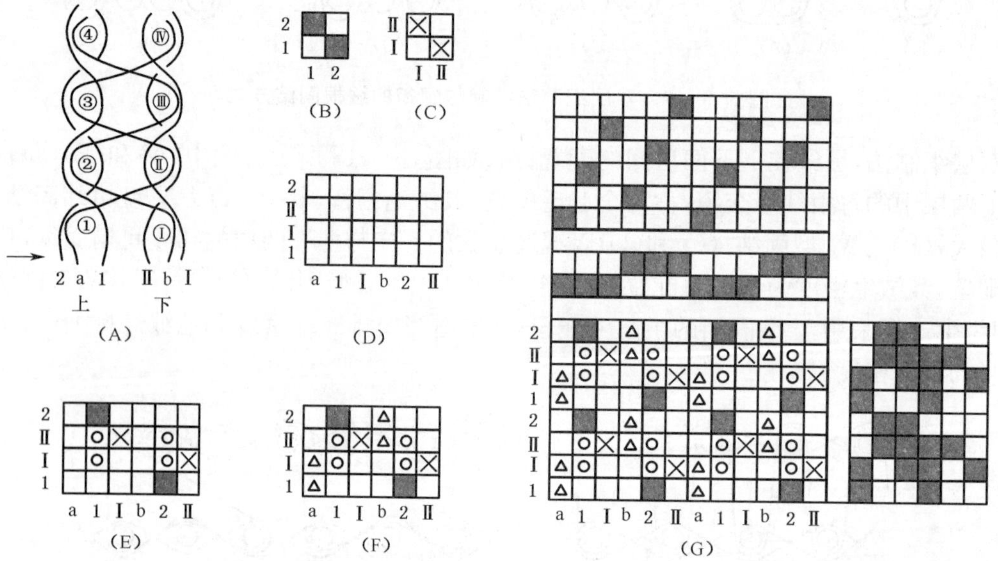

图5-3-19 单梭口双层织制法经平绒组织图和上机图

⑥ 穿综一般采用分区穿法，绒经张力小，穿前区；上层地经穿中区，下层地经穿后区。穿筘时，注意绒经与地经的排列位置。因为绒经的张力小，而地经的张力大，如果绒经被夹在地经中间，会很容易被地经夹住而影响正常的开口运动，造成绒面不良，因此绒经宜靠近筘齿边。由于地经张力比绒经大很多，所以采用双轴织造。一般采用两把梭子，分别织上下层，否则割绒后会造成毛边。图5-3-19(G)为上机图。

任务2 按下列条件绘作单梭口双层织制法长毛绒组织图和上机图：①上层地组织和下层地组织都是$\frac{2}{2}$纬重平；②绒经采用三梭口W型固结、半起毛配置，地经与绒经的排列比为4∶1；③投纬比为“3上3下”。

① 绘制纵向截面图，如图5-3-20(A)所示，箭矢方向为视线方向，阿拉伯数字表示上层的经纬纱，罗马数字表示下层的经纬纱，a，b表示绒经。

② 按箭矢所示方向，分别绘制上层地组织和下层地组织，如图5-3-20(B)(C)所示，上层

地组织用“■”表示，下层地组织用“⊠”表示。

③ 绘制完全组织大小，分别绘制上层地组织、下层地组织和上层经纱的提综符号，如图5-3-20(D)所示，提综符号用“⊡”表示。

④ 绘制绒经组织，得此长毛绒组织图和上机图，如图5-3-20(E)所示，“◬”采用绒经在下层纬纱之上，“■”表示绒经在上层纬纱之上。

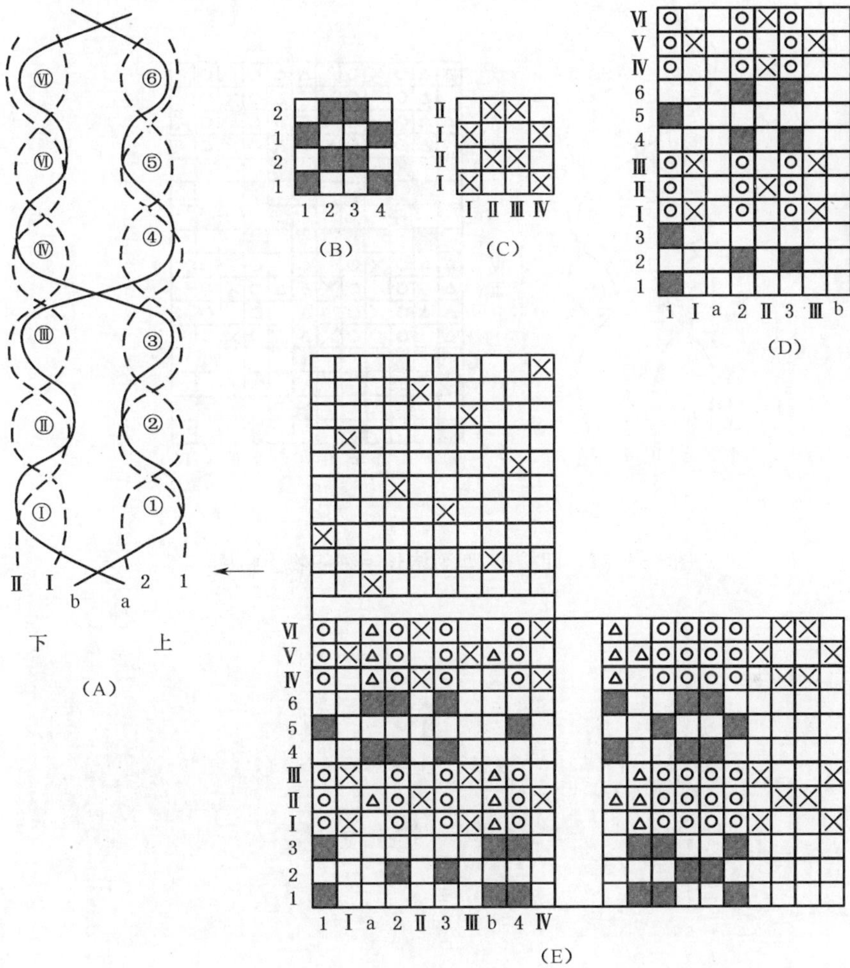

图 5-3-20　单梭口双层织制法长毛绒组织图和上机图

图5-3-21所示为采用四梭W型固结的长毛绒织物组织图，图中(A)为纵向截面图，(B)为上下层地组织图，(C)为最终组织图。所用符号与图5-3-20相同。

4. 分析经起绒组织面料

任务3　分析图5-3/02所示的棉织经平绒面料。

(1) 分析织物反面，得地组织为平纹，则上层和下层的地组织均为平纹。

(2) 分析绒经固结方式，图5-3-22所示为V型固结。

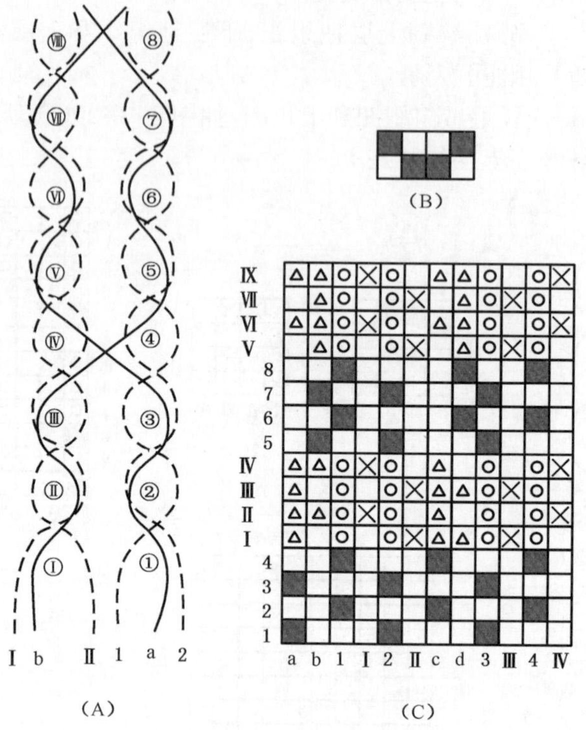

图 5-3-21　四梭 W 型固结长毛绒织物上机图

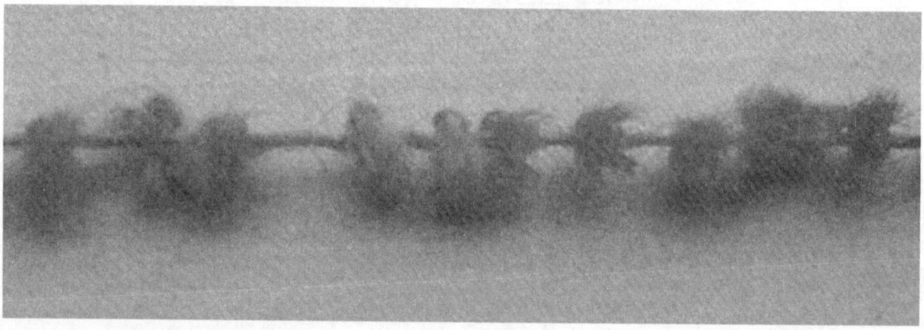

图 5-3-22

(3) 若绒经采用半起毛配置，经纱排列比采用“1 绒 1 上地 1 下地”，投纬比采用“1 上 2 下 1 上”，则组织图和上机图如图 5-3-19(G)所示。

5. 棉经平绒织物设计要点

(1) 目前，经平绒织物大多采用平纹作为地组织，使织物质地坚牢，绒毛分布均匀，且能改善绒毛的丰满程度。

(2) 绒经固结以 V 型固结为主，以获得最大的绒毛密度，绒面丰满。

能力拓展1

长毛绒织物设计要点

(1) 长毛绒织物属精纺毛织产品，因为其毛条制造与纺纱工艺均与精纺相同。普通长毛绒织物的地布一般采用棉经、棉纬，毛绒则采用羊毛。近年来，由于化纤原料的发展很快，所以毛绒不仅使用羊毛和马海毛，还使用化纤原料（如腈纶、粘胶、氯纶等），尤其是氯纶，因其具有热缩性能而成为人造毛皮的常用原料。

(2) 双层制织法长毛绒织物的上下层地布一般采用平纹、$\frac{2}{2}$纬重平和$\frac{2}{1}$变化纬重平等组织。

(3) 绒经固结组织应根据产品的使用性能和设计要求确定，如要求质地厚实、绒面丰满、绒毛挺立、弹性好，多数采用四梭固结组织；如要求质地松软轻薄，可采用组织点较多的固结组织；若要求绒毛短密、弹性好、耐压耐磨，多采用二梭、三梭固结组织。

(4) 地经与毛经的排列比一般采用 2∶1、3∶1 和 4∶1 等。

能力拓展2

双梭口双层经起绒组织绘制方法

(1) 了解双梭口双层织制法特点　单梭口制织双层织物时，上下两层之间的距离不能太大，否则会导致投梭困难，因此不能制织绒毛较长的经起绒织物；又因上下两层梭口轮流投梭，当一层连续投入几根纬纱时，上下两层的梭口不平齐，将影响打纬紧密度，纬纱有反拨现象。另外，因为采用一把梭子循环地投入上层和下层，将两层织物割开时会形成毛边，投纬比为 1∶1时形成双侧毛边；投纬比为 2∶2 时则为单侧毛边，从而影响织物外观。

采用双梭口织造法时，因织机的曲轴每转一转同时形成上下两个梭口，所以采用两把梭子同时投入上下层梭口，解决了单梭口织造法存在的问题，从而大大提高了生产效率。

图 5-3-23 为双梭口双层经起绒织物的织造示意图。双梭口织机有三种综丝，如图中(B)。综丝 1 为绒综丝，用于穿绒经；综丝 2 为上层综丝，用于穿上层经纱；综丝 3 为下层综丝，用来穿下层经纱。凭借三种不同的综丝，在同一开口机构的作用下，同时形成上下层梭口，如图中(A)。综片 3 和 4 形成上层梭口，综片 5 和 6 形成下层梭口。绒经穿入综片 1 和 2。当绒综上升时与上层纬纱交织，下降时与下层纬纱交织，综平时则停留在上下层经纱之间。

双梭口织造法由于一次开口同时投入上下两根纬纱，因此投纬比必须为“1上 1 下”；又因为两根纬纱同时投入，因此绒经只可能与其中的一根纬纱交织，所以只能采用半起毛配置。

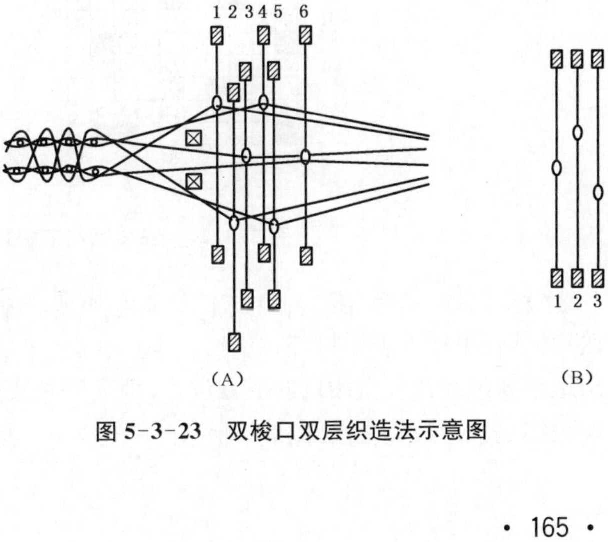

图 5-3-23　双梭口双层织造法示意图

(2) 绘作双梭口双层经起绒组织图和上机图　为便于与单梭口织造法对比，任务 4 采用与任务 2 相同的条件，投纬比改为 1∶1。

任务 4　按下列条件绘作双梭口双层织制法长毛绒组织图和上机图：①上层地组织和下层地组织都是$\frac{2}{2}$纬重平；②绒经采用三梭口 W 型固结、半起毛配置，地经与绒经的排列比为 4∶1；③投纬比为“1 上 1 下”。

上层地经 1，2，3，4 穿入综片 3，4，5，6，形成上层梭口；下层地经Ⅰ，Ⅱ，Ⅲ，Ⅳ穿入综片 7，8，9，10，形成下层梭口；绒经 a，b 穿入综片 1，2。

组织图中，符号“■”表示上层经纱在上层纬纱之上，绒经在上层纬纱之上；符号“⊠”表示下层经纱在下层纬纱之上；符号“△”表示绒经在下层纬纱之上；符号“○”表示投入下层纬纱时上层经纱被提起；符号“□”表示上层经纱在上层纬纱之下、下层纬纱之上，下层经纱在下层纬纱之下（即必然在上层纬纱之下），绒经在下层纬纱之下（必然在上层纬纱之下）。

双梭口织造法的组织图绘作与单梭口织造法相同，但二者的纹板图不同。双梭口织造时，每次开口形成上下两个梭口，可同时投入上下层纬纱，即一块纹板能同时控制上下两根纬纱，因此纹板图中的一个横行（即一块纹板）对应组织图中的上下两根纬纱，使得纹板图中的横行数仅为组织图中循环纬纱数的一半，而纹板图中的每一纵行仍对应一片综框。如图 5-3-24所示。

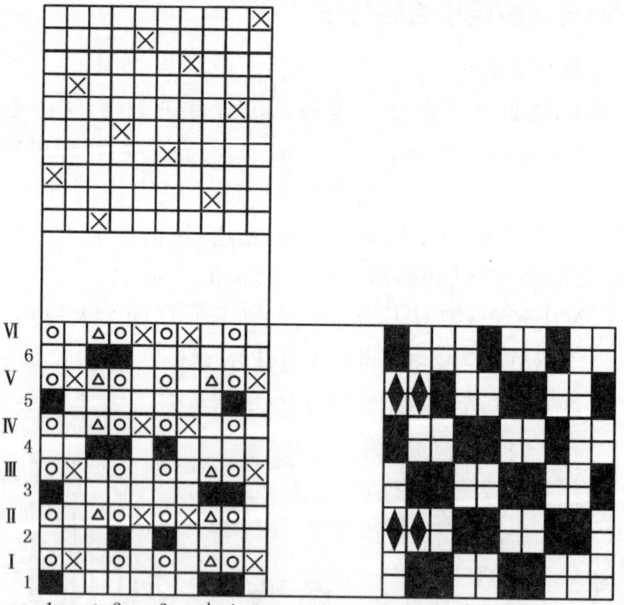

图 5-3-24　三梭固结双梭口长毛绒织物上机图

纹板图中，符号“■”表示上下层地经和绒经在各自梭口的上方位置，即表经在表纬之上（也必然在里纬之上），里经在里纬之上、表纬之下，绒经在表纬和里纬之上；符号“□”表示上下层地经和绒经在各自梭口的下方位置，即表经在表纬之下、里纬之上，里经在里纬之下（也必然在表纬之下），绒经在表纬和里纬之下；符号“◆”表示绒经在表纬之下、里纬之上。

图 5-3-25 所示为四梭固结双梭口双层织制法长毛绒织物的上机图。图中的已知条件与图 5-3-24 基本相同，各符号的含义与三梭固结相同。

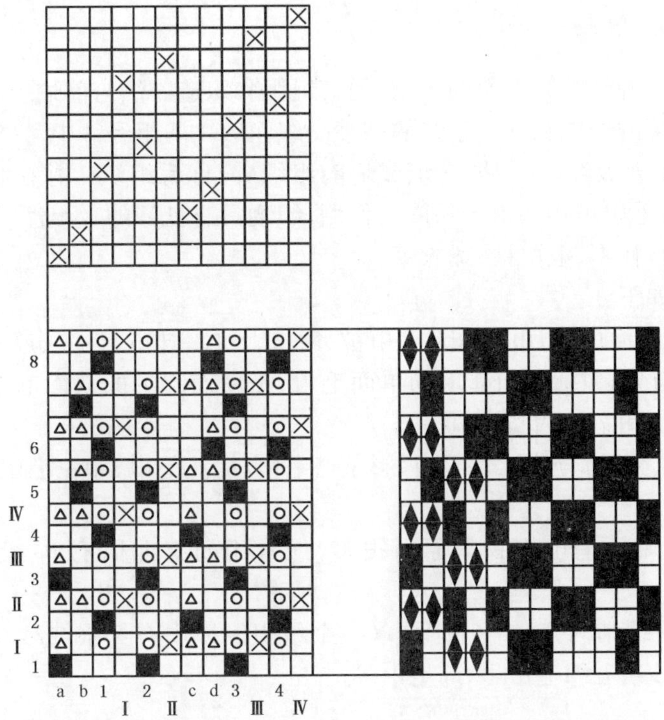

图 5-3-25　四梭固结双梭口织制法长毛绒织物上机图

子项目四　分析与设计毛巾组织

本项目能力目标

1. 认识毛巾组织及织物；
2. 会绘制毛巾组织图；
3. 会分析毛巾组织面料；
4. 会设计毛巾组织.

任务

分析图 5-4(A)所示面料的组织，画出组织图(见彩页)。

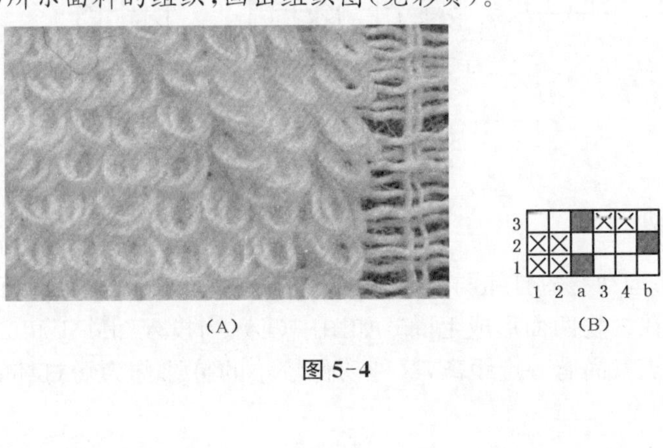

(A)　　(B)

图 5-4

任务分解

一、认识毛巾织物

毛巾织物也是一种经纱起毛圈的织物，但其组织和织造方法与前述经起绒织物完全不同。毛巾织物由两个系统的经纱和一个系统的纬纱交织而成。两组经纱中，一组为地经，与纬纱交织成地组织；另一组为绒经，与纬纱交织成毛圈组织（简称毛组织），并在织物表面形成毛圈。图 5-4(A)所示即为毛巾织物。由于毛圈的作用，织物具有良好的吸湿性、保温性和柔软性，常用于制作面巾、浴巾、枕巾、毛巾被、睡衣等。

毛巾织物分类如下：

(1) 按用途分，有面巾、浴巾、枕巾、毛巾被、餐巾、地巾、挂巾、毛巾布等。

(2) 按毛圈分布分，包括一面起毛的单面毛巾、正反面起毛的双面毛巾、正面与反面交替起毛而构成凹凸花纹图案的凹凸毛巾等。

(3) 按生产方法分，可分为素色毛巾、彩条格毛巾、提花毛巾、印花毛巾、缎档毛巾、双面毛巾等。

(4) 按原料分，用于毛巾织物的原料很多，最常用的有纯棉毛巾、桑蚕丝毛巾、腈纶毛巾等。

(5) 按毛巾的组织结构分，如三纬毛巾（一个组织循环中有 3 根纬纱）、四纬毛巾（一个组织循环中有 4 根纬纱）、五纬毛巾、六纬毛巾等。

二、认识毛圈的形成原理

1. 毛巾的基本组织

图 5-4-1 分别是三纬毛巾、四纬毛巾、五纬毛巾及六纬毛巾的组织图。图中“☒”表示地经的经组织点，“■”表示毛经的经组织点。最常用的是三纬毛巾，其地组织、毛圈组织均为$\frac{2}{1}$变化经重平，但起点不同，如图中(A)，1，2 为地经，a，b 为毛经。

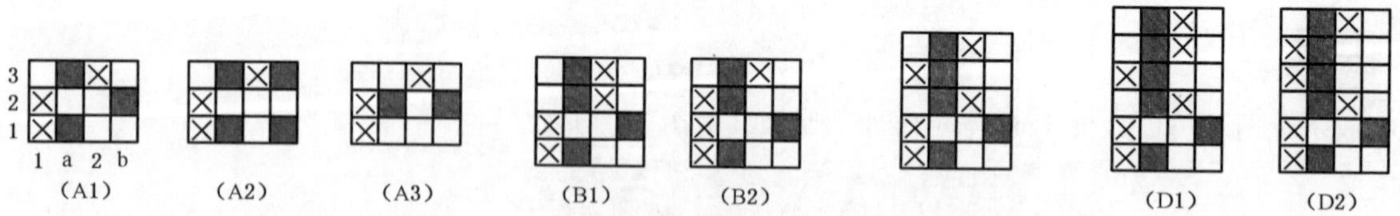

(A) 三纬毛巾　　(B) 四纬毛巾　　(C) 五纬毛巾　　(D) 六纬毛巾

图 5-4-1　毛巾组织

2. 长短打纬运动

毛巾织物的打纬运动有短打纬与长打纬两种。图 5-4-2 所示为双面毛巾织物形成示意图，毛经 a 与 b 分别在织物两面形成毛圈。如图中(D)，当投入纬纱 1 和 2 时，打纬动程较小，打纬终了时，钢筘离织口尚有一定距离，这种动程较小的打纬称为短打纬。当投入纬纱 3 时，钢筘将这三根纬纱一起推向织口，打纬动程为全程，称为长打纬。长打纬时，由于地组织中的纬纱1和2处于地经张紧的同一梭口内，因此可以被纬纱3推动一起向织口移动；另外，由于毛组织中，毛经在纬纱1和2与纬纱2和3之间形成两次交叉，因而在纬纱1和2与纬纱2和3的双重夹持下，也被推向织口；又因毛经在3和1两根纬纱上为连续浮长且张力较小，因此毛经在固定于底布中的同时拱起在织物表面并形成毛圈。

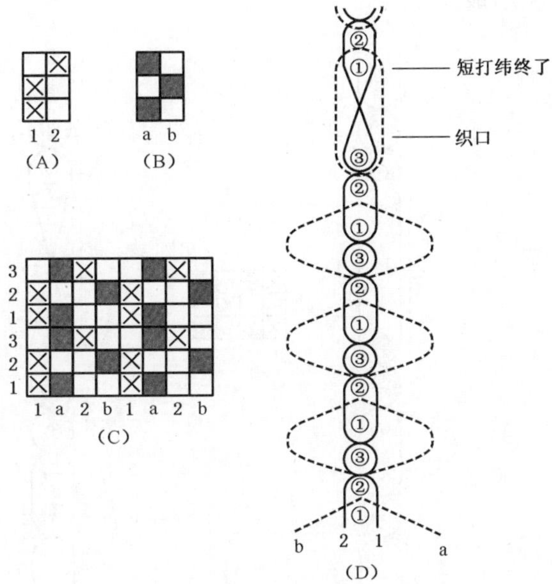

图 5-4-2　毛圈形成

3. 毛经和地经的送经运动

长打纬时，毛经被纬纱夹持而向前运动，地经则不随之向前。导致两组经纱的运动不同的原因，一是毛组织和地组织的配合，二是毛经和地经的送经运动的配合。毛经和地经分别卷绕在两个织轴上，地经的张力较大，毛经张力很小，约比地经小4倍，织机每一回转，毛经的送出量为地经的4倍左右。因此，长打纬时，三根纬纱能紧紧夹持着张力较小的毛经沿着张力较大的地经向前移动。

4. 地组织与毛组织的配合

要使毛组织和地组织配合良好，应满足三个要求：一是打纬阻力小；二是对毛经的夹持牢固；三是纬纱不易反拨。

图5-4-3所示为三纬单面毛巾的毛组织和地组织配合示意图，毛经a在织物正面起毛圈，毛组织和地组织均为$\frac{2}{1}$变化经重平。由于地组织的起始点不同，地组织和毛组织有三种配合关系，现根据上述三个要求进行比较。

(1) 打纬阻力　长打纬时，需将三根纬纱一起打向织口，为便于打紧纬纱并减少纱线的磨损，打纬阻力以小为宜。图5-4-3中，(A)所示为长打纬时三根纬纱和地经上下交织两次，其打纬阻力为最大；(B)和(C)所示的打纬阻力基本相同，均小于(A)所示。

(2) 对毛经的夹持　长打纬时，三根纬纱必须夹持着毛经向前移动，使毛经的浮长线变为毛圈。图5-4-3中，(A)所示的纬纱1和2及纬纱2和3之间均有地经织入，影响了纬纱对毛经的夹持力；(B)所示的纬纱2和3虽能夹紧毛经，但纬纱1和2之间的夹持力小，将导致毛圈不齐；(C)所示的纬纱1和2在同一梭口，容易靠紧，长打纬时能将毛经牢牢夹住。

(3) 纬纱的反拨　从纬纱的反拨情况来看，图5-4-3中，(A)所示的纬纱3和1在同一梭口，长打纬后，筘后退时纬纱3易于反拨后退；(B)中，纬纱3的反拨虽不如(A)严重，但筘后退以后，会使纬纱2和3之间对毛经纱的夹持力减小；(C)中，纬纱3不易反拨，即使有反拨也不致影响纬纱1和2之间对毛经纱的夹持力，所以毛圈的整齐度也不受影响。

从上述分析可知，图5-4-3中毛组织和地组织的三种配合方式以(C)为最好，实际生产中应用最多。

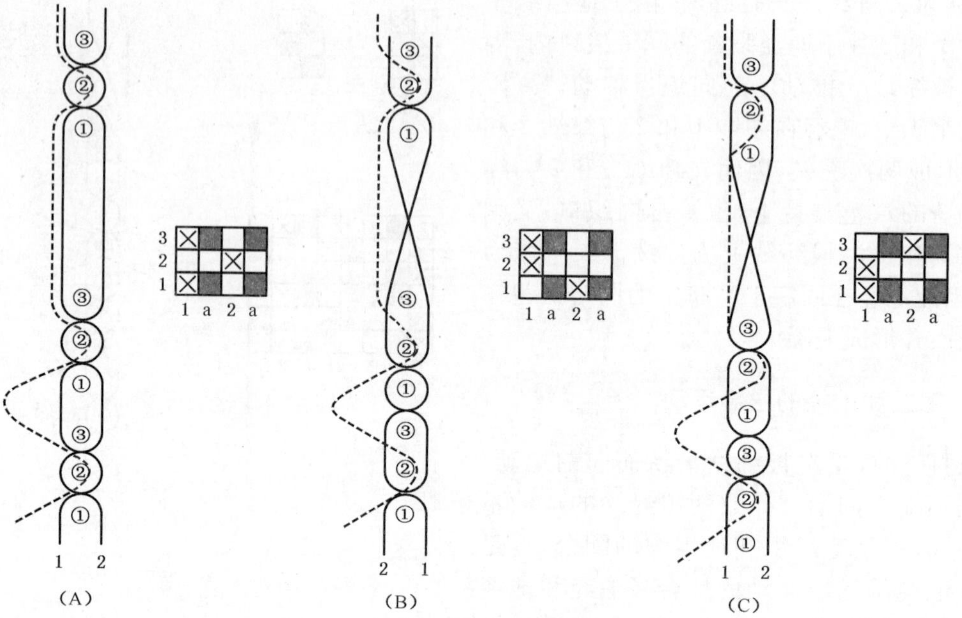

图 5-4-3　三纬毛巾的毛组织和地组织配合

三、分析毛巾组织

任务1　分析图 5-4(A)所示毛巾织物的组织。

(1) 分清经纬向和正反面。对单面毛巾织物而言,起圈一面为正面。对于双面毛巾织物,起圈密度大且均匀的一面为正面;若两面相同,则两面均可作正面,起圈纱为经向。图5-4(A)所示为双面毛巾织物。

(2) 分析地组织,通过拆纱分析得两根地经的运动规律为$\frac{2}{1}$(本例地组织采用双经织制),则毛巾为三纬毛巾,地组织$\frac{2}{1}$为变化经重平。

(3) 根据毛巾组织配置画出毛巾组织图,如图 5-4(B)所示。

四、毛巾组织设计要点

1. 地组织的选择

毛巾组织常采用$\frac{2}{1}$、$\frac{3}{1}$变化经重平及$\frac{2}{2}$经重平为地组织。采用$\frac{2}{1}$变化经重平为地组织时,毛巾组织的完全纬纱数是 3 根,三次打纬中有一次长打纬,制织的毛巾为三纬毛巾。采用$\frac{3}{1}$变化经重平或$\frac{2}{2}$经重平为地组织时,完全纬纱数是 4 根,四次打纬中有一次长打纬,制织的毛巾则称为四纬毛巾。

2. 毛组织的确定

毛组织也采用经重平组织，其完全纬纱数应与地组织相同，同时应根据毛组织和地组织配合的要求来确定毛组织的起始点。单面毛巾，毛组织的经纱循环数为 1 根；双面毛巾，毛组织的经纱循环数为 2 根。如图 5-4-4 所示，(A)为单面毛巾，(B)为双面毛巾，毛经 a 在织物正面起毛圈，毛经 b 在织物反面起毛圈。

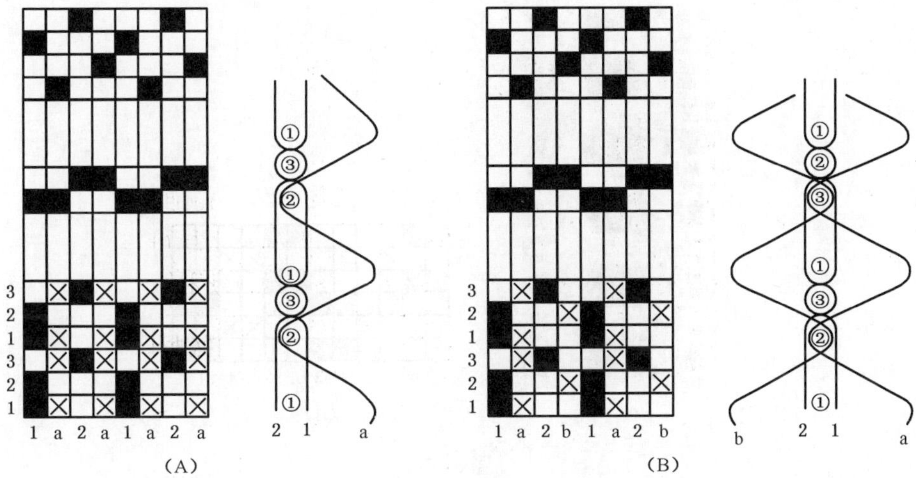

图 5-4-4　两种三纬毛巾组织的上机图

3. 地经与毛经的排列比

地经与毛经的排列比有 1∶1(称为单单经单单毛)、1∶2(称为单单经双双毛)和 2∶2(称为双双经双双毛)等，也有采用地经以单双相间排列的(称为单双经双双毛)。由于毛巾织物要求吸湿性及柔软性好，所以地经一般采用单纱，毛经的捻度比一般织物小。

4. 毛圈的高度

毛圈的高度约等于长、短打纬相隔距离的一半，取决于毛经送出量与地经送出量的比值，此比值称为毛倍。毛倍大则毛圈较长。不同品种对毛倍值有不同要求，如手帕为 3∶1，面巾与浴巾为 4∶1，枕巾与毛巾被为 4∶1～5∶1，螺旋毛巾为 5∶1～9∶1 等，经刷毛等后整理，可使毛圈呈螺旋状，织物紧密，手感柔软。

五、认识毛巾织物的上机与应用

(1) 地经和毛经分别卷绕在两个织轴上，采用双轴织造。

(2) 采用分区穿综法，毛经穿前区，地经穿后区。

(3) 筘号不宜过大。但筘号过小会使织造困难，因为毛经的张力小。穿筘时，宜将同一组的地经与毛经穿入同一筘齿。

(3) 毛巾织物可以采用竖织，也可以横织。一般，面巾以竖织为多，枕巾以横织为多。

(4) 毛巾织物具有良好的柔软性、保暖性和吸湿性，宜用作面巾、浴巾、枕巾、毛巾被及睡衣等。

子项目五 认识与分析纱罗组织

任务

分析图 5-5(A)所示面料的组织，画出组织图。

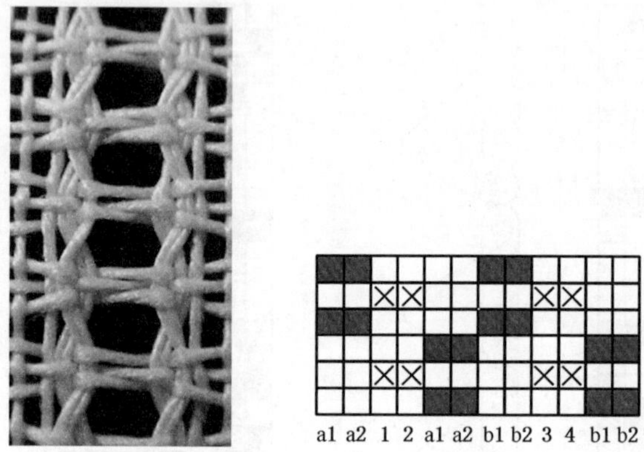

(A)　　(B)

图 5-5

任务分解

一、认识纱罗组织和织物

纱罗组织的经纬纱交织情况与前述的各类组织不同。织物中仅纬纱相互平行排列，经纱则分为两组(绞经和地经)并相互扭绞。制织时，地经位置不动，绞经有时在地经的右方，有时在地经的左方，与纬纱进行交织。由于绞经在交织过程中与地经不断扭绞，从而在织物表面形成均匀分布的空隙，称为纱孔。图 5-5(A)所示即为纱罗组织织物。

纱罗组织是纱组织和罗组织的总称。绞经每变更一次左右位置，仅织入一根纬纱的，称为纱组织，如图 5-5-1(A)(B)所示。绞经每变更一次左右位置，织入三根或三根以上奇数纬的，称为罗组织，有三梭罗、四梭罗、五梭罗。图 5-5-1 中，(C)所示为三梭罗，(D)所示为五梭罗。图 5-5(A)所示为三梭罗。

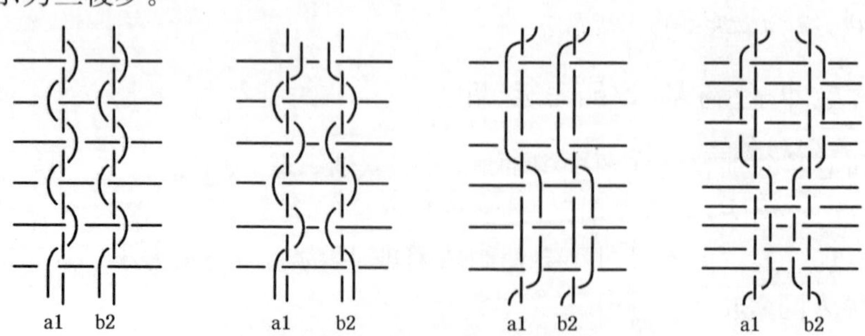

(A)　　(B)　　(C)　　(D)

图 5-5-1　纱罗组织示意图

形成一个纱孔所需的绞经和地经，统称为一个绞组。图 5-5-2 所示为几种常见绞组。图中，(A)为一个绞组内有一根绞经和一根地经，即绞经：地经=1：1，称为一绞一；(B)为一个绞组内有一根绞经和两根地经，即绞经：地经=1：2，称为一绞二；(C)为一个绞组内有两根绞经和两根地经，即绞经：地经=2：2，称为二绞二。通常，绞经与地经的比例可根据品种结构的要求进行选择。绞组内经纱数少，纱孔小而密；绞组内经纱数多，纱孔大而稀。图 5-5(A)所示织物为二绞二。

若每一绞孔中织入一根纬纱，称为一纬一绞；若每一绞孔中织入共口的两根及两根以上的纬纱，则分别称为称二纬一绞、三纬一绞；等等。图 5-5-1(A)(B)均为一纬一绞，图 5-5-2(A)(B)(C)均为二纬一绞，图 5-5(A)为三纬一绞。

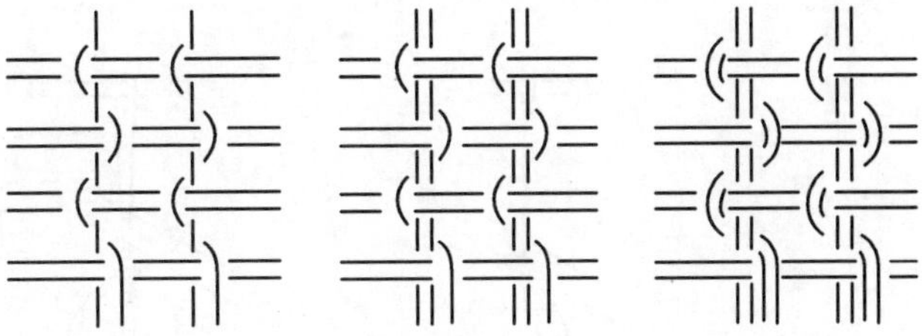

图 5-5-2　纱罗组织常用的几种绞组

根据绞经与地经的扭转方向不同，纱罗组织可分为一顺绞和对称绞两种。各绞组内，绞经与地经的绞转方向均一致的纱罗组织，称为一顺绞，如图 5-5-1(A)(C)所示。相邻两个绞组内，绞经与地经的绞转方向对称的纱罗组织，称为对称绞，如图 5-5-1(B)(D)所示。图 5-5(A)所示为一顺绞。在其他条件相同的情况下，对称绞所形成的纱孔比一顺绞清晰。

纱罗组织的织物表面有清晰而均匀分布的纱孔，经纬密度较小，质地轻薄，组织结构稳定，透气性好。因此，最适宜作夏季衣料、窗纱、蚊帐及工业技术织物(如筛绢)等，还可用作阔幅织机制织窄幅织物时的中间边或无梭织机制织时的布边。

二、绞经与地经的判别方法

(1) 若绞经与地经中，一种为单根，一种为多根，则单根为绞经。

(2) 若绞经与地经中，一种为粗支纱，一种为细支纱，则粗支为绞经。

(3) 若绞经与地经中，一种颜色鲜艳，一种颜色暗淡，则颜色鲜艳的为绞经。

(4) 若绞经与地经中，一种为股线，一种为单纱，则股线为绞经。

(5) 织机上，绞经总是通过地经下方来改变其位置。

三、认识纱罗组织的形成原理

纱罗组织的绞经和地经之所以能够扭绞，在于织造时使用了特殊的绞综装置和穿综方法，有时还配置必要的辅助机构。

1. 绞综结构

制织纱罗织物的绞综有线制和金属钢片两种。前者结构简单，制作方便；后者结构复杂，制造困难且成本较高，但使用方便，使用年限长。目前，我国以使用金属绞综为主，但制织提花纱罗织物时仍使用线制绞综。

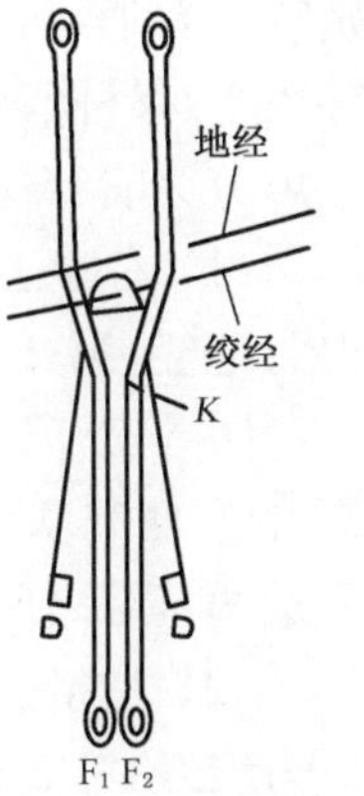

图 5-5-3　金属绞综

图 5-5-3 所示为金属绞综结构，它由左右两根基综丝 F_1、F_2 和一根半综组成。每根基综由两片扁平的钢质薄片组成，中部有焊接点 K 将两

片薄钢片连为一体。半综的两只脚骑跨在两根基综之间，并伸在基综上部的两薄片之间，由基综的焊接点 K 托持。这样，无论哪一片基综上升，半综都能随之上升，从而使绞经改变位置。图中半综的两只脚朝下，为下半综；若将半综的两只脚朝上，则称为上半综。生产中通常使用下半综。

图 5-5-4 所示为线制绞综结构。其基综通常有两种形式，一种是普通金属综丝，使用寿命较长，如图中(A)(B)所示；另一种是线综，如图中(C)所示。线制基综的使用寿命较短，但适用于制织经密大的纱罗织物。

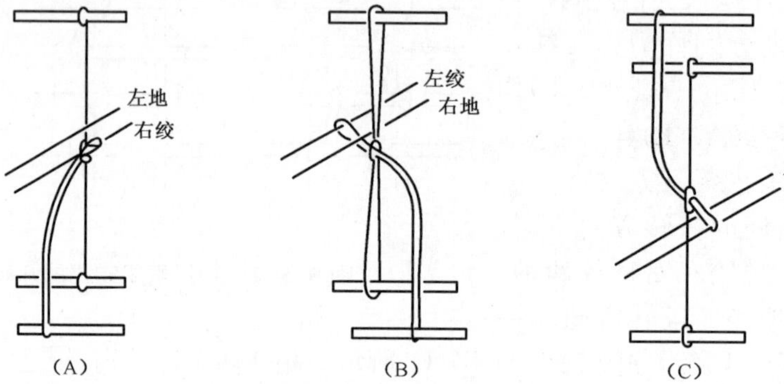

图 5-5-4　线制绞综

线制绞综的半综为尼龙线制成的环圈。若半综上端穿过基综综眼，下端固定在一根棒上，由弹簧控制时，称之为下半综，如图 5-5-4(A)(C)所示；若将半综的上端固定，而下端穿过基综综眼，则称为上半综，如图 5-5-4(B)所示。根据半综环圈头的伸向不同，又有左半综与右半综之分。凡半综环圈头伸向基综左侧，即绞经纱位于基综之左，称为左半综；凡半综环圈头伸向基综右侧，即绞经纱位于基综之右，称为右半综。图 5-5-4 中，(A)(B)为右半综，(C)为左半综。上机时，半综均位于基综的前方。

2. 穿综方法

纱罗织物上机时，经纱的穿法与一般织物不同，可分两步进行。第一步，将绞经与地经分别穿入普通综，其中穿绞经的综称为后综，穿地经的综称为地综；第二步，将每一绞组内的绞经穿入半综环圈，地经则跟随绞经从基综与半综之间穿过。根据地经与绞经的相对位置，穿综方法可分为右穿法与左穿法两种。

(1) 右穿法　也称左绞穿法。从机前看，绞经在地经的右侧穿入半综环圈，即经纱的第 1 根为地经，第 2 根为绞经。

图 5-5-5(A)为金属绞综的右穿法示意图，绞经穿入后综时位于地经的右侧，然后自基综 F_2 的左侧和基综 F_1 的右侧之间穿入半综的孔眼。地经穿入地综后，再以与绞经同样的位置穿过两基综之间。当基综 F_1 提升时，使绞经绕过地经的下方，从地经的右侧绞转到左侧。

(2) 左穿法　也称右绞穿法。从机前看，绞经在地经的左侧穿入半综环圈，即经纱的第 1 根为绞经，第 2 根为地经。

图 5-5-5(B)为金属绞综的左穿法示意图，绞经穿入后综时位于地经的左侧，然后自基综 F_2 的右侧和基综 F_1 的左侧之间穿入半综的孔眼，地经穿入地综后，再以与绞经同样的位置穿

过两基综之间。当基综 F_1 提升时，使绞经绕过地经的下方从地经的左侧绞转到右侧。

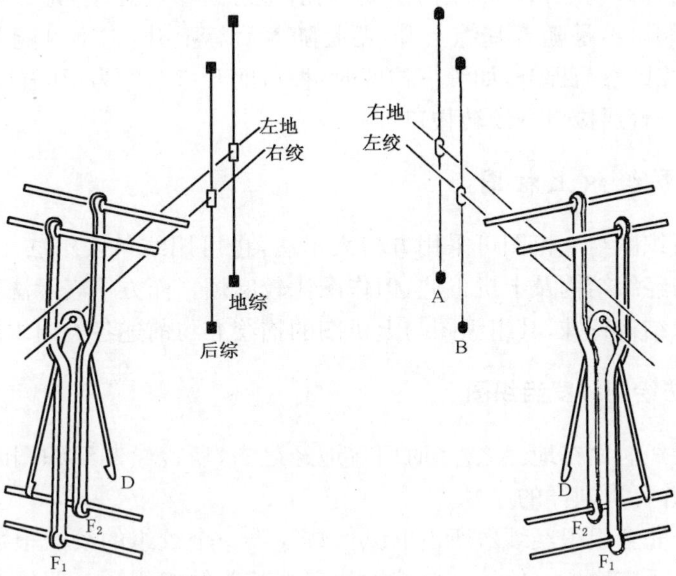

(A) 金属绞综右穿法示意图　　(B) 金属绞综左穿法示意图

图 5-5-5

上机时，若要获得一顺绞，可采用单一的左穿法或右穿法；若要获得对称绞，则可联合采用左、右两种穿法。

3. 纱罗织物的起绞

制织纱罗织物时，根据开口时绞经与地经的相对位置不同，其梭口形式可分为普通梭口、开放梭口和绞转梭口三种。

图 5-5-6 所示为右穿法金属绞综的三种梭口形式，综平时绞经位于地经的右侧。

(1) 普通梭口　如图中(A)所示，织入第 1 根纬纱时，由地综提升，使地经升起，形成梭口。

(2) 开放梭口　如图中(B)所示，织入第 2 纬时，由基综 F_2 及半综上升，同时后综提升，使绞经仍在地经的右侧提升，形成梭口。

(3) 绞转梭口　如图中(C)所示，织入第 3 纬时，由基综 F_1 及半综上升，使绞经从地经的下方由右侧扭转到地经的左侧并升起，形成梭口。

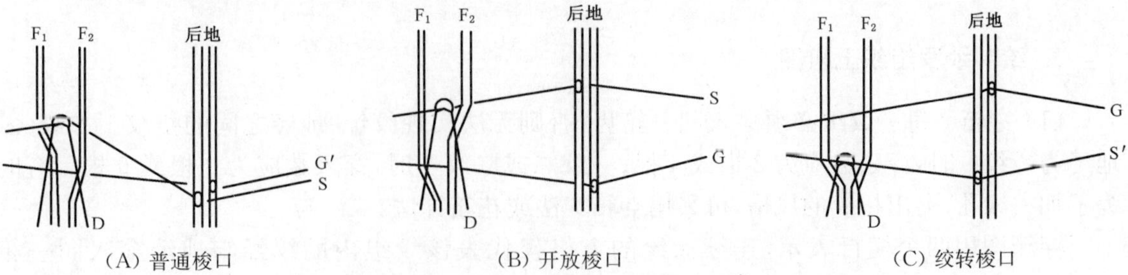

(A) 普通梭口　　(B) 开放梭口　　(C) 绞转梭口

图 5-5-6　金属绞综三种梭口图

由上可知，制织纱组织时，只要交替地使用绞转梭口与开放梭口，使绞经时而在地经的左侧，时而在地经的右侧，就可相互扭绞而形成纱孔；地综不参与运动，地经始终位于梭口下层；而半综每一梭都提升，不是随着基综上升，便是随着后综上升，它不可能单独提升形成梭口。制织罗组织时，地综则参与提升，如织三梭罗时，梭口的开口顺序为：开放梭口→普通梭口→开放梭口，绞转梭口→普通梭口→绞转梭口。

四、绘制纱罗组织上机图

纱罗织物的组织图与上机图可采用方格表示法，也可用线条表示法。线条表示法能直观地反映纱罗组织的经纬结构及上机工艺，但作图比较麻烦。而方格表示法可使作图大大简便，但由于经纬的交织结构特殊，其组织图与上机图的描绘亦与前述各类组织有所不同。

1. 方格表示法绘制纱罗组织图

纱罗组织的绞经时而在地经之左，时而在地经之右，所以绘制组织图时，绞经需在地经的两侧各占一纵格，并标以同样的序号。

一顺绞的一个完全组织经纱数所占的纵行数等于一个绞组的绞经根数乘“2”再加地经根数；如果是对称绞，还应增加一倍。完全纬纱数需视其为纱组织还是罗组织而定，纱组织的完全纬纱数为 2 根，三梭罗为 6 根，五梭罗为 10 根，等。

以“■”表示绞经的经浮点，以“☒”表示地经的经浮点。在纱组织中，地经从不提升，始终沉于纬纱之下，故地经纵行是全行空白；在罗组织中，地经浮于纬纱之上时，才用“☒”表示。填绘绞经时，若它在地经的那一侧与纬纱相交，就在该侧填绘相应的组织点。图 5-5-1 中，(A)(B)(C)(D)的组织图分别为图 5-5-7 中的(A)(B)(C)(D)，其中 1，2 表示地经，a，b 表示绞经。

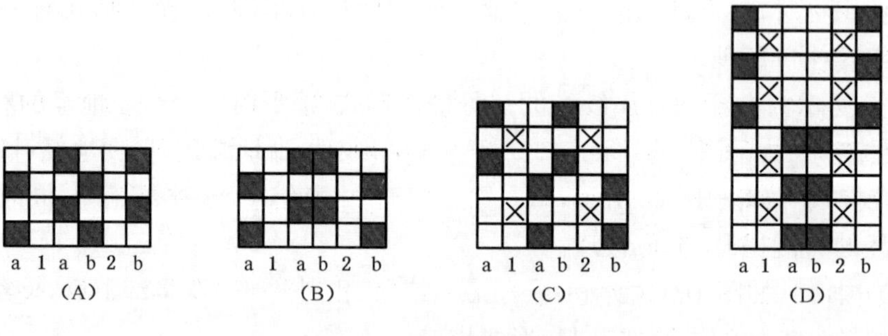

图 5-5-7　纱罗组织图

2. 绘制纱罗组织上机图

(1) 穿筘　每一绞组必须穿入同一筘齿，否则无法实现绞经、地经之间的扭绞。如绞经、地经为一绞一时，穿入数应为 2 根或 4 根；一绞二或二绞一时，穿入数应为 3 根或 6 根。有时为了加大纱孔，突出扭绞的风格，可采用空筘穿法或花筘穿法。

穿筘图用两个横行表示，连续涂绘的方格仅代表该绞组内的绞经与地经穿入同一筘齿，并不代表经纱的根数，如图中连续涂绘的三格，仅代表一根绞经与一根地经穿入同一筘齿。

(2) 穿综

① 纱罗织物的绞经与地经的运动情况不同，两者的缩率不同，有时差异很大。当绞经与地经的缩率相差不大时，应尽可能使用单轴织造，必要时可采用双轴织造。

② 为了保证开口的清晰度，减少断经，上机时应尽可能使绞综偏向机前，后综与地综布置在机后。

③ 若采用金属绞综，综平时应使地经稍高于半综的顶部，以便绞经在地经的下方顺利绞转。

④ 若采用线制绞综，综平时应使绞综的综眼低于地综的综眼，半综环圈头伸出基综综眼2～3 mm，以便绞经在地经的下方顺利地左右绞转，形成清晰梭口。

纱罗组织上机图如图 5-5-8 所示。

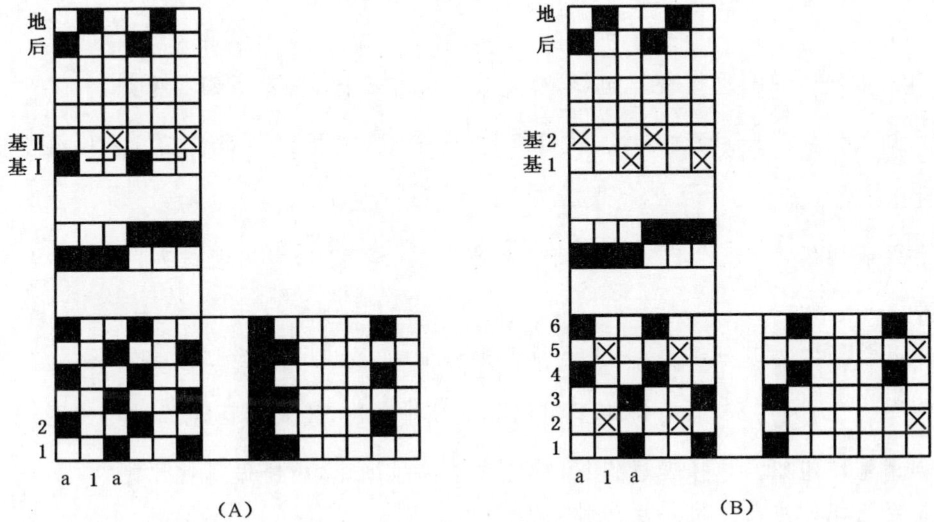

图 5-5-8 简单纱罗组织上机图

五、分析纱罗组织

任务4 分析图 5-5(A)所示纱罗组织织物。

经分析，得图 5-5(A)所示织物的组织为三纬一绞的一顺绞罗组织，二绞二。绘出其组织图如图 5-5(B)所示。

六、花式纱罗组织

图 5 5-9 所示为几种花式纱罗组织织物(见彩页)。纱罗组织常与其他组织联合形成花式纱罗组织。

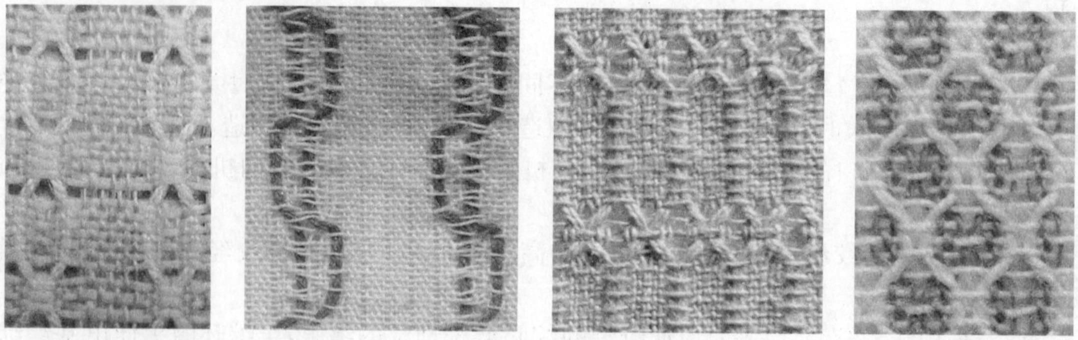

(A)　(B)　(C)　(D)

图 5-5-9

习题

1. 何谓重经组织？选择表里组织，确定表里经排列比，应遵循哪些原则？

2. 已知表组织为$\frac{8}{3}$经面缎纹，里组织为$\frac{1}{3}$斜纹，表里经排列比为 1∶1，绘制重经组织的上机图及经向剖面图。

3. 已经表组织为$\frac{4}{1}\nearrow$，里组织为$\frac{2}{3}\nearrow$急斜纹（$S_J=2$），表里经排列比为 2∶1，绘制经二重组织图。

4. 以 8 枚缎纹为基础组织，表里经排列比为 1∶1，绘制同面经二重组织图。

5. 以$\frac{3}{1}\nearrow$为表组织，自行确定里组织和经纱排列比，绘制异面经二重组织图。

6. 何谓重纬组织？选择表里组织，确定表里纬排列比，应遵循哪些原则？

7. 重经组织的主要上机要点是什么？

8. 已知表组织为$\frac{1}{3}$破斜纹，里组织为$\frac{3}{1}$破斜纹，表里纬排列比为 1∶1，绘制纬二重组织上机图。

9. 某纬二重织物，表组织为$\frac{3}{3}\nearrow$，里组织自选，表里纬排列比为 1∶1，试作织物上机图及纬向截面图。

10. 某纬二重织物，其表反组织均为$\frac{1}{3}$破斜纹，纬纱采用两种颜色织造，排列顺序为 1 甲 1 乙，$R_W=16$，$R_J=4$，织物下半部分显甲色，上半部分显乙色。试绘该织物的上机图。

11. 从组织结构、上机织造、生产效率、原料变化、织物外观等方面，对重经组织和重纬组织进行比较。

12. 重纬组织的主要上机要点是什么？

13. 何谓表里接结组织？表里接结组织的接结方法可分哪几种？

14. 试绘作以平纹为表里层基础组织且经纬纱排列比均为 1 甲∶1 乙的表里交换双层组织，其纹样如图

乙	甲
甲	乙

，每一小方格分别有 8 根表里经纱和 8 根表里纬纱。

15. 以$\frac{2}{2}$经重平和纬重平为基础组织，根据纹样图$\begin{array}{|c|c|}\hline B&A\\\hline A&B\\\hline\end{array}$作一小方格组织，图中各区由 8 根经纱和 8 根纬纱组成，试绘表里换层组织上机图。

16. 以 5 枚缎纹为基础组织，试作表里换层组织及其经纬向截面图，其纹样如图$\begin{array}{|c|c|}\hline 乙&甲\\\hline 甲&乙\\\hline\end{array}$，每区分别由表里各 10 根经纱和纬纱组成，表里经与表里纬排列比均为 1∶1。

17. 已知表组织为$\frac{3}{3}$↗，里组织为$\frac{2}{1}$↗，表里的经纬纱排列比均为 2∶1，试作“下接上”双层接结组织的上机图和经纬向截面图。

18. 以$\frac{3}{2}$↗为表里组织，$\frac{1}{4}$斜纹为接结组织，经纬的排列比为 1∶1，作“下接上”接结组织的上机图。

19. 已知表里组织为$\frac{2}{2}$↗，以 8 枚缎纹为接结组织，经纬纱排列比为 1∶1，求作“下接上”双层组织的组织图及经纬向剖面图。

20. 已知表组织为$\frac{1}{3}$斜纹，采用 8 枚缎纹为接结组织，表里的经纬纱排列比为 1∶1，试完成“上接下”双层组织的上机图。

21. 已知表里组织为$\frac{2}{2}$↗，4 枚斜纹为接结组织，表经、里经、接结经的排列比为 1∶1∶1，表里纬排列比为 1∶1，作接结经接结组织的上机图及经向剖面图。

22. 表组织、里组织均为$\frac{1}{3}$↗，表里经排列比 1∶1，表里纬排列比为 1∶1，用“上接下”法绘作表里接结双层组织的上机图。

23. 什么是纬起绒组织？绒纬起毛的方法有哪些？纬起绒织物有哪些种类？

24. 比较灯芯绒绒根 V 型固结和 W 型固结的优缺点。

25. 灯芯绒织物采用平纹地组织、$\frac{2}{1}$斜纹地组织及平纹变化地组织，各有何优缺点。

26. 以$\frac{2}{1}$↗为地组织，地纬与绒纬之比为 1∶2，$R_J=6$，绒根固结方式为 V 型，试作灯芯绒组织图。

27. 已知地组织为$\frac{2}{2}$纬重平，绒根用复式 V 型和 W 型固结，地纬与绒纬之比为 1∶2，绒根的固结位置自行决定，试作灯芯绒组织图，并标出割绒位置。

28. 某长毛绒织物，以$\frac{2}{2}$纬重平为地组织，绒经为 W 型固结，绒经与地经的排列比为 1∶4，一个组织循环有 2 根绒经，绒经均匀固结，上下层的投梭比为 3∶3，采用单梭口双层织造，全起毛配置，试作该织物的上机图及经向截面图。

29. 以$\frac{2}{2}$纬重平为地组织，绒经 W 型固结，半起毛单梭口双层织造，上下层的投纬比为 4∶4，地经与绒经的排列比为 2∶2，试作长毛绒组织的上机图及经向截面图。

30. 某经起绒长毛绒织物，以$\frac{2}{2}$纬重平为地组织，毛绒 W 型固结，绒经与地经的排列比为 1∶2，一个组织循环有 2 根绒经，绒经均匀固结，上下层的投梭比为 4∶4，采用单梭口双层织造，全起毛配置，试绘出其上机图及经向切面图。

31. 已知某长毛绒织物的经向截面图如下图所示，试绘作该织物合理的上机图。

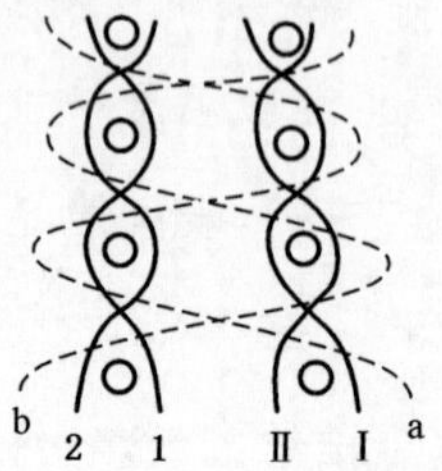

32. 求作双双经双双毛三纬双面毛巾的上机图，并简述毛圈形成的必要条件。

项目六

设计棉型织物

一、设计白坯织物

1. 认识白坯织物

凡是未经漂白染色的本色纱线组成的织物，都可称为白坯织物，一般是指棉型及中长白坯织物，包括本色棉布、棉型化纤混纺、纯纺、交织及中长织物等。白坯织物主要应用平纹、斜纹、缎纹以及小提花等组织。

(1) 白坯织物的分类　本色棉织物是以棉纤维为原料且不经过任何化学或染色加工而织成的织物，如府绸、哔叽、卡其、直贡与横贡、麻纱及绒布坯等。此外，还包括花式纱罗、灯芯绒、平绒、麦尔纱、巴厘纱、起绉织物、羽绒布等品种。

本色棉布的编号用三位数字表示，第一位代表品种类别，第二、第三位为产品顺序号(本色涤/棉混纺布与本色棉布相同)

平布(粗平布、中平布、细平布)：100～199；府绸(纱府绸、半线府绸、全线府绸)：200～299；斜纹：300～399；哔叽(纱哔叽、半线哔叽)：400～499；华达呢(纱华达呢、半线华达呢)：500～599；卡其(纱卡其、半线卡其、全线卡其)：600～699；直贡、横贡：700～799；麻纱：800～899；绒布坯：900～999。

(2)常见本色棉织物的风格特征　见表 6-1。

表 6-1　常见本色棉织物的风格特征

<table>
<tr><th colspan="2">名称</th><th colspan="2">风格特征</th></tr>
<tr><td rowspan="3">平布</td><td>粗平布</td><td rowspan="3" colspan="1">经纬紧度比较接近，布面平整。</td><td>布身粗厚，结实坚牢。</td></tr>
<tr><td>中平布</td><td>布身厚薄中等，坚牢。</td></tr>
<tr><td>细平布</td><td>布身细薄。</td></tr>
<tr><td colspan="2">府绸</td><td colspan="2">高经密、低纬密，颗粒纹清晰，结构紧密，布面匀净，手感滑爽柔软，有丝绸感。</td></tr>
<tr><td colspan="2">斜纹布</td><td colspan="2">质地松软，纹路较细，正面斜纹明显。</td></tr>
<tr><td colspan="2">哔叽</td><td colspan="2">经纬紧度比较接近，质地柔软，斜纹纹路接近 45°。</td></tr>
<tr><td colspan="2">华达呢</td><td rowspan="3">高经密、低纬密。</td><td>质地厚实，斜纹纹路接近 63°。</td></tr>
<tr><td colspan="2">卡其</td><td>布身硬挺厚实，斜纹纹路明显。</td></tr>
<tr><td colspan="2">直贡</td><td>布身厚实或柔软，布面平滑匀整。</td></tr>
</table>

续　表

名称	风格特征
横贡	高纬密、低经密，布身柔软，光滑似绸。
麻纱	布面呈挺直条纹路，布身爽挺似麻。
绒布坯	布身柔软，质地松软，经、纬纱的线密度差异大，纬纱捻度小。

2. 白坯织物规格设计与上机工艺参数计算

设计织物规格时，应根据实际用途和使用要求进行。本色棉织物的规格主要包括编号及名称、幅宽、经纬纱线密度、总经根数、经纬密度、筘号、筘幅、每筘穿入数、织物紧度与织物组织等内容。主要的规格设计与工艺计算如下：

（1）织物幅宽　织物幅宽以厘米、米或英寸为单位，应根据织物的用途、重量、厚度、产量和生产条件合理选择。幅宽会随组织结构、加工工艺等产生一定的变化。

$$本色棉布幅宽=\frac{成品幅宽}{幅缩率}$$

（2）织物匹长　织物匹长以米或码为单位，有公称匹长和规定匹长之分。公称匹长即工厂设计的标准匹长；规定匹长为叠布后的成包匹长，等于公称匹长加上加放长度。加放长度一般加在折幅及布端处。折幅处加放长度，平纹细布为 0.5%～1.0%，粗号与卡其类织物为 1.0%～1.5%；布端加放长度根据具体情况而定。

织物匹长通常为 30～40 m 左右，采用联匹形式，一般厚织物采用 2～3 联匹，中厚织物采用 3～4 联匹，薄织物采用 4～6 联匹。

（3）总经根数　总经根数依据织物的经密、幅宽与边纱根数而确定。

$$总经根数=经密\times标准幅宽+边纱根数\times\frac{1-布身每筘穿入数}{布边每筘穿入数}$$

总经根数根据计算结果取整，并尽量修正为穿综循环的整数倍。边纱根数可根据品种特点、织机类型、生产实际等综合确定。

（4）筘号　筘号应根据经密、纬纱织缩率、每筘穿入数以及实际生产情况而定。

$$筘号=\frac{经密\times(1-纬纱织缩率)}{每筘穿入数}$$

为不受纬纱织缩率的制约，实际生产中常用经验公式进行计算。

$P_J<254$ 根 /10 cm 时，公制筘号 $=\frac{0.254\times经密-1}{每筘穿入数}\times3.748$；$P_J\geqslant254$ 根 /10 cm 时，公制筘号 $=\frac{0.254\times经密-1}{每筘穿入数}\times3.748+1$。

（5）筘幅

$$筘幅(\mathrm{cm})=\frac{总经根数-边纱根数\times\left(1-\frac{布身每筘穿入数}{布边每筘穿入数}\right)}{布身每筘穿入数\times筘号}$$

纬纱织缩率、筘号和筘幅三者间需进行反复修正。

(6) 织物断裂强度　织物的断裂强度是衡量织物使用性能的一项重要指标。经纬纱线密度、织物组织、密度、纺纱方法等,均与织物的断裂强度有密切关系。织物的断裂强度以 5 cm ×20 cm 布条的断裂强度表示,一般通过仪器测量而得出。

(7) 用纱量

① 每米织物工艺用纱量(g)

$$=\frac{\text{经纱线密度}\times\text{总经根数}\times(1+\text{自然缩率与放码损失率})}{10^3\times(1+\text{经纱总伸长率})\times(1-\text{经纱织缩率})\times(1-\text{经纱回丝率})}+$$

$$\frac{\text{纬纱线密度}\times\text{纬纱密度}\times\text{织物幅宽}\times(1+\text{自然缩率与放码损失率})}{10^4\times(1-\text{纬纱织缩率})\times(1-\text{纬纱回丝率})}$$

② 百米织物用纱量(kg/100 m)

$$=\text{百米织物经纱用纱量}+\text{百米织物纬纱用纱量}$$

百米织物经纱用纱量(kg/100 m)

$$=\frac{\text{经纱线密度}\times\text{总经根数}\times(1+\text{自然缩率与放码损失率})}{10^3\times(1+\text{经纱总伸长率})\times(1-\text{经纱织缩率})\times(1-\text{经纱回丝率})}$$

百米织物纬纱用纱量(kg/100 m)

$$=\frac{100\times\text{纬纱线密度}\times\text{纬纱密度}\times\text{织物幅宽}\times(1+\text{自然缩率与放码损失率})/10}{1\,000\times1\,000\times(1-\text{纬纱织缩率})\times(1-\text{纬纱回丝率})}$$

$$=\frac{\text{纬纱线密度}\times\text{纬纱密度}\times\text{织物幅宽}\times(1+\text{自然缩率与放码损失率})}{10^5\times(1-\text{纬纱织缩率})\times(1-\text{纬纱回丝率})}$$

$$=\frac{\text{纬纱线密度}\times\text{纬纱密度}\times\text{织物幅宽}\times(1+\text{自然缩率与放码损失率})}{10^3\times(1-\text{纬纱织缩率})\times(1-\text{纬纱回丝率})}$$

经纱总伸长率:单纱 1%,股线 0.3%;经纱回丝率 0.3%,纬纱回丝率 0.7%。采用不同机型,织物幅宽的确定不同,通常剑杆织机加 15 cm,喷气织机加 10 cm 左右。

二、设计色织物

1. 认识色织物特点及其分类

色织物是使用染色纱、色纺纱、花式线等,通过织物组织的变化和经、纬纱色彩的配合,织造而成的织物。常见色织物的主要品种及风格特征如下:

(1) 线呢类　为传统色织物品种,包括全线呢、半线呢。色织线呢的色谱齐全,布面光泽好,有毛料感和立体感,质地丰满厚实,坚牢耐穿。

(2) 色织二六元贡　成品颜色乌黑,光泽良好,布身坚实,纹路清晰陡直,采用 13 枚急斜纹组织,产品规格变化较少。

(3) 色织绒布　坯布拉绒,织物表面纤维蓬松,保暖性强,柔软厚实,吸湿性好。有单面条绒、双面凹凸绒、双纬绒、磨绒等产品。

(4) 条格布　为大众化色织物品种,有全纱和半线条格布之分。组织多为平纹,少数为斜纹。彩线格型的色织条格织物,浮纹别致,立体感强。

(5) 被单布　花型以条、格形为多,通常偏大,全幅多为5花到6花。色织被单布的条、格形较为活泼,白底色泽文静,条子突出;色底彩色鲜明、调和。

(6) 色织府绸与细纺　色织府绸与原色府绸的风格相同,经、纬紧度稍低于原色府绸,通常在1.6∶1～1.8∶1;有全线、半线和纱府绸之分;要求织物细密,表面光洁平整,手感柔软挺滑,花型清晰细巧。薄型色织细纺的规格与原色细布类相似,有彩条、彩格等品种,经、纬密度不宜过高,手感轻薄滑爽。

(7) 色织泡泡纱　布面立体感强,泡泡保形性好,色牢度高,织物挺、爽、滑,不贴身,透气性好。通过原料与粗细条结合,可使织物泡绉明显,风格新颖。

(8) 色织灯芯绒　色织灯芯绒可运用异色并线作纬纱,使绒面产生闪色效应。

(9) 色织大提花织物　主要有色织大提花府绸及大提花沙发布,大提花府绸色泽素净雅致,风格似丝绸;大提花沙发布质地厚实,手感柔软,或结构紧密,手感挺滑,风格粗犷。

(10) 色织中长花呢　采用中长并捻花线制成各色平素仿毛花呢,具有仿毛型风格,条格新颖。经树脂整理后,弹性良好,手感柔软滑爽,或质地坚厚,花型活泼,有飘逸感。

(11) 其他　如色织烂花织物,可体现彩色、透明效应或绉纹效果;如采用透孔、特经提花等工艺的色织印花织物,透气性好,层次感强;Tencel/棉混纺色织物,吸湿透气,悬垂性极佳,手感柔滑;棉/丝交织贡缎色织物,表面呈现真丝风格,手感柔软光亮。

2. 对色织物进行劈花与排花

(1) 色织物的劈花与排花　根据色织物花型设计、配色要求和实际生产需要,决定织物经纬纱排列的方式,叫作排花。合理的排花能够提高织物的服用性能,改善织物加工条件。为保证产品在使用时达到拼幅或拼花等要求,并有利于浆缸排头、织造和整理加工生产,需要合理安排各花在全幅中的位置。确定经纱配色循环排列起始点的工作称为劈花。

(2) 劈花的原则　劈花必须根据产品的配色和组织特征,并结合产品的加工方式和用途进行。劈花时应掌握以下原则:

① 劈花一般劈在白色及浅色格型比较大的地方,并使两边的色经排列尽量对称或接近对称,既使织物有良好的外观,又便于拼花。

② 对花型完整性要求较高的女线呢、被单布等品种,应使全幅花数为整数,以便于拼幅。如果保持总经根数及筘幅不变,可适当调整每花根数。一般可在色经纱数较多的色条部分适量增加或减少经纱数。

③ 色织提花、缎条等松结构的组织及泡泡纱部分不能劈花,应选择组织较紧密的地方进行劈花,并使布边宽度达到1～1.5 cm,以避免泡泡边部起毛圈而产生边撑疵、经缩等织疵,整理时易出现卷边、拉破布边的现象。

④ 尽量避免在经向有毛巾线、结子线、低捻花线等花式线的部位进行劈花。

⑤ 劈花时要注意整经的增减头,若地经根数不是一花根数的倍数,其余数则是整经时的加减头。

⑥ 劈花时要注意织物组织对穿筘的要求,如透孔组织、网目组织、纬起花组织、灯芯绒组织等采用花筘穿法,其劈花应结合组织特点和穿筘要求进行。

实际生产中应灵活运用上述原则。

(3) 调整经纱排列　色经纱的排列顺序、排列根数和穿综方法构成色织物经纱的排列方式。色织物工艺设计时，总经根数和上机筘幅都必须控制在规定的范围内，为满足劈花的各项要求，并减少整经时的分绞不清与加减头，常常需要对一花内经纱的排列进行调整。

① 平纹、$\frac{2}{2}$斜纹及平纹夹绉地等织物，每筘穿入数相同，只要在条、格形最宽处，抽去或增加适当的根数，尽量使一花经纱数为 4 的倍数，同时把整经时的加减头控制在 20 根以内。这样既能保证原样外观，又能满足拼花要求并改善整经和穿综加工条件。该方法适用于每筘穿入数相同的织物。

② 花筘穿法织物的经纱排列可调整如下：

A. 一花的总筘齿数不变，调整一花经纱排列根数。

B. 一花经纱排列根数不变，调整一花的总筘齿数。

C. 同时调整一花经纱排列根数和筘齿数。

(4) 排花注意事项

① 格型方正织物，其一花的经纬向长度应相等，即$\frac{一花经纱数}{成品经密}=\frac{一花纬纱数}{成品纬密}$，否则应调整色纬数。

② 对花、对格织物，其一花的色纬数与纹板数应相等或成倍数关系。

③ 排花时，织物外观与原样要一致，防止移位、并头等织疵。

④ 先打小样检验排花质量，再调整确定工艺。

3. 色织物规格设计与上机工艺计算

色织物规格设计需要确定织物品种、原料、纱线结构、经纬密度和织物组织以及织物的幅宽、匹长、总经根数、每花经纱根数、配色循环、劈花、每筘穿入数、筘号、筘幅、织物重量与用纱量等项目，涉及织缩率、幅缩率、染缩率、捻缩率等多项技术数据。

(1) 织缩率　织缩率的大小影响用纱量、墨印长度、筘幅、筘号等计算。实际生产中一般参照类似品种的资料和经验数据，并经过试织进行修正确定。

(2) 染整缩率　色织物在整理加工过程中，其长度、幅宽会发生变化。染整缩率与色织物的品种、原料、组织、密度、染整工艺等因素有关。一般整理工序多，染整缩率大；织物密度高，染整缩率小；组织松软，染整缩率大。

$$染整缩率=\frac{色纱的染整长度}{漂染前原纱长度}\times 100\%$$

$$幅缩率=\frac{坯布幅宽-成品幅宽}{坯布幅宽}\times 100\%$$

$$长缩率=\frac{坯布长度-成品长度}{坯布长度}\times 100\%$$

(3) 坯布幅宽与长度　坯布幅宽需要根据整理的工艺条件而确定。色织物包括经大整理、不经大整理两大类。如线呢、贡呢、被单布等不经大整理的直接产品，其坯布幅宽接近成品幅宽，若织物经轧光加工，幅宽应略增大 6～12 mm；T/C 府绸、彩格绒等经过大整理加工的产品，若整理工艺不同，产品的幅缩率不同，则坯布幅宽相应变化：

$$坯布幅宽 = \frac{成品幅宽}{1 - 幅缩率}$$

坯布幅宽允许有一定范围的偏差。

经大整理的色织产品的坯布长度可根据成品长度，并结合整理时的长缩率或伸长率而定：

$$坯布匹长 = \frac{成品匹长}{1 - 长缩率或伸长率}$$

$$落布长度 = 坯布匹长 \times 联匹数 = \frac{成品匹长 \times 联匹数}{1 \pm 后整理伸长(缩短)率}$$

后整理伸长(缩短)率，是指后整理的伸长量或缩短量对加工前原长的百分比。经大整理的产品，落布长度允许偏差－1～2 m；不经大整理的直接产品，落布长度只允许有上偏差。

$$千米经长(m) = \frac{1\,000}{1 - 经纱织缩率}$$

$$浆纱墨印长度(m) = \frac{千米经长}{1\,000 \times 坯布落布长度}$$

$$= \frac{千米经长 \times 成品匹长 \times 联匹数}{1\,000 \times [1 \pm 后整理伸长(缩短)率]}$$

(4) 总经根数

$$总经根数 = 布身经纱数 + 布边经纱数$$

$$= 坯布幅宽 \times 坯布经密 + 边纱根数 \times \frac{1 - 布身每筘穿入数}{布边每筘穿入数}$$

$$= 成品幅宽 \times 成品经密 + 边纱根数 \times \frac{1 - 布身每筘穿入数}{布边每筘穿入数}$$

总经根数、每花经纱数、劈花、筘号、每花穿筘数与上机筘幅等互相联系，设计过程中需反复调整。通常先初算总经根数，初算总经根数＝坯布幅宽×坯布经密。最终的总经根数应为每筘穿入数的整数倍，并尽可能为组织和穿综循环的整数倍。色织物的总经根数在劈花时还可能有调整。

(5) 每筘穿入数　每筘穿入数与纱线的线密度、织物组织、密度和产品质量要求等有关。同一品种，采用不同的穿入数，会产生不同的效果。采用股线、结子线、毛巾线等花式线为经纱时，宜减少每筘穿入数。

(6) 边纱根数　边纱根数的确定，以保证顺利织造、整理加工与布边整齐为原则。色织物的边宽一般每侧取 0.5～1 cm。有时因劈花需要，可适当加宽布边。

(7) 每花经纱根数、纬纱根数

$$每花经纱根数 = 每花各色条经纱根数之和$$

$$每花各色条经纱根数 = 每花成品各色经条宽度 \times 成品经密$$

$$= \frac{每花成品各色经条宽度 \times 坯布经密 \times 坯布幅宽}{成品幅宽}$$

每花经纱根数应根据组织循环经纱数以及穿综和穿筘等要求进行适当修正。同样，根据纬密、纬色条的宽度，求得每花的各色纬纱数。

(8) 全幅花数

$$全幅花数 = \frac{总经根数 - 边经根数}{每花根数}$$

全幅花数不为整数时，劈花时要考虑加减头，通常以选择加、减头中少的为宜。

(9) 每花筘齿数、全幅筘齿数

每花筘齿数 = 各色条筘齿数之和 = 每花地经筘齿数 + 每花花经筘齿数

$$各色条筘齿数 = \frac{一色条经纱数}{每筘穿入数}$$

全幅筘齿数 = 每花筘齿数 × 花数 ± 多余(不足)经纱筘齿数 + 边经筘齿数

$$= \frac{布身经纱数}{布身平均每筘穿入数} + 边经筘齿数$$

(10) 确定筘号　工厂习惯使用 2 英寸内筘齿数的实用筘号，工艺计算时则采用 1 英寸内筘齿数的名义筘号。均匀结构织物的筘号 $= \frac{坯布经密 \times (1 - 纬纱织缩率)}{每筘穿入数}$，一般均匀结构的中号织物的名义筘号 $= \frac{经密 - 1}{2} \times 0.95$。

对于经密及结构不匀的色织物，很难确定经密或纬织缩率，常采用选筘经密进行计算。选筘经密的定义是假定制织平纹织物时每筘齿穿 2 根经纱而可能织到一定密度所用筘号具有的经密数，是确定织物在某种经密情况下，所选用的名义筘号。例如选筘经密为 88 根/英寸，每筘穿 3 根，则名义筘号 $= \frac{88 - 1}{3} \times 2 \times 0.95 = 55$(筘 / 英寸)。

工厂常根据经验快速确定筘号。确定筘号时，有可能要修正筘幅、总经根数、全幅花数、全幅筘齿数等数值，计算筘号与标准筘号应相差 0.4 号以内，并核算坯布经密，色织物宜控制在上下偏差 4 根/10 cm 以内。如果计算经密与坯布经密的差异不在规定范围内，必须重新计算。

(11) 筘幅

$$初算筘幅 = \frac{坯布幅宽}{1 - 纬纱织缩率}$$

$$上机筘幅 = \frac{总经根数 - 边纱根数 \times \left(1 - \frac{布身每筘穿入数}{布边每筘穿入数}\right)}{布身每筘穿入数 \times 筘号}$$

凡经大整理的品种，其下机坯幅可在整理加工过程中得到调整，筘幅的修正范围可大些；不经大整理的品种，应严格控制筘幅和坯幅。

(12) 穿综工艺　需确定综页数、综丝密度及综丝粗细、综页前后位置等。综页数可根据穿综的原则和上机图的要求，并结合综丝最大密度进行确定。

(13) 劈花　根据劈花原则依具体情况而定。

(14) 用纱量　经漂白、丝光、树脂等整理加工的产品，按色织坯布用纱量计算，无需考虑自然缩率；经轧光、拉绒等加工或不经任何整理的产品，按色织成品的用纱量计算，需考虑自然缩率、整理缩率或伸长率；经纬纱均用本白纱的产品，按白坯布用纱量计算。

百米色织坯布用纱量(kg) = 百米色织坯布经纱用量 + 百米色织坯布纬纱用量

百米色织坯布经纱用量(kg)

$$=\frac{\text{经纱线密度}\times\text{总经根数}}{10^4\times(1+\text{经纱总伸长率})\times(1-\text{经纱织缩率})\times(1-\text{经纱回丝率})\times(1-\text{经纱染缩率})\times(1-\text{经纱捻缩率})}$$

百米色织坯布纬纱用量(kg)

$$=\frac{\text{纬纱线密度}\times\text{纬纱密度}\times\text{织物筘幅}}{10^5\times(1-\text{纬纱染缩率})\times(1+\text{纬纱伸长率})\times(1-\text{纬纱回丝率})\times(1-\text{纬纱捻缩率})}$$

百米色织成品用纱量(kg) = 百米色织成品经纱用量 + 百米色织成品纬纱用量

百米色织成品经纱(或纬纱)用量(kg)

$$=\frac{\text{百米色织坯布经纱(或纬纱)用量}\times(1+\text{自然缩率与放码损失率})}{1\pm\text{后整理伸长(缩短)率}}$$

织物自然缩率与放码损失率为 0.85%;经纬纱伸长率:单纱为 1%,股线为 0.5%;经纬纱回丝率:棉纱线为 0.6%,人造丝和其他纤维纱线为 1%;纱(线)漂染缩率为 2%;捻线缩率:58.3 tex 及以上为 3.5%,36.7~53 tex 为 2.5%,36.4 tex 及以下为 2%,其他捻线自定。

习题

1. 棉织物和色织物是如何分类的?各自有哪些风格特征?

2. 棉织物和色织物的主要结构参数有哪些?其规格设计包括哪些内容?如何进行工艺计算?

3. 某涤/棉(65/35)府绸,$T/C40^S\times T/C40^S$,254 根/10 cm×152 根/10 cm,3 联匹,匹长为 90 m,布幅 167.6 cm,内经和边经的每筘穿入数分别为 3 根和 4 根,边经 60×2 根,喷气织机织造。试进行相关上机工艺计算。

4. 何谓劈花和排花?劈花时应注意哪些原则?

主要参考文献

[1] 蔡陛霞主编.织物结构与设计(第二版).北京:中国纺织出版社,2008.

[2] 沈兰萍主编.织物结构与设计.北京:中国纺织出版社,2005.

[3] 刘培民,郑秀芝主编.织物结构与设计.北京:中国纺织出版社,2008.